无机化学学习指导

（第2版）

（供药学、中药学、制药工程类专业使用）

主　　编　杨怀霞　吴培云

副 主 编　郭　惠　刘丽艳　张爱平
　　　　　王　霞　王　堃　罗　黎

编　　者　（以姓氏笔画为序）

王　堃（山西中医药大学）　　　　王　霞（河南中医药大学）

卞金辉（成都中医药大学）　　　　方德宇（辽宁中医药大学）

刘丽艳（承德医学院）　　　　　　刘艳菊（河南中医药大学）

杨　婕（江西中医药大学）　　　　杨怀霞（河南中医药大学）

杨茂忠（贵州中医药大学）　　　　杨爱红（天津中医药大学）

李德慧（长春中医药大学）　　　　吴巧凤（浙江中医药大学）

吴培云（安徽中医药大学）　　　　邹淑君（黑龙江中医药大学）

张晓青（湖南中医药大学）　　　　张爱平（山西医科大学）

张浩波（甘肃中医药大学）　　　　林　舒（福建中医药大学）

罗　黎（山东中医药大学）　　　　孟祥茹（郑州大学）

赵　平（广东药科大学）　　　　　倪　佳（安徽中医药大学）

徐　飞（南京中医药大学）　　　　郭　惠（陕西中医药大学）

郭丽敏（山西中医药大学）　　　　黄宏妙（广西中医药大学）

曹　莉（湖北中医药大学）　　　　曹秀莲（河北中医学院）

黎勇坤（云南中医药大学）

中国健康传媒集团

中国医药科技出版社

内 容 提 要

　　《无机化学学习指导》是"全国普通高等中医药院校药学类专业'十三五'规划教材（第二轮规划教材）"《无机化学》的配套学习用书。为方便学生复习和练习，各章节内容编排次序与理论教材同步，命题范围与现行全国高等院校本科教学大纲相关要求和规划教材内容一致，尽量覆盖较多知识点。第1章绪论，仅设有复习思考题及参考答案；第2～11章均设有"知识导航""重难点解析""复习思考题及参考答案""习题及参考答案""补充习题及参考答案"等；书后精选了13套综合练习题，并附有参考答案。本书可使学生复习、巩固和强化所学知识，也为自我测试学习效果，参加各类考试提供参考。

图书在版编目（CIP）数据

无机化学学习指导/杨怀霞，吴培云主编 . —2 版 . —北京：中国医药科技出版社，2018.8
全国普通高等中医药院校药学类专业"十三五"规划教材（第二轮规划教材）
ISBN 978 - 7 - 5214 - 0239 - 1

Ⅰ . ①无… 　Ⅱ . ①杨… 　②吴… 　Ⅲ . ①无机化学 - 中医学院 - 教学参考资料 　Ⅳ . ①O61

中国版本图书馆 CIP 数据核字（2018）第 097878 号

美术编辑 　陈君杞
版式设计 　诚达誉高

出版　**中国健康传媒集团** │ 中国医药科技出版社
地址　北京市海淀区文慧园北路甲 22 号
邮编　100082
电话　发行：010 - 62227427 　邮购：010 - 62236938
网址　www. cmstp. com
规格　889 × 1194mm $^1/_{16}$
印张　11 $^1/_4$
字数　236 千字
初版　2014 年 8 月第 1 版
版次　2018 年 8 月第 2 版
印次　2021 年 4 月第 3 次印刷
印刷　三河市万龙印装有限公司
经销　全国各地新华书店
书号　ISBN 978 - 7 - 5214 - 0239 - 1
定价　**28.00 元**

获取新书信息、投稿、为图书纠错，请扫码联系我们。

全国普通高等中医药院校药学类专业"十三五"规划教材（第二轮规划教材）
编写委员会

全国普通高等中医药院校药学类专业"十三五"规划教材（第二轮规划教材）

出 版 说 明

"全国普通高等中医药院校药学类'十二五'规划教材"于2014年8月至2015年初由中国医药科技出版社陆续出版，自出版以来得到了各院校的广泛好评。为了更新知识、优化教材品种，使教材更好地服务于院校教学，同时为了更好地贯彻落实《国家中长期教育改革和发展规划纲要（2010－2020年）》《"十三五"国家药品安全规划》《中医药发展战略规划纲要（2016－2030年）》等文件精神，培养传承中医药文明，具备行业优势的复合型、创新型高等中医药院校药学类专业人才，在教育部、国家药品监督管理局的领导下，在"十二五"规划教材的基础上，中国健康传媒集团·中国医药科技出版社组织修订编写"全国普通高等中医药院校药学类专业'十三五'规划教材（第二轮规划教材）"。

本轮教材建设，旨在适应学科发展和食品药品监管等新要求，进一步提升教材质量，更好地满足教学需求。本轮教材吸取了目前高等中医药教育发展成果，体现了涉药类学科的新进展、新方法、新标准；旨在构建具有行业特色、符合医药高等教育人才培养要求的教材建设模式，形成"政府指导、院校联办、出版社协办"的教材编写机制，最终打造我国普通高等中医药院校药学类专业核心教材、精品教材。

本轮教材包含47门，其中39门教材为新修订教材（第2版），《药理学思维导图与学习指导》为本轮新增加教材。本轮教材具有以下主要特点。

一、教材顺应当前教育改革形势，突出行业特色

教育改革，关键是更新教育理念，核心是改革人才培养体制，目的是提高人才培养水平。教材建设是高校教育的基础建设，发挥着提高人才培养质量的基础性作用。教材建设以服务人才培养为目标，以提高教材质量为核心，以创新教材建设的体制机制为突破口，以实施教材精品战略、加强教材分类指导、完善教材评价选用制度为着力点。为适应不同类型高等学校教学需要，需编写、出版不同风格和特色的教材。而药学类高等教育的人才培养，有鲜明的行业特点，符合应用型人才培养的条件。编写具有行业特色的规划教材，有利于培养高素质应用型、复合型、创新型人才，是高等医药院校教育教学改革的体现，是贯彻落实《国家中长期教育改革和发展规划纲要（2010－2020年）》的体现。

二、教材编写树立精品意识，强化实践技能培养，体现中医药院校学科发展特色

本轮教材建设对课程体系进行科学设计，整体优化；对上版教材中不合理的内容框架进行适当调整；内容（含法律法规、食品药品标准及相关学科知识、方法与技术等）上吐故纳新，实现了基础学科与专业学科紧密衔接，主干课程与相关课程合理配置的目标。编写过程注重突出中医药院校特色，适当融入中医药文化及知识，满足21世纪复合型人才培养的需要。

参与教材编写的专家以科学严谨的治学精神和认真负责的工作态度，以建设有特色的、教师易用、学生易学、教学互动、真正引领教学实践和改革的精品教材为目标，严把编写各个环节，确保教材建设质量。

三、坚持"三基、五性、三特定"的原则，与行业法规标准、执业标准有机结合

本轮教材修订编写将培养高等中医药院校应用型、复合型药学类专业人才必需的基本知识、基本理论、基本技能作为教材建设的主体框架，将体现教材的思想性、科学性、先进性、启发性、适用性作为教材建设灵魂，在教材内容上设立"要点导航""重点小结"模块对其加以明确；使"三基、五性、三特定"有机融合，相互渗透，贯穿教材编写始终。并且，设立"知识拓展""药师考点"等模块，与《国家执业药师资格考试考试大纲》、新版《药品生产质量管理规范》（GMP）、《药品经营管理质量规范》（GSP）紧密衔接，避免理论与实践脱节，教学与实际工作脱节。

四、创新教材呈现形式，书网融合，使教与学更便捷、更轻松

本轮教材全部为书网融合教材，即纸质教材与数字教材、配套教学资源、题库系统、数字化教学服务有机融合。通过"一书一码"的强关联，为读者提供全免费增值服务。按教材封底的提示激活教材后，读者可通过PC、手机阅读电子教材和配套课程资源（"扫码学一学"，轻松学习PPT课件；"扫码练一练"，随时做题检测学习效果），并可在线进行同步练习，实时反馈答案和解析。同时，读者也可以直接扫描书中二维码，阅读与教材内容关联的课程资源，从而丰富学习体验，使学习更便捷。教师可通过PC在线创建课程，与学生互动，开展在线课程内容定制、布置和批改作业、在线组织考试、讨论与答疑等教学活动，学生通过PC、手机均可实现在线作业、在线考试，提升学习效率，使教与学更轻松。此外，平台尚有数据分析、教学诊断等功能，可为教学研究与管理提供技术和数据支撑。

本套教材的修订编写得到了教育部、国家药品监督管理局相关领导、专家的大力支持和指导；得到了全国高等医药院校、部分医药企业、科研机构专家和教师的支持和积极参与，谨此，表示衷心的感谢！希望以教材建设为核心，为高等医药院校搭建长期的教学交流平台，对医药人才培养和教育教学改革产生积极的推动作用。同时精品教材的建设工作漫长而艰巨，希望各院校师生在教学过程中，及时提出宝贵的意见和建议，以便不断修订完善，更好地为药学教育事业发展和保障人民用药安全服务！

中国医药科技出版社

2018 年 6 月

前　言

　　《无机化学学习指导》（第2版）是"全国普通高等中医药院校药学类专业'十三五'规划教材（第二轮规划教材）"《无机化学》的配套教学用书。无机化学是高等学校药学类相关各专业学生进入大学的第一门专业基础课，对于学生专业知识体系的构建、自主学习意识的培养、综合素质的训练都有至关重要的作用。多年的教学实践表明：《无机化学》课程教学迫切需要一本能够激发学生学习兴趣，引导主动学习、刻苦钻研，培养逻辑思维和创新能力的学习指导，使学生在课堂学习的同时，及时复习、巩固和强化所学知识，提高分析问题和解决问题的能力，为后续课程的学习打下基础。

　　本书由来自全国20多所院校的一线教师，参照全国高等中医药院校药学类各专业的培养目标，根据药学类专业本科无机化学教学大纲的基本要求，充分考虑到目前中医药院校的学生基础和学习现状，结合多年来的教学实践认真讨论、反复审阅，完成了《无机化学学习指导》的编写。全书共分11章，内容编排次序与相应教材同步，在内容选择上注意避免过难、过宽、过繁的现象，力争做到少而精、由浅入深，逐步深化，突出重点。每章设有"知识导航""重难点解析""复习思考题及参考答案""习题及参考答案""补充习题及参考答案"，书后精选了13套综合练习题。所有习题的设计力求科学、严谨、规范，并尽量覆盖较多知识点。同时注重突出学生自我拓展知识能力的培养和自主学习意识的训练。

　　上一版教材在四年的使用过程中，读者提出了不少意见和建议，在这次修订中，我们接受了这些意见，改正了一些错误，同时调整和补充了部分习题。具体编写分工是：第一章绪论（杨婕、刘丽艳）、第二章溶液（黎勇坤、方德宇）、第三章化学平衡（张浩波、罗黎）、第四章酸碱平衡（吴培云、林舒、倪佳）、第五章沉淀－溶解平衡（邹淑君、李德慧）、第六章氧化还原反应（郭惠、张晓青）、第七章原子结构（杨爱红、曹秀莲）、第八章分子结构与化学键（徐飞、郭丽敏、张爱平）、第九章配位化合物（吴巧凤、黄宏妙、赵平）、第十章主族元素（杨怀霞、王霞）、第十一章副族元素（杨茂忠、卞金辉）等。另外张爱平、王堃、孟祥茹、刘艳菊、曹莉老师参加了审稿工作。

　　感谢各参编院校有关领导在修订过程中给予的大力支持和帮助。感谢参与本书上一版编写工作的老师、编辑和审稿专家，感谢对上一版教材提出意见和建议的老师、同学和各界人士。我们期待读者指出书中的不妥之处，以便进一步修订完善。

编　者

2018 年 6 月

目 录

第一章 绪 论

复习思考题及参考答案

1. 什么是化学？化学学科有哪些分支学科？化学家的工作是什么？

解：化学是一门研究物质的结构、组成、性质及其变化规律的科学；它在原子和分子水平上，研究物质间的变化规律和变化过程中的能量关系。

化学研究的范围极其广阔，按研究的对象或研究的目的不同，可将化学学科分为无机化学、有机化学、分析化学、物理化学和高分子化学等五大分支学科。

化学家的工作有：研究自然界并试图了解它；创造自然界不存在的新物质和完成化学变化的新途径。

2. 简述无机化学的发展历史。

解：无机化学是化学学科中发展最早的分支学科，由于最初化学研究的大多是无机物，可以说化学的发展史也就是无机化学的发展史。根据化学发展的特征，可分为古代化学(17 世纪以前)、近代化学(从 17 世纪中叶到 19 世纪末，涉及元素概念的提出、燃烧的氧化理论、原子学说、元素周期律、无机化学等化学分支学科的形成等)和现代化学(19 世纪末开始，涉及微观粒子运动规律、原子和分子结构的本质揭示、形成交叉学科等)三个重要的发展历史阶段。

3. 无机化学与药学有什么联系？

解：无机化学与药学是相互关联的，某些无机物质可直接作为药物，目前在新药开发中，以无机物为主的制剂也大量出现。20 世纪 60 年代末，在无机化学与生物学的交叉中逐渐形成了生物无机化学(bioinorganic chemistry)这门新兴学科，它主要研究具有生物活性的金属离子(含少数非金属)及其配合物的结构 – 性质 – 生物活性之间的关系以及在生命环境内参与反应的机制。药物无机化学是近十多年来十分活跃的一个方面。

4. 我国从古至今对无机药物的研究包括哪些领域？

解：我国从古至今对无机药物的研究主要在矿物类中药领域。矿物类中药主要成分是无机化合物或单质，它是中药富有特色的组成部分。从古代开始，矿物药在中医药学的发展上有其独特的作用。直至现在，随着科技的发展和医疗水平的提高，矿物类中药的研究逐渐系统、深入，涉及内容广泛，包括药物的成分、理化性质、质量标准、炮制方法、配伍和剂型等，尤其是对矿物药治病物质基础的研究，在实际应用和理论探索方面有着重要的意义。

中医药中使用难溶有毒金属的矿物有其独到之处。目前，人们正在研究金、汞、砷化合物的药理、毒理作用，以及如何通过化合物改造、制剂优化等方法解决活性和毒性的矛盾，有可能改变医学界对重金属药物认识上的片面性，开拓新型无机药物。

第二章 溶 液

一、 知识导航

$$物质的量浓度\ c_B = \frac{n_B}{V}$$

$$质量摩尔浓度\ b_B = \frac{n_B}{m_A}$$

$$摩尔分数\ x_B = \frac{n_B}{n_总}$$

$$质量浓度\ \rho_B = \frac{m_B}{V}$$

$$质量分数\ \omega_B = \frac{m_B}{m_总}$$

$$体积分数\ \varphi_B = \frac{V_B}{V_总}$$

溶液浓度的表示法

溶液

非电解质稀溶液的依数性

$$蒸气压下降\ \Delta p = K b_B$$

$$沸点升高\ \Delta T_b = T_b - T_b^0 = K_b b_B$$

$$凝固点降低\ \Delta T_f = T_f^0 - T_f = K_f b_B$$

$$渗透压\ \pi = c_B RT\ \ 或\ \ \pi = b_B RT$$

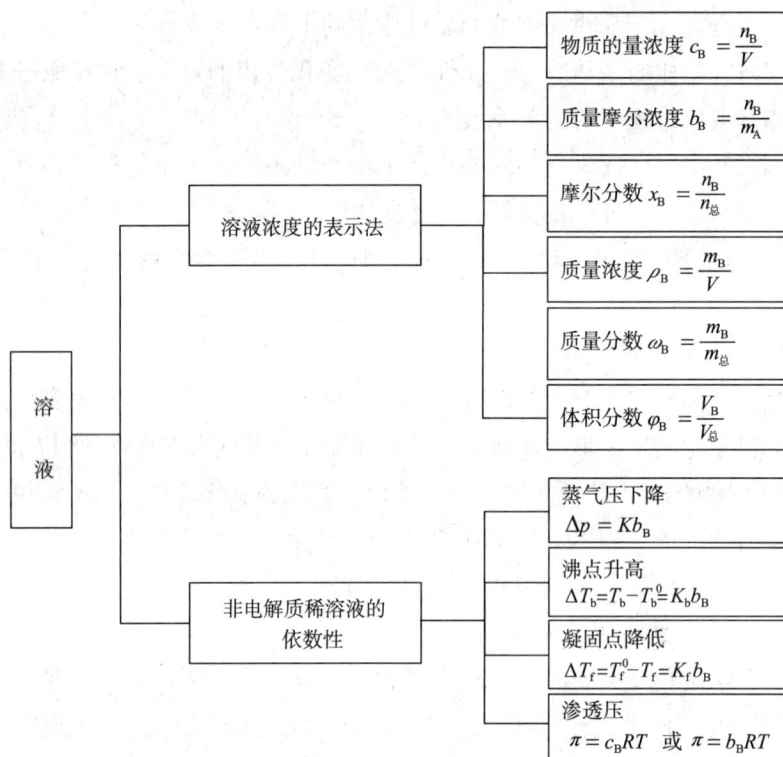

二、 重难点解析

1. 浓度的表示方法如何分类？请简要说明。

解： 浓度的表示方法分为两大类：一类是用一定体积的溶液中所含溶质的量来表示，如 c_B、ρ_B、φ_B，配制这类浓度的溶液较为方便，但因体积受温度影响，从而浓度数值也受温度影响；另一类是用溶液中所含溶质与溶剂的相对量来表示，如 b_B、x_B、ω_B，这类浓度数值不受温度影响，但配制不便。

2. 稀溶液的依数性是否都可以用来测定溶质摩尔质量？请简要说明。

解： 四种依数性均可用于测定溶质的摩尔质量。大多数溶剂的 $K_f > K_b$，对同一溶液来说其凝固点降低值比沸点升高值大，实验误差较小；沸点法和蒸气压法通常都需对溶液进行加热，较高温度下溶质可能遭受破坏或者变性，溶剂挥发也会导致溶液浓度发生变化，从而产生较大的误差，而凝固点降低法是在低温下进行的，不会有上述问题。另外，直接测定渗透压比较困难；对于挥发性溶质，测定摩尔质量不能用沸点法或蒸气压法，只能用凝固点降低法。鉴于上述原因，在测定溶质的摩尔质量时，凝固点降低法应用最广。溶液的渗透压特别适用于测定高分子化合物的摩尔质量。

三、 复习思考题及参考答案

1. 用质量摩尔浓度和物质的量浓度表示物质的浓度时，各有何优缺点？

解：质量摩尔浓度 b_B 表示的是一定质量的溶剂中所含溶质的物质的量，这种表示法的优点是浓度数值不受温度影响，缺点是配制不便；物质的量浓度 c_B 表示的是一定体积的溶液中所含溶质的物质的量，其优点是配制方便，缺点是体积受温度影响，从而浓度数值也受温度影响。

2. 考虑到细胞膜为一渗透膜，试解释何以含盐与醋之莴苣沙拉于数小时内即行软化？

解：莴苣细胞膜外为高渗溶液，膜内渗透压小于膜外，细胞膜内细胞液向膜外渗透，使细胞萎缩，即莴苣会软化。

3. 相同质量的乙醇、甘油、葡萄糖和蔗糖分别溶于100ml水中，将这几种溶液以相同速度降温冷冻，最先结冰和最后结冰的分别是什么？如果换成相同物质的量的乙醇、甘油、葡萄糖和蔗糖，结果又怎样？请加以说明。

解：最先结冰的是蔗糖溶液，最后结冰的是乙醇溶液。因乙醇、甘油、葡萄糖和蔗糖的摩尔质量分别为46g/mol、92g/mol、180g/mol、342g/mol，乙醇摩尔质量最小，则其质量摩尔浓度最大，凝固点下降最多，溶液凝固点最低，故最后结冰。蔗糖摩尔质量最大，则其质量摩尔浓度最小，凝固点下降最少，溶液凝固点最高，故最先结冰。如溶质物质的量相同，则溶液的质量摩尔浓度相同，凝固点下降值相同，同时结冰。

4. 非电解质稀溶液的四种依数性之间有何联系？请加以说明。

解：沸点升高、凝固点降低和渗透压等性质的起因均与溶液的蒸气压下降有关，它们之间可以通过浓度联系起来：$b_B = \dfrac{\Delta p}{K} = \dfrac{\Delta T_b}{K_b} = \dfrac{\Delta T_f}{K_f} = \dfrac{\pi}{RT}$

四、 习题及参考答案

1. 试计算下列常用试剂的物质的量浓度、质量摩尔浓度及摩尔分数。

(1) 质量分数为 0.98，密度 d 为 1.84g/cm³ 的浓硫酸。

(2) 质量分数为 0.28，密度 d 为 0.90g/cm³ 的浓氨水。

解：(1) H_2SO_4 的摩尔质量为98g/mol，物质的量浓度为：

$$c_{H_2SO_4} = \frac{n_{H_2SO_4}}{V_{溶液}} = \frac{\omega_{H_2SO_4} \times d}{M_{H_2SO_4}} \times 1000 = \frac{0.98 \times 1.84}{98} \times 1000 = 18.4(mol/L)$$

设溶液的总质量为100g，则

$$b_{H_2SO_4} = \frac{n_{H_2SO_4}}{m_{H_2O}} = \frac{100 \times 0.98/98}{100 \times 2\%} \times 1000 = 500(mol/kg)$$

$$x_{H_2SO_4} = \frac{n_{H_2SO_4}}{n_{H_2SO_4} + n_{H_2O}} = \frac{98/98}{98/98 + (100-98)/18} = 0.90$$

(2) 氨的摩尔质量为17g/mol，物质的量浓度为：

$$c_{NH_3} = \frac{n_{NH_3}}{V_{溶液}} = \frac{\omega_{NH_3} \cdot d}{M_{NH_3}} \times 1000 = \frac{0.28 \times 0.90}{17} \times 1000 = 15(mol/L)$$

$$b_{NH_3} = \frac{n_{NH_3}}{m_{H_2O}} = \frac{100 \times 0.28/17}{100 \times 72\%} \times 1000 = 23(mol/kg)$$

$$x_{NH_3} = \frac{n_{NH_3}}{n_{NH_3} + n_{H_2O}} = \frac{28/17}{28/17 + (100 - 28)/18} = 0.29$$

2. 100ml 质量浓度为 18.0g/L，密度为 1.01g/ml 的氯化钠溶液和 150ml 质量浓度为 29.6g/L，密度为 1.02g/ml 的氯化钾溶液充分混合后，假设混合前后体积没有发生变化，求混合溶液中 NaCl 的物质的量浓度、摩尔分数、质量摩尔浓度各是多少？

解：

$$n_{NaCl} = \frac{100 \times 18.0 \times 10^{-3}}{58.5} = 0.0308(mol)$$

$$c_{NaCl} = \frac{n_{NaCl}}{V_{溶液}} = \frac{0.0308}{(100 + 150) \times 10^{-3}} = 0.123(mol/L)$$

$$n_{KCl} = \frac{150 \times 29.6 \times 10^{-3}}{74.5} = 0.0596(mol)$$

$$n_{H_2O} = \frac{(100 \times 1.01 - 100 \times 18.0 \times 10^{-3}) + (150 \times 1.02 - 150 \times 29.6 \times 10^{-3})}{18} = 13.76(mol)$$

$$x_{NaCl} = \frac{n_{NaCl}}{n_{NaCl} + n_{KCl} + n_{H_2O}} = \frac{0.0308}{0.0308 + 0.0596 + 13.76} = 0.00222$$

$$b_{NaCl} = \frac{n_{NaCl}}{m_{H_2O}} = \frac{0.0308}{13.76 \times 18 \times 10^{-3}} = 0.124(mol/kg)$$

3. 浓度均为 0.01mol/kg 的葡萄糖、HAc、NaCl、$BaCl_2$ 的水溶液，凝固点最高、渗透压最大的分别是什么？

解： NaCl、$BaCl_2$ 是强电解质，HAc 是弱电解质，葡萄糖是非电解质。在水溶液中，其质点数大小依次为：$BaCl_2 >$ NaCl $>$ HAc $>$ 葡萄糖。葡萄糖溶液中的粒子数最少，凝固点降低的最小，故凝固点最高。$BaCl_2$ 溶液中的粒子数最多，所以渗透压最大。

4. 将 0.115g 奎宁溶解在 1.36g 樟脑中，其凝固点为 167.57℃，试计算奎宁的摩尔质量（已知樟脑的凝固点为 177.85℃，$K_f = 40.0K \cdot kg/mol$）。

解： 设奎宁摩尔质量为 M，根据公式 $\Delta T_f = K_f b_B$

得 $$b_B = \frac{\Delta T_f}{K_f} = \frac{177.85 - 167.57}{40.0} = 0.257(mol/kg)$$

由 $$\frac{0.115/M}{1.36 \times 10^{-3}} = 0.257(mol/kg); \qquad M = 329(g/mol)$$

5. 如果 30g 水中含有甘油 $C_3H_8O_3$ 1.5g，求算溶液的沸点（已知水的 $K_b = 0.512K \cdot kg/mol$）。

解： 先计算溶液的质量摩尔浓度，已知甘油的摩尔质量 92g/mol

则 $$b_B = \frac{n_B}{m_A} = \frac{1.5/92}{30/1000} = 0.54(mol/kg)$$

根据 $\Delta T_b = T_b - T_b^0 = K_b b_B = 0.512 \times 0.54 = 0.28$℃

溶液的沸点是 100℃ + 0.28℃ = 100.28℃

6. 试求 17℃时，含 17.5g 蔗糖的 150ml 溶液的渗透压是多少？

解： 先计算溶液的物质的量浓度，蔗糖 $C_{12}H_{22}O_{11}$ 的摩尔质量为 342g/mol。

$$c_B = \frac{n_B}{V} = \frac{17.5/342}{0.150} = 0.341(mol/L)$$

根据 $\pi = c_B RT = 0.341 \times 8.314 \times (17 + 273.15) = 823\ (kPa)$

7. 相同温度下乙二醇 $HOCH_2CH_2OH$ 溶液和葡萄糖 $C_6H_{12}O_6$ 溶液渗透压相等，相同体积的溶液中两者质量之比是多少？

解： 根据 $\pi = c_B RT$，渗透压相同且温度、体积均相同时，则溶质物质的量相同。故两溶液中乙二醇和葡萄糖质量之比即其摩尔质量之比。$CH_2(OH)CH_2(OH)$ 摩尔质量为 62g/mol，$C_6H_{12}O_6$ 摩尔质量为 180g/mol，则质量之比为 $62/180 \approx 1/3$。

五、 补充习题及参考答案

（一）补充习题

1. 判断题

(1) 非电解质稀溶液的依数性包括溶液的沸点降低。　　　　　　　　　　　　　（　　）

(2) 浓度分别为 0.01mol/L 和 0.01 mol/kg 的蔗糖溶液，前者蔗糖含量高。　　　（　　）

(3) 冰置于 273.15K 的盐水中，冰会逐渐融化为水。　　　　　　　　　　　　　（　　）

(4) 凝固点降低常数 K_f 的数值主要与溶剂有关。　　　　　　　　　　　　　　（　　）

(5) 渗透的方向是从高渗溶液往低渗溶液进行。　　　　　　　　　　　　　　　（　　）

(6) 0.01mol/L 甘油溶液与 0.01mol/L KCl 溶液的沸点相等。　　　　　　　　　（　　）

(7) 饱和溶液一定为浓溶液。　　　　　　　　　　　　　　　　　　　　　　　（　　）

2. 单项选择题

(1) 质量分数为 0.70，密度为 1.56g/ml 的 NaOH（摩尔质量 40g/mol）溶液的物质的量浓度（mol/L）是　　　　　　　　　　　　　　　　　　　　　　　　　　　　　　　　　（　　）

A. 30.2　　　　B. 20.1　　　　C. 17.9　　　　D. 16.8　　　　E. 27.3

(2) 稀溶液的依数性是　　　　　　　　　　　　　　　　　　　　　　　　　　（　　）

A. Δp、T_b、T_f、$\Delta\pi$　　　B. Δp、ΔT_b、ΔT_f、π　　　C. p、T_b、T_f、$\Delta\pi$

D. p、ΔT_b、ΔT_f、$\Delta\pi$　　　E. Δp、T_b、T_f、π

(3) 等质量摩尔浓度的乙二醇、甘油、蔗糖、氯化钠、氯化钙溶液，凝固点最低的是（　　）

A. 乙二醇　　　B. 氯化钠　　　C. 甘油　　　D. 氯化钙　　　E. 蔗糖

(4) 配制质量分数为 0.25% 的硫酸锌滴眼液 100ml，需硼酸多少克才能使溶液等渗（　　）

A. 1.66　　　　B. 2.98　　　　C. 3.01　　　　D. 2.59　　　　E. 3.08

(5) 植物的抗盐碱、抗旱能力与溶液的哪项性质有关　　　　　　　　　　　　　（　　）

A. 蒸气压下降　　B. 沸点升高　　C. 凝固点降低　　D. 渗透压　　E. 沸点降低

(6) 将 5.00g 某物质溶于 100g 苯中，测得该溶液的凝固点为 4.82℃，则该物质的摩尔质量（g/mol）是（纯苯的凝固点 5.35℃，$K_f = 5.10 K \cdot kg/mol$）　　　　　　　　　　　　　　（　　）

A. 120　　　　B. 481　　　　C. 157　　　　D. 422　　　　E. 343

(7) 下列属于生理等渗溶液的是　　　　　　　　　　　　　　　　　　　　　　（　　）

A. 0.1mol/L NaCl 与 0.1mol/L 乙醇

B. 0.9%（g/ml）NaCl 与 0.28mol/L 葡萄糖

C. 0.2mol/L NaCl 与 0.2mol/L HAc

D. 0.4%（g/ml）NaCl 与 0.4%（g/ml）葡萄糖

E. 0.9%（g/ml）NaCl 与 0.60mol/L 蔗糖

（8）若将某高于药典规范浓度的生理盐水注入血管，将导致 （　　）

A. 红细胞中部分水渗出细胞　　　　　　B. 血液中部分水渗入血红细胞内

C. 溶血现象　　　　　　D. 内外相等的渗透　　　　　　E. 无影响

3. 多项选择题

（1）有关稀溶液依数性叙述正确的是 （　　）

A. 只取决于溶质的粒子数而与溶质的本性无关

B. 稀溶液依数性共有：蒸气压下降、沸点升高和凝固点降低

C. 沸点升高、凝固点降低和渗透压的起因均与溶液的蒸气压下降有关

D. 非电解质的稀溶液不一定都遵守依数性规律

E. 稀溶液的蒸气压下降是因为溶液的部分表面被难挥发的溶质粒子占据，在单位时间内逸出液面的溶剂分子数减少

（2）下列哪几种溶液的浓度表示方法与溶液温度无关 （　　）

A. 质量摩尔浓度　　　　　　B. 摩尔分数

C. 物质的量浓度　　　　　　D. 质量分数

E. 体积分数

（3）配制 2L 浓度为 1.0mol/L 的 HCl 溶液，下列操作正确的是 （　　）

A. 取 332ml 质量分数为 0.20，密度为 1.10g/ml 的盐酸稀释配制

B. 取 570ml 质量分数为 0.10，密度为 1.30g/ml 的盐酸稀释配制

C. 取 550ml 1.0mol/L 的稀盐酸与 240ml 6.03mol/L 的稀盐酸混合稀释配制

D. 取 550ml 1.0mol/L 的稀盐酸与 550ml 6.03mol/L 的稀盐酸混合稀释配制

E. 取 450ml 2.0mol/L 的稀盐酸与 650ml 4.03mol/L 的稀盐酸混合稀释配制

（4）下列现象与渗透压有关的是 （　　）

A. 冬季在汽车水箱中加入甘油　　　　　　B. NaCl 易溶于水

C. 用食盐腌制蔬菜进行储藏　　　　　　D. 盐碱地的农作物长势不良，甚至枯萎

E. 红细胞置于蒸馏水中会发生破裂

（5）下列哪些物质在水中溶解度较好 （　　）

A. 甲醇　　　　B. 乙醇　　　　C. AgNO$_3$　　　　D. 苯　　　　E. PbCl$_2$

4. 填空题

（1）非电解质稀溶液的依数性包括_____、_____、_____和_____。

（2）渗透现象发生需满足的基本条件是_____和_____。

（3）临床上规定，渗透浓度在_____mmol/L 的溶液为等渗溶液，大量向体内输入 35g/L 葡萄糖溶液，易造成_____现象。

（4）物质的量浓度相同的葡萄糖溶液、蔗糖溶液、尿素溶液和 CaCl$_2$ 溶液，渗透压最大的是：_____。

5. 简答题

（1）何谓非电解质稀溶液的依数性？

（2）乙二醇与甘油哪一种用作防冻剂更好？加以说明。（乙二醇的沸点是 197.85℃，甘油的沸点是 290.9℃）

6. 计算题

(1)浓硝酸的质量分数为 0.680，密度为 1.40g/ml，求浓硝酸的质量摩尔浓度、物质的量浓度、HNO_3 和 H_2O 的摩尔分数。

(2)某工厂用质量分数为 0.86 的酒精做溶剂。为节约起见，工人用质量分数 0.70 回收酒精和 0.95 酒精来配制。现若配制 0.86 酒精150kg，问需 0.70 和 0.95 酒精各多少 kg？

(3)甲醛 HCHO 可用做防冻剂，往同样量的水中加多少克方能与加2g甘油 $C_3H_8O_3$ 防冻效果等同？

(4)一未知不挥发样品 10.00g，溶于 100.00g 苯中，将空气通过溶液使之起泡，溶液所失去的重量为 1.205g。相同温度下，同样体积的空气通过纯苯时造成损失为 1.273g。已知苯的摩尔质量为78.11g/mol，求该溶质的摩尔质量。

(5)某化合物含 9.5%H，10.2%O 和 80.3%C。将 3.0g 该化合物溶于 20.0g 苯中，所得的溶液的凝固点为 276.21K，求该化合物的分子式（苯的 $K_f=5.10$ K·kg/mol，$T_f=278.65$K）。

(6)临床上常用葡萄糖等渗溶液进行输液，其凝固点为 272.63K。求该溶液的物质的量浓度及血液的渗透压（水的 $K_f=1.86$ K·kg/mol，葡萄糖的摩尔质量为 180g/mol，血液的温度为 310K）。

(7)①马的血红素是血液中红细胞内的一种蛋白质，将其去水物质分析得知内含 0.328% 铁。试求马血红素的最低摩尔质量为多少？②实验发现，每升有 80g 的血红素溶液，在 4℃时渗透压为 2.63kPa。则正确的血红素摩尔质量为多少？（Fe 的摩尔质量为 55.85g/mol）

（二）参考答案

1. 判断题

(1)× (2)× (3)√ (4)√ (5)× (6)× (7)×

2. 单项选择题

(1)~(5)EBDAD (6)~(8) BBA

3. 多项选择题

(1)ADE (2)ABD (3)ABC (4)CDE (5)ABC

4. 填空题

(1)蒸气压下降、沸点升高、凝固点降低、渗透压

(2)存在半透膜；膜两侧存在浓度差

(3)280~320；溶血

(4)$CaCl_2$

5. 简答题

(1)非电解质稀溶液的某些性质只取决于溶液中所含溶质的粒子浓度而与溶质的本性无关，这类性质称为依数性。

(2)用甘油更好，因甘油沸点更高，难挥发。

6. 计算题

(1)$b_B=33.7$mol/kg，$c_B=15.1$mol/L，$x_{HNO_3}=0.378$，$x_{H_2O}=0.622$

(2)0.70乙醇：54kg，0.95乙醇：96kg

(3)0.652

(4)M=138.5g/mol

(5)分子式为 $C_{21}H_{30}O_2$

(6)$c_B=0.280$mol/L，$\pi=721$kPa

(7)①17 027g/mol；②70 090g/mol

第三章 化学平衡

一、知识导航

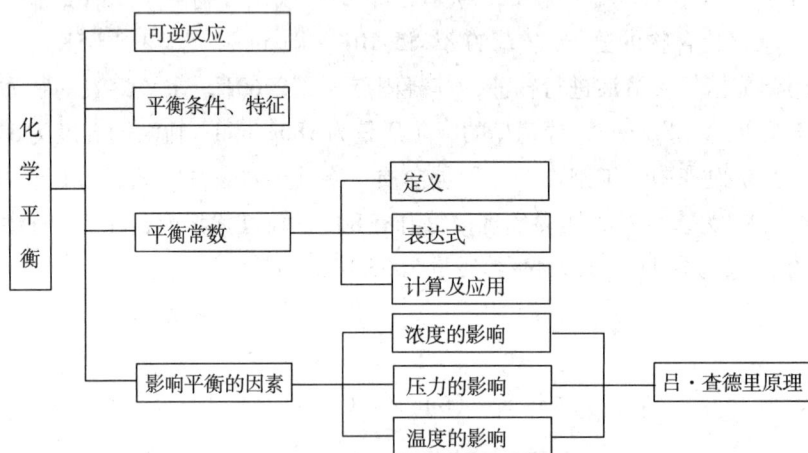

二、重难点解析

1. 反应：$NO(g) + \frac{1}{2}Br_2(l) \rightleftharpoons NOBr(g)$（溴化亚硝酰），25℃时的平衡常数 $K^{\ominus} = 3.6 \times 10^{-15}$，液体溴在25℃时的饱和蒸气压为28.4kPa。求25℃时反应：

$$NO(g) + \frac{1}{2}Br_2(g) \rightleftharpoons NOBr(g) \text{的标准平衡常数 } K^{\ominus}。$$

解：已知25℃时，$NO(g) + \frac{1}{2}Br_2(l) \rightleftharpoons NOBr(g)$ $K^{\ominus} = 3.6 \times 10^{-15}$ (1)

从25℃时液体溴的饱和蒸气压可得液态溴转化为气态溴的平衡常数。即

$$Br_2(l) \rightleftharpoons Br_2(g) \tag{2}$$

$$K_2^{\ominus} = \frac{28.4kPa}{101.325kPa} = 0.280$$

$$\frac{1}{2}Br_2(l) \rightleftharpoons \frac{1}{2}Br_2(g) \qquad\qquad K_3^{\ominus} \tag{3}$$

$$K_3^{\ominus} = \sqrt{K_2^{\ominus}} = 0.529$$

由反应式（1）-（3）得：

$$NO(g) + \frac{1}{2}Br_2(g) \rightleftharpoons NOBr(g)$$

$$K^{\ominus} = K_1^{\ominus} \times \frac{1}{K_3^{\ominus}} = \frac{3.6 \times 10^{-15}}{0.529} = 6.8 \times 10^{-15}$$

2. 已知反应 $CaCO_3(s) \rightleftharpoons CaO(s) + CO_2(g)$ 在 973K 时的标准平衡常数

$K^{\ominus}(973K) = 3.00 \times 10^{-2}$，在 1173K 时 $K^{\ominus}(1173K) = 1.00$，问：

(1) 上述反应是吸热反应还是放热反应？

(2) 计算反应的 $\Delta_r H_m^{\ominus}$。

解：(1) 升高温度，平衡常数增大，所以为吸热反应。

(2) 将 $K^{\ominus}$ 和温度带入范特霍夫方程解得 $\Delta_r H_m^{\ominus} = 166$ kJ/mol

3. 工业制硝酸反应：

$3NO_2(g) + H_2O(l) \rightleftharpoons 2HNO_3(l) + NO(g)$，

$\Delta_r H_m^{\ominus}(298K) = -71.82$ kJ/mol

为提高 NO_2 的转化率，可以采取哪些措施？

解：(1) 通入 O_2，使产物 NO 不断转变成反应物 NO_2；(2) 增大压力；(3) 降低温度。

三、 复习思考题及参考答案

1. 化学平衡状态的重要特点是什么？

解：(1) 化学平衡的状态是化学反应正逆反应速率相等的状态。

(2) 化学平衡是反应在一定条件下所能达到的最大限度。不同的反应，或者不同条件下的同一反应，反应的限度是不同的，反应的限度可以用平衡常数定量描述。

(3) 化学平衡是可逆反应进行的最大限度。可逆反应达平衡后，只要外界条件不变，反应体系中各物质的量将不随时间而变，这是建立化学平衡的标志。

(4) 化学平衡是相对的和有条件的动态平衡。

2. 温度如何影响化学反应的平衡常数？

解：(1) 正反应为吸热反应时，$\Delta_r H_m^{\ominus} > 0$。当升高温度时，即 $T_2 > T_1$，则 $K_2^{\ominus} > K_1^{\ominus}$，平衡向正反应方向移动（正反应为吸热反应）；当反应温度下降时，即 $T_2 < T_1$，$K_2^{\ominus} < K_1^{\ominus}$，即平衡常数随温度的降低而减小，导致 $Q > K_2^{\ominus}$，平衡逆向移动，即向放热方向移动。

(2) 正反应为放热反应时，$\Delta_r H_m^{\ominus} < 0$。当升高温度时，即 $T_2 > T_1$ 时，则 $K_2^{\ominus} < K_1^{\ominus}$，平衡向逆反应方向移动（逆反应为吸热反应）；当反应温度下降时，即 $T_2 < T_1$，则 $K_2^{\ominus} > K_1^{\ominus}$，即平衡常数随温度的降低而增大，从而导致 $Q < K_2^{\ominus}$，平衡正向移动。

3. 平衡常数能否代表转化率？

解：不能。标准平衡常数可以用来衡量某一反应的完成程度和计算有关物质的平衡浓度。某物质的平衡转化率 α 是指达到平衡时该物质已转化（消耗）的量与反应前该物质的总量之比，转化率越大，表示反应进行的程度越大。

转化率与平衡常数有明显不同，转化率与反应体系的起始状态有关，而且必须明确指出是反应物中的哪种物质的转化率。

4. 化学反应平衡常数的大小能否表示化学反应进行的程度？

解：每一个可逆反应都有自己的特征平衡常数，它表示了化学反应在一定条件下达到平衡后反应物的转化程度和化学反应达到平衡的条件；平衡常数越大，表示正反应进行的程度越大，平衡混合物中生成物的相对平衡浓度就越大。

5. 简述在任意状态时，化学反应的浓度商 Q 和化学反应平衡常数 $K^{\ominus}$ 的关系。

解：根据热力学推导，当 $Q = K^{\ominus}$，则化学反应达到平衡。如果增加反应物的浓度或者减小生成物的浓度都会使 $Q < K^{\ominus}$，此时原有平衡将被破坏，平衡正向移动，直至 $Q = K^{\ominus}$，反应在新的条件下建立新的平衡状态为止。反之，如果增加生成物的浓度或减小反应物的浓度，将导致 $Q > K^{\ominus}$，平衡逆向移动，直至建立新的平衡为止。改变浓度可以使化学平衡发生移动，但不能改变平衡常数值。

6. 催化剂能够影响化学反应的速度，也能影响化学反应的平衡常数吗？

解：催化剂虽然能改变化学反应速率，缩短到达平衡的时间。但对于任一确定的可逆反应来说，催化剂同等程度地改变正、逆反应的速率，无论是否使用催化剂，正、逆反应的速率均相等，因此，催化剂不会影响化学平衡状态，也不会使化学平衡发生移动。

四、习题及参考答案

1. 判断题

(1) 对于可逆反应，平衡常数越大，反应速率越快。　　　　　　　　　　　　　（　　）

(2) 平衡常数的数值是反应进行程度的标志，故对可逆反应而言，不管是正反应还是逆反应其平衡常数均相同。　　　　　　　　　　　　　　　　　　　　　　　　　（　　）

(3) 某一反应平衡后，再加入些反应物，在相同的温度下再次达到平衡，则两次测得的平衡常数相同。　　　　　　　　　　　　　　　　　　　　　　　　　　　　　　（　　）

(4) 某温度下密闭容器中，反应 $2NO(g) + O_2(g) \rightleftharpoons 2NO_2(g)$ 达到平衡，保持温度和体积不变，充入惰性气体增加总压，平衡将向气体分子数减少即生成 NO_2 的方向移动。　　　　（　　）

解：× × √ ×

2. 写出下列反应的化学反应平衡常数 $K^{\ominus}$

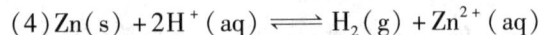

(1) $CaCO_3(s) + 2H^+(aq) \rightleftharpoons Ca^{2+}(aq) + CO_2(g) + H_2O(l)$

(2) $CaCO_3(s) \rightleftharpoons CaO(s) + CO_2(g)$

(3) $2NO_2(g) \rightleftharpoons N_2O_4(g)$

(4) $Zn(s) + 2H^+(aq) \rightleftharpoons H_2(g) + Zn^{2+}(aq)$

解：(1) $K^{\ominus} = \dfrac{[p(CO_2)/p^{\ominus}]([Ca^{2+}]/c^{\ominus})}{([H^+]/c^{\ominus})^2}$

(2) $K^{\ominus} = \dfrac{p(CO_2)}{p^{\ominus}}$

(3) $K^{\ominus} = \dfrac{[p(N_2O_4)/p^{\ominus}]}{[p(NO_2)/p^{\ominus}]^2}$

(4) $K^{\ominus} = \dfrac{[c(Zn^{2+})/c^{\ominus}][p(H_2)/p^{\ominus}]}{[c(H^+)/c^{\ominus}]}$

3. 恒容下，增加下列反应物的浓度，试说明转化率的变化情况

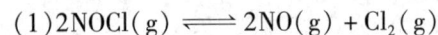

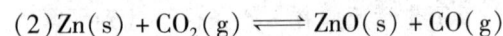

(1) $2NOCl(g) \rightleftharpoons 2NO(g) + Cl_2(g)$

(2) $Zn(s) + CO_2(g) \rightleftharpoons ZnO(s) + CO(g)$

(3) $MgSO_4(s) \rightleftharpoons MgO(s) + SO_3(g)$

解：(1) 不变；(2) 不变；(3) 减小

4. 在200℃下体积为 V 的容器里，下面的吸热反应达成平衡态：

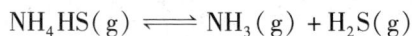

$$NH_4HS(g) \rightleftharpoons NH_3(g) + H_2S(g)$$

通过以下各种措施，反应再达到平衡态时，NH_3 的分压与原来的分压相比，有何变化？

A. 增加氨气　　　　　　B. 增加硫化氢气体　　　C. 增加 NH_4HS 固体

D. 升高温度　　　　　　E. 加入氩气以增加体系的总压

解： A. 增大；B. 减少；C. 不变；D. 增大；E. 不变。

5. 已知25℃时反应

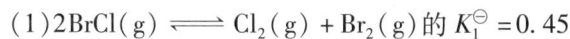

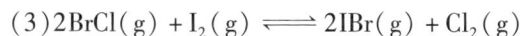

(1) $2BrCl(g) \rightleftharpoons Cl_2(g) + Br_2(g)$ 的 $K_1^\ominus = 0.45$

(2) $I_2(g) + Br_2(g) \rightleftharpoons 2IBr(g)$ 的 $K_2^\ominus = 0.051$

(3) $2BrCl(g) + I_2(g) \rightleftharpoons 2IBr(g) + Cl_2(g)$

试计算 $K_3^\ominus$ 的大小。

解： 反应(1)+(2)得：

$$2BrCl(g) + I_2(g) \rightleftharpoons 2IBr(g) + Cl_2(g)$$

$$K_3^\ominus = K_1^\ominus K_2^\ominus = 0.051 \times 0.45 = 0.023$$

6. 某温度下，反应 $PCl_5(g) \rightleftharpoons PCl_3(g) + Cl_2(g)$ 的平衡常数 $K^\ominus = 2.25$。把一定量的 PCl_5 引入一真空瓶内，当达平衡后 PCl_5 的分压是 $2.533 \times 10^4 Pa$。问：

(1) 平衡时 PCl_3 和 Cl_2 的分压各是多少？

(2) 离解前 PCl_5 的压强是多少？

(3) 计算反应平衡时 PCl_5 的离解百分率是多少？

解： (1) $\dfrac{p(PCl_3)p(Cl_2)}{(p^\ominus)^2} = 2.25 \times \dfrac{p(PCl_5)}{p^\ominus}$

$$p(PCl_3) = p(Cl_2) = 7.60 \times 10^4 Pa$$

(2) $p(PCl_5) = (2.533 + 7.6) \times 10^4 Pa = 1.01 \times 10^5 Pa$

(3) $p(PCl_5) = \dfrac{7.6 \times 10^4}{1.01 \times 10^5} \times 100\% = 75.25\%$

7. 可逆反应 $H_2O + CO \rightleftharpoons H_2 + CO_2$ 在密闭容器中建立平衡，在749K 时该反应的平衡常数 $K^\ominus = 2.6$。

(1) 求 $n(H_2O)/n(CO)$（物质的量比）为1时，CO 的平衡转化率；

(2) 求 $n(H_2O)/n(CO)$（物质的量比）为3时，CO 的平衡转化率；

(3) 从计算结果说明浓度对平衡移动的影响。

解： (1) $H_2O + CO \rightleftharpoons H_2 + CO_2$

　　　　$a-x$　$a-x$　x　x

　　$x^2 = 2.6(a-x)^2 \quad \Rightarrow \dfrac{x}{a} = 0.617$

　　所以 CO 的平衡转化率是 61.7%。

(2) $H_2O + CO \rightleftharpoons H_2 + CO_2$

　　$3n$　n　0　0

　　$3n-x$　$n-x$　x　x

　　$\dfrac{x^2}{(n-x)(3n-x)} = 2.6 \quad \Rightarrow \dfrac{x}{n} = 0.865$

所以 CO 的平衡转化率是 86.5%。

（3）增加反应物浓度，平衡向正反应的方向移动。

8. 在 308K 和总压 $1.013 \times 10^5 Pa$，N_2O_4 有 27.2% 分解为 NO_2。

（1）计算 $N_2O_4(g) \rightleftharpoons 2NO_2(g)$ 反应的 $K^\ominus$；

（2）计算 308K 时总压为 $2.026 \times 10^5 Pa$ 时，N_2O_4 的离解百分率；

（3）从计算结果说明压强对平衡移动的影响。

解：（1）$N_2O_4(g) \rightleftharpoons 2NO_2(g)$

$\qquad\qquad$ 0.272 $\qquad\qquad\qquad$ 0.544

$$K^\ominus = \frac{0.544^2}{1 - 0.272} = 0.407$$

（2）同理得出 N_2O_4 的离解百分率是 20.2%。

（3）增大压强，平衡向体积减小的方向移动；

$\qquad$ 减小压强，平衡向体积增大的方向移动。

9. 化学平衡 $2HI(g) \rightleftharpoons H_2(g) + I_2(g)$ 在 698K 时，$K^\ominus = 1.82 \times 10^{-2}$。如果将 HI(g) 放入反应瓶内，问：

（1）在 [HI] 为 0.0100mol/L 时，$[H_2]$ 和 $[I_2]$ 各是多少？

（2）HI(g) 的初始浓度是多少？

（3）在平衡时 HI 的转化率是多少？

解：（1）$2HI(g) \rightleftharpoons H_2(g) + I_2(g)$

$\quad$ 平衡时 $\quad$ 0.01 $\qquad\qquad$ (x − 0.01)/2 $\quad$ (x − 0.01)/2

$$\frac{(x - 0.01)^2}{0.01} = 1.82 \times 10^{-2} \Rightarrow x = 1.35 \times 10^{-3} mol/L$$

$[H_2]$ 和 $[I_2]$ 各是 $1.35 \times 10^{-3} mol/L$，$1.35 \times 10^{-3} mol/L$。

（2）$x = 0.01 + 2 \times 1.35 \times 10^{-3} = 0.0127 mol/L$

（3）$\alpha = \dfrac{2 \times 1.35 \times 10^{-3}}{0.0127} \times 100\% = 21.3\%$

10. 反应 $SO_2Cl_2(g) \rightleftharpoons SO_2(g) + Cl_2(g)$ 在 375K 时，平衡常数 $K^\ominus = 2.4$，以 7.6g SO_2Cl_2 和 $1.00 \times 10^5 Pa$ 的 Cl_2 作用于 1.0L 的烧瓶中，试计算平衡时 SO_2、SO_2Cl_2 和 Cl_2 的分压。

解： $K^\ominus = K(p^\ominus)^{-\Delta n}$

$p(SO_2Cl_2) \times 1 = \dfrac{7.6}{135} RT$ 得出 SO_2Cl_2 的起始分压为 $p(SO_2Cl_2) = 1.755 \times 10^5 Pa$

将其代入计算，得平衡时 $\quad p(SO_2) = 9.7 \times 10^4 Pa$

$p(SO_2Cl_2) = 1.755 \times 10^5 - 9.65 \times 10^4 = 7.9 \times 10^4 Pa$，$p(Cl_2) = 2.0 \times 10^5 Pa$

五、 补充习题及参考答案

（一）补充习题

1. 选择题

（1）反应 $NO(g) + CO(g) \rightleftharpoons 1/2 N_2(g) + CO_2(g)$ 的 $\Delta_r H_m^\ominus = -373.0 kJ/mol$，平衡向右移动的条件是

$\qquad\qquad\qquad\qquad\qquad\qquad\qquad\qquad\qquad\qquad\qquad\qquad\qquad$（ $\quad$ ）

A. 低温低压 　　　B. 高温低压 　　　C. 低温高压 　　　D. 高温高压

(2)温度一定时，化学平衡发生移动，其 $K^{\ominus}$ 的值 　　　( )

A. 增大 　　　B. 减小 　　　C. 不变 　　　D. 无法判断

(3)对于特定的反应，$K^{\ominus}$ 的值是 　　　( )

A. 由该反应的本质决定 　　　B. 由反应物和生成物的浓度决定

C. 随反应物和生成物的浓度改变而改变 　　　D. 与系统是否处于标准状态有关

(4)若移走某反应中的催化剂，则平衡将怎样移动 　　　( )

A. 正向 　　　B. 逆向 　　　C. 不变 　　　D. 无法判定

(5)对于一个特定的反应，影响 $K^{\ominus}$ 值的因素是 　　　( )

A. 催化剂 　　　B. 反应物和生成物的浓度

C. 系统是否处于平衡状态 　　　D. 温度

(6)某反应在一定条件下的转化率为42.25%，当加入催化剂后，其平衡转化率为 　　　( )

A. 42.25% 　　　B. 84.50% 　　　C. 100% 　　　D. 62.50%

(7)下列叙述正确的是 　　　( )

A. 对于 $\Delta_r H_m^{\ominus} > 0$ 的反应，升高温度，$K^{\ominus}$ 增大

B. 对于 $\Delta_r H_m^{\ominus} > 0$ 的反应，升高温度，$K^{\ominus}$ 减小

C. 对于 $\Delta_r H_m^{\ominus} < 0$ 的反应，升高温度，$K^{\ominus}$ 增大

D. 无法判断

(8)温度一定，密闭容器中充入压力为 p 的 $NO_2(g)$，一定时间后下列反应 $2NO_2(g) \rightleftharpoons N_2O_4(g)$ 达到平衡，系统的压力为 $0.85p$，则 NO_2 的转化率为 　　　( )

A. 0.60 　　　B. 0.30 　　　C. 0.15 　　　D. 0.45

2. 判断题

(1)转化率和平衡常数都可以表示化学反应进行的程度，它们都与浓度无关。 　　　( )

(2)对于可逆反应 $C(s) + H_2O(g) \rightleftharpoons CO(g) + H_2(g)$，平衡时各反应物和生成物的浓度相等。 　　　( )

(3)一化学反应若可以分几步完成，则总反应的标准平衡常数等于各分反应的标准平衡常数的乘积。 　　　( )

(4)化学平衡移动的原因是 $Q \neq K^{\ominus}$。 　　　( )

(5)一般来说，化学反应式中各物种的化学计量数均变为原来的 $1/n$，则对应的标准平衡常数等于原来标准平衡常数的 n 次方。 　　　( )

3. 简答题

(1)下列反应在同一体系内进行：

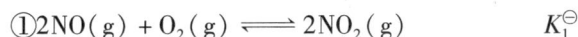

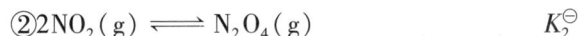

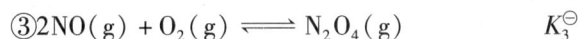

①$2NO(g) + O_2(g) \rightleftharpoons 2NO_2(g)$ 　　　$K_1^{\ominus}$

②$2NO_2(g) \rightleftharpoons N_2O_4(g)$ 　　　$K_2^{\ominus}$

③$2NO(g) + O_2(g) \rightleftharpoons N_2O_4(g)$ 　　　$K_3^{\ominus}$

则反应③的平衡常数 $K_3^{\ominus}$ 与反应①和反应②的平衡常数之间有何关系？

(2)反应 $N_2(g) + 3H_2(g) \rightleftharpoons 2NH_3(g)$，在一定温度下达到平衡状态，系统内 $n(N_2) = 4mol$，$n(H_2) = n(NH_3) = 1mol$。保持系统温度及压力不变的条件下，向系统内加入 $1mol\ N_2(g)$。试判断平衡将如何移动。

4. 计算题

(1)甲醇可以通过反应 $CO(g) + 2H_2(g) \rightleftharpoons CH_3OH(g)$ 来合成,225℃时该反应的 $K^{\ominus} = 6.08 \times 10^{-3}$。反应开始时 $p(CO) : p(H_2) = 1 : 2$,平衡时 $p(CH_3OH) = 50.0 \ kPa$。计算 CO 和 H_2 的平衡分压。

(2)已知20℃,$p(O_2) = 101 \ kPa$ 时,氧气在水中溶解度为 $1.38 \times 10^{-3} \ mol/L$

①写出反应 $O_2(g) \rightleftharpoons O_2(aq)$ 的标准平衡常数表达式,并计算在 20℃ 时的 $K^{\ominus}$;计算 20℃ 时与 101 kPa 大气平衡的水中氧的浓度 $c(O_2)$,已知:大气中 $p(O_2) = 21.0 \ kPa$。

②已知血红蛋白(Hb)氧化反应 $Hb(aq) + O_2(g) \rightleftharpoons HbO_2(aq)$ 在 20℃ 时 $K^{\ominus} = 85.5$,计算反应 $Hb(aq) + O_2(aq) \rightleftharpoons HbO_2(aq)$ 的 $K^{\ominus}(293 \ K)$。

(3)55℃、100kPa 时 N_2O_4 部分分解成 NO_2,系统平衡混合物的平均摩尔质量为 61.2g/mol,求:①N_2O_4 的转化率 α 和标准平衡常数 $K^{\ominus}(328K)$;②计算 55℃ 系统总压力为 10kPa 时 N_2O_4 的转化率 α。(已知 $M(NO_2) = 46g/mol$)

(二)参考答案

1. 选择题

(1)~(5) CCACD (6)~(8) AAB

2. 判断题

(1)× 转化率与浓度有关。

(2)× 平衡时各反应物和生成物的浓度不再随时间改变,但不一定相等。

(3)× 应考虑总反应与各分反应之间的化学计量关系。

(4)√

(5)×

3. 简答题

(1)答:反应③ = 反应① + 反应②,所以 $K_3^{\ominus} = K_1^{\ominus} \times K_2^{\ominus}$

(2)答:若总压力为 p kPa,$p(NH_3) = \frac{1}{6}p$,$p(H_2) = \frac{1}{6}p$,$p(N_2) = \frac{4}{6}p$

则 $K^{\ominus} = 9[p^{\ominus}/p]^2$,

$Q = 9.8[p^{\ominus}/p]^2 > K^{\ominus}$;平衡逆向移动。

4. 计算题

(1)解:设平衡时 CO 的分压为 x kPa,根据题意,平衡时 H_2 的分压为 $2x$ kPa。

$$CO(g) + 2H_2(g) \rightleftharpoons CH_3OH(g)$$

平衡分压/kPa x $2x$ 50.0

$$K^{\ominus} = \frac{p(CH_3OH)/p^{\ominus}}{[p(H_2)/p^{\ominus}]^2 \cdot [p(CO)/p^{\ominus}]} = \frac{50.0kPa/100kPa}{(2xkPa/100kPa)^2(xkPa/100kPa)} = 6.08 \times 10^{-5}$$

∴ $x = 274$,$p(CO) = 274 \ kPa$,$p(H_2) = 548 \ kPa$

(2)解:① $$O_2(g) \rightleftharpoons O_2(aq) \tag{1}$$

$$K^{\ominus}(293K) = \frac{[O_2]}{p(O_2)/p^{\ominus}}$$

根据题意,O_2 在水中达到溶解平衡时,$c(O_2) = 1.38 \times 10^{-3} \ mol/L$,$p(O_2) = 101 kPa$

$$K^{\ominus}(293K) = \frac{1.38 \times 10^{-3} mol/L/1.0mol/L}{101kPa/100kPa} = 1.37 \times 10^{-3}$$

大气中 $p(O_2) = 21.0kPa$ 时：

$$K^{\ominus}(293K) = \frac{[O_2]}{21kPa/100kPa} = 1.37 \times 10^{-5}$$

$$c(O_2,\ aq) = 2.88 \times 10^{-4} mol/L$$

② $$Hb(aq) + O_2(g) \Longrightarrow HbO_2(aq) \tag{2}$$

$$Hb(aq) + O_2(aq) \Longrightarrow HbO_2(aq) \tag{3}$$

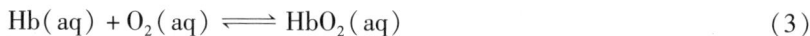

（3）＝（2）－（1），根据多重平衡规则：

$$K^{\ominus}(293K) = \frac{85.5}{1.37 \times 10^{-5}} = 6.24 \times 10^4$$

（3）解：①设平衡时系统中 N_2O_4 的摩尔分数为 x，则 NO_2 的摩尔分数为 $1-x$

由题意得：$92x + (1-x)46 = 61.2$

解得：$x = 0.33$

故 $p(N_2O_4) = 33kPa$；$p(NO_2) = 67$ kPa

$$N_2O_4(g) \Longrightarrow 2NO_2(g)$$

$$K^{\ominus}(238K) = \frac{[p(NO_2)/p^{\ominus}]^2}{p(N_2O_4)/p^{\ominus}} = \frac{(67kPa/100kPa)^2}{33kPa/100kPa} = 1.36$$

根据化学反应计量数，达到平衡时消耗 N_2O_4 为 $\frac{1}{2} \times 67kPa = 34kPa$，

$$\alpha = \frac{34kPa}{34kPa + 33kPa} \times 100\% = 50.75\%$$

②设 55℃时，系统中 $p(N_2O_4) = x$ kPa；则 $p(NO_2) = (10-x)$ kPa

$$K^{\ominus}(328K) = \frac{[p(NO_2)/p^{\ominus}]^2}{p(N_2O_4)/p^{\ominus}} = \frac{[(10-x)kPa/100kPa]^2}{xkPa/100kPa} = 1.36$$

$x = 0.64$ kPa 则：$p(N_2O_4) = 0.64kPa$，$p(NO_2) = 9.36kPa$

消耗 N_2O_4 为 $\frac{1}{2} \times 9.36kPa = 4.68kPa$

$$\alpha = \frac{4.68kPa}{4.68kPa + 0.64kPa} \times 100\% = 87.97\%$$

第四章　酸碱平衡

一、　知识导航

酸碱平衡
- 酸碱理论的发展
  - 酸碱电离理论
  - 酸碱质子理论
  - 酸碱电子理论
  - 强电解质溶液理论
- 强电解质溶液
  - 离子强度、活度、活度系数
    $$I=\frac{1}{2}\sum_i b_i z_i^2$$
    $$a_i=y_i \cdot c_i/c^{\ominus}$$
    $$\lg y_i=A z_i^2 \sqrt{I}$$
  - 水的质子自递平衡和溶液的pH
- 弱酸、弱碱的质子传递平衡
  - 一元弱酸、弱碱的质子传递平衡
    $$[H^+]=\sqrt{c \cdot K_a^{\ominus}}$$
    $$[OH^-]=\sqrt{c \cdot K_b^{\ominus}}$$
  - 多元弱酸、弱碱的质子传递平衡
    $$[H^+]=\sqrt{c \cdot K_{a1}^{\ominus}}$$
    $$[OH^-]=\sqrt{c \cdot K_{b1}^{\ominus}}$$
  - 两性物质的质子传递平衡
    $$[H^+]=\sqrt{K_a^{\ominus} \cdot K_a^{\ominus}}(共轭酸)$$
  - 酸碱质子传递平衡的移动
- 缓冲溶液
  - 缓冲溶液的组成及作用原理
  - 缓冲溶液 pH 的近似计算
    $$pH=pK_a^{\ominus}+\lg \frac{c(共轭碱)}{c(共轭酸)}$$
  - 缓冲溶液的选择和配制

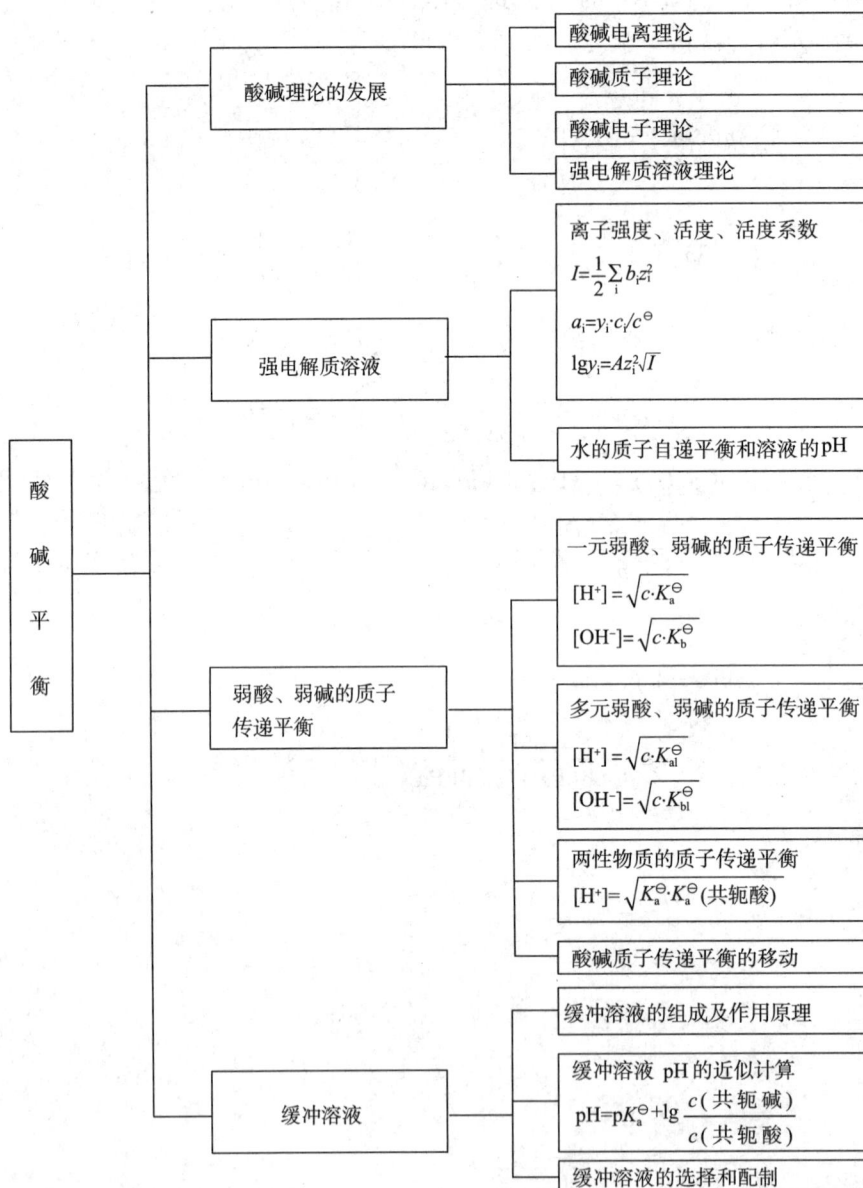

二、　重难点解析

1. 什么是区分效应和拉平效应？

解： 水作为溶剂有区分多种酸、碱相对强弱的作用，这种作用被称为溶剂水的区分效应。但是，有些很强的酸（如 $HClO_4$、HCl、HNO_3 等）在水中都是100%电离的，即能将质子全部转移给水，水同等程度地将这些酸的质子接受过来，因而不能区分它们之间的相对强弱，这种现象称为溶剂水的拉平效应。在溶剂中能够存在的最强酸是溶剂自身离解产生的阳离子，最强碱是溶剂离解产生的阴离子，如水溶液中的最强酸是 H^+，水溶液中的最强碱是 OH^-。要区分强酸必须选用比水酸性强的溶剂，要区分强碱需选用比水碱性强的溶剂，这样才能体现出溶剂对它们的区分效应。

2. 要区分 H_2SO_4、HCl、HNO_3 三大无机强酸的强弱选用下列哪种溶剂比较好。

A. 纯水 B. 液态 NH_3 C. 液态 HAc D. 苯

答案：C。由于液态 HAc 接受质子的能力比水弱，三大强酸在液态 HAc 中给出质子的能力比水中减弱，显示给出质子的强弱即酸性强弱的区别。

3. 酸碱混合溶液的 pH 如何计算？

解： 酸碱混合首先要考虑是酸混合、碱混合还是酸碱混合。若是不同的酸混合或不同的碱混合，还要考虑是强酸、强碱、弱酸还是弱碱，不同的混合方式 pH 的计算不同；若是酸碱混合，要考虑酸碱是完全中和还是有酸、碱过量，混合溶液的最后组成是什么？混合溶液的组成不同，pH 的计算不同。

4. 求下列各混合溶液的 pH?

（1）20ml 0.10mol/L NaAc 和 10ml 0.10mol/L HCl 混合；

（2）20ml 0.10mol/L NaAc 和 20ml 0.10mol/L HCl 混合；

（3）20ml 0.10mol/L NaAc 和 30ml 0.10mol/L HCl 混合；

（4）10ml 0.10mol/L H_2CO_3 和 10ml 0.10mol/L NaOH 混合；

（5）20ml 0.10mol/L H_2CO_3 和 10ml 0.10mol/L NaOH 混合。

（已知：$K_2^\ominus(HAc) = 1.75 \times 10^{-5}$；$H_2CO_3$ 的 $pK_{a1}^\ominus = 6.35$，$pK_{a2}^\ominus = 10.33$）

解：（1）混合后，过量的 NaAc 和生成的 HAc 组成缓冲溶液。溶液中：

$$c(Ac^-) = \frac{0.10mol/L \times 0.020L - 0.10mol/L \times 0.010L}{0.030L} = \frac{1}{30}mol/L$$

$$c(HAc) = \frac{0.10mol/L \times 0.010L}{0.030L} = \frac{1}{30}mol/L$$

$$pH = pK_a^\ominus + \lg\frac{c(Ac^-)}{c(HAc)} = 4.76$$

（2）NaAc 和 HCl 等物质量中和生成 HAc，溶液中：$c(HAc) = 0.050mol/L$

由于 $\frac{c}{K_a^\ominus} \geqslant 500$，所以可以用最简公式：

$$[H^+] = \sqrt{c \cdot K_a^\ominus} = \sqrt{0.050 \times 1.75 \times 10^{-5}} = 9.4 \times 10^{-4}$$
$$pH = 3.03$$

（3）HCl 过量，混合溶液为 HCl 和 HAc 的混合溶液，HAc 提供的 H^+ 和过量的 HCl 相比可以忽略，过量的 H^+ 浓度为：

$$c(H^+) = \frac{0.01L \times 0.10mol/L}{0.050L} = 0.020mol/L$$
$$pH = 1.70$$

（4）H_2CO_3 和 NaOH 等物质量中和生成 $NaHCO_3$，代入酸式盐 pH 计算公式：

$$pH = \frac{1}{2}pK_{a1}^\ominus + \frac{1}{2}K_{a2}^\ominus = \frac{1}{2}(6.35 + 10.33) = 8.34$$

（5）H_2CO_3 过量，过量的 H_2CO_3 和生成的 $NaHCO_3$ 组成缓冲溶液，溶液中：

$$c(H_2CO_3) = \frac{0.020L \times 0.10mol/L - 0.010L \times 0.10mol/L}{0.030L} = \frac{1}{30}mol/L$$

$$c(HCO_3^-) = \frac{0.10mol/L \times 0.010L}{0.030L} = \frac{1}{30}mol/L$$

$$pH = pK_{a1}^{\ominus} + \lg\frac{c(HCO_3^-)}{c(H_2CO_3)} = 6.35$$

5. 不同电解质溶液的酸碱性是如何判断的？

解：水溶液中酸碱性判断用 H^+ 和 OH^- 的相对大小作为判据，298.15K 时，用 pH 小于、大于、等于 7 作为判据。弱酸、弱碱的强弱用 $K_a^{\ominus}$、$K_b^{\ominus}$ 的大小判断，$K_a^{\ominus}$、$K_b^{\ominus}$ 越大，弱酸、弱碱的酸、碱性越强。两性物质的酸碱性用其 $K_a^{\ominus}$ 和 $K_b^{\ominus}$ 的相对大小判断，若 $K_a^{\ominus} > K_b^{\ominus}$，水溶液显酸性，若 $K_a^{\ominus} < K_b^{\ominus}$，溶液显碱性，若 $K_a^{\ominus} = K_b^{\ominus}$，溶液显中性。

6. （1）相同浓度的下列溶液，pH 最小的是   （   ）。

A. NH_4Ac B. Na_3PO_4 C. NaH_2PO_4 D. Na_2HPO_4

答案：C。$H_2PO_4^-$ 的 $K_a^{\ominus} > K_b^{\ominus}$，水溶液显酸性，pH 最小。

（2）273K 时，水的 $K_w^{\ominus} = 1.14 \times 10^{15}$；在 273K 时，pH = 7 的溶液为   （   ）。

A. 中性   B. 酸性   C. 碱性   D. 缓冲溶液

答案：B。在 273K 时，pH = 7 的溶液，$[H^+] = 1.0 \times 10^{-7}$，由 $K_w^{\ominus} = 1.14 \times 10^{-15}$ 算出 $[OH^-] = 1.14 \times 10^{-8}$，$[H^+] > [OH^-]$，显酸性。

7. 影响解离度的外部因素是什么？

解：影响解离度的外部因素除了温度、浓度、溶剂以外，还有其他电解质的加入对解离度的影响；如同离子效应和盐效应，同离子效应使弱电解质的解离度减小，盐效应使弱电解质的解离度略有增大。

8. 在 NH_3 水中加入下列哪种物质时，可使 NH_3 水的解离度和 pH 均减小。

A. $NaOH$ B. NH_4Cl C. HCl D. H_2O

答案：B。同离子效应使 NH_3 水的解离度减小，$[OH^-]$减小，pH 减小。

9. 浓度、解离度、解离平衡常数、pH 之间是如何相互换算的？

解：根据弱电解质 pH 的近似计算公式和稀释定律可以进行浓度、解离度、解离平衡常数、pH 之间的相互换算。

10. 已知某浓度的一元弱碱，其解离度为 2.0%，$K_b^{\ominus} = 1.6 \times 10^{-5}$，求该一元弱碱的浓度和溶液的 pH。

解：由于 $\alpha = 2.0\% < 5.0\%$，所以根据稀释定律：

$$c = \frac{K_b^{\ominus}}{\alpha^2} = \frac{1.6 \times 10^{-5}}{0.020^2} = 0.040$$

$$[OH^-] = c\alpha = 0.040 \times 0.020 = 8.0 \times 10^{-4}$$

$$pOH = 3.10 \quad pH = 10.90$$

11. 如何选择缓冲对？缓冲溶液的浓度、解离常数、pH 是如何相互换算的？

解：配制某一 pH 的缓冲溶液时，为了使其具有较大的缓冲能力，尽可能选择共轭酸的酸常数 $pK_a^{\ominus}$ 等于或接近所配溶液的 pH 的缓冲对。缓冲溶液的浓度、解离常数、pH 之间可以相互换算。

12. 已知 NH_3 水的 $pK_b^{\ominus} = 4.76$，H_3PO_4 的 $pK_{a1}^{\ominus} = 2.16$、$pK_{2a}^{\ominus} = 7.21$ $pK_{a3}^{\ominus} = 12.32$，欲配制 pH = 9.00 的缓冲溶液，可选择的缓冲对是？

A. $NH_3 - NH_4Cl$ B. $H_3PO_4 - NaH_2PO_4$

C. $NaH_2PO_4 - Na_2HPO_4$ D. $Na_2HPO_4 - Na_3PO_4$

答案：A。NH_3 水的 $pK_b^\ominus = 4.76$，NH_4^+ 的 $pK_a^\ominus = 9.24$，与 pH = 9.00 最接近。

13. 取 0.20mol/L 某一元弱酸溶液 30ml 与 10ml 0.20mol/L KOH 溶液混合。将混合液稀释到 100ml，溶液的 pH 为 5.00。求此一元弱酸溶液的解离常数。

解：混合后，酸过量。过量的酸和生成的盐组成缓冲溶液。

$$c(HA) = \frac{0.20mol/L \times 0.030L - 0.20mol/L \times 0.010L}{0.10L} = 0.040mol/L$$

$$c(A^-) = \frac{0.20mol/L \times 0.010L}{0.10L} = 0.020mol/L$$

代入缓冲溶液计算公式：$pH = pK_a^\ominus + \lg\dfrac{c(A^-)}{c(HA)}$

$$5.00 = pK_a^\ominus + \lg\frac{0.020}{0.040}$$

$$K_a^\ominus = 5.0 \times 10^{-6}$$

三、 复习思考题及参考答案

1. 说明下列名词的含义：

(1)离子强度和活度系数；

(2)水的离子积常数；

(3)解离常数、解离度和稀释定律；

(4)同离子效应和盐效应；

(5)缓冲溶液和缓冲范围。

解：(1)离子强度表示溶液中离子间相互牵制作用的强弱程度。离子强度与溶液中所含离子的质量摩尔浓度和离子电荷数有关。可表示为：$I = \dfrac{1}{2}\sum_i b_i z_i^2$

将离子浓度以活度表示时所需乘的校正系数称活度系数，以符号 γ 表示。

(2)一定温度下，水溶液中 H^+ 和 OH^- 离子的相对平衡浓度的乘积是一常数，称为水的离子积常数，以 $K_w^\ominus$ 表示。

(3)一定温度下，当弱电解质溶液达解离平衡时，已解离的电解质分子数与电解质总分子数之比称为解离度。一定温度下，弱电解质达解离平衡(或质子传递平衡)时的标准平衡常数称解离常数。解离度、解离常数、溶液浓度三者之间的定量关系，称为稀释定律。稀释定律的含义是：在一定温度下，同一弱电解质的解离度与其浓度的平方根成反比；相同浓度的不同弱电解质的解离度与解离常数的平方根成正比。

(4)在弱电解质溶液中，加入与弱电解质具有相同离子的强电解质时，使弱电解质的解离度减小的效应称同离子效应。在弱电解质溶液中，加入与弱电解质不具有相同离子的强电解质时，使弱电解质的解离度略有增大的效应称盐效应。

(5)能抵抗外来少量强酸、强碱以及适当的稀释和浓缩而保持本身 pH 基本不变的溶液称缓冲溶液。为使所配制的缓冲溶液具有较大的缓冲能力，浓度比一般控制在 $\dfrac{1}{10} \sim 10$ 之间，代入缓冲溶液 pH 近似计算公式可得到相应缓冲溶液 pH 有效范围，简称缓冲范围。即 $pH = pK_a^{\ominus} \pm 1$。

2. 根据弱电解质的解离常数，确定下列各水溶液在相同浓度下，pH 由小到大的顺序。

$H_2C_2O_4$、$HCOOH$、H_3PO_4、NaF、NH_4Cl、$NH_3 \cdot H_2O$、HCl、$NaOH$

解：pH 由小到大的顺序是：HCl、$H_2C_2O_4$、H_3PO_4、$HCOOH$、NH_4Cl、NaF、$NH_3 \cdot H_2O$、$NaOH$。

3. 下列说法是否正确？为什么？

(1) 一种酸的酸性越强，其共轭碱的碱性越弱；

(2) 强电解质溶液的等渗系数总是大于 1，小于强电解质完全解离时所增大的质点倍数；

(3) pH < 7 的溶液一定是酸性溶液；

(4) 298K 时，pH = 6 的 HCl 溶液稀释 100 倍后，pH = 8；

(5) 0.20mol/L 的 HAc 溶液稀释为 0.10mol/L 后，氢离子浓度也为原来的二分之一；

(6) 缓冲溶液适量稀释后，其 pH 基本不变。

解：(1) 正确。一个酸的酸性越强，表明该酸给出质子的能力强，因此，对应的共轭碱接受质子的能力就弱，其共轭碱的碱性越弱。

(2) 正确。根据强电解质溶液理论，强电解质在溶液中是 100% 电离的，但由于离子间的相互作用，离子氛的形成，离子不能完全自由地发挥效能，溶液中的有效离子浓度小于真实的离子浓度，导致强电解质溶液的等渗系数总是大于 1，小于强电解质完全解离时所增大的质点倍数。

(3) 错误。298K，室温范围内，pH < 7 的溶液才是酸性溶液。

(4) 错误。酸性较强的强酸溶液我们可以不考虑水的解离，但是对于酸性较弱的强酸溶液必须要考虑水的解离，否则会得出荒谬的结论。

(5) 错误。由一元弱酸的近似计算公式：$[H^+] = \sqrt{c \cdot K_a^{\ominus}}$，可知浓度变为原来的二分之一，氢离子浓度为原来的 $\sqrt{\dfrac{1}{2}}$。

(6) 正确。根据缓冲溶液的近似计算公式，适量稀释后，共轭酸碱稀释倍数相同，共轭酸碱浓度比不变，pH 基本不变。

4. 何谓两性物质？其在水溶液中的酸碱性如何判断？

解：酸碱质子论中，有些物质既能给出质子又能接受质子，称两性物质。其在水溶液中的酸碱性，可以根据两性物质的 $K_a^{\ominus}$ 和 $K_b^{\ominus}$ 的相对大小来判断。若 $K_a^{\ominus} > K_b^{\ominus}$，水溶液显酸性，若 $K_a^{\ominus} < K_b^{\ominus}$，溶液显碱性，若 $K_a^{\ominus} = K_b^{\ominus}$，溶液显中性。

5. 在 HAc 溶液中加入下列物质时，HAc 的解离度 α 和溶液的 pH 将如何变化？

(1) 加水稀释　(2) 加 NaAc　(3) 加 NaCl　(4) 加 HCl　(5) 加 NaOH

解：(1) α 变大，pH 变大；(2) α 变小，pH 变大；(3) α 变大，pH 变小；(4) α 变小，pH 变小；(5) α 变大，pH 变大。

四、 习题及参考答案

1. 写出下列各酸的共轭碱：

H_2O、HCN、H_3PO_4、HCO_3^-、NH_4^+、HF、HS^-、$[Cu(H_2O)_4]^{2+}$

解：共轭碱依次为：OH^-、CN^-、$H_2PO_4^-$、CO_3^{2-}、NH_3、F^-、S^{2-}、$[Cu(H_2O)_3(OH)]^+$

2. 写出下列各碱的共轭酸：

SO_4^{2-}、$C_2O_4^{2-}$、HPO_4^{2-}、CH_3NH_2、H_2O、$[Al(H_2O)_5(OH)]^{2+}$

解：共轭酸依次为：HSO_4^-、$HC_2O_4^-$、$H_2PO_4^-$、$CH_3NH_3^+$、H_3O^+、$[Al(H_2O)_6]^{3+}$

3. 计算 298K 时，下列混合溶液的 pH。

（1）pH = 1.00 和 pH = 3.00 的 HCl 等体积混合；

（2）pH = 1.00 的 HCl 和 pH = 12.00 的 NaOH 等体积混合。

解：（1）$pH = -lg[H^+]$

$pH = 1.00$ 即 $c(H^+) = 0.10 mol/L$

$pH = 3.00$ 即 $c(H^+) = 0.0010 mol/L$

等体积混合后，$c(H^+) = \dfrac{0.0010 + 0.10}{2} = 0.051 mol/L$

$pH = -lg[H^+] = -lg0.051 = 1.29$

（2）$pH = -lg[H^+]$

$pH = 1.00$，即 $c(H^+) = 0.10 mol/L$

$pH = 12.00$，即 $c(OH^-) = 0.010 mol/L$

等体积混合后，$c(H^+) = \dfrac{0.10 - 0.010}{2} = 0.045 mol/L$

$pH = -lg[H^+] = -lg0.045 = 1.35$

4. 阿司匹林的有效成分是乙酰水杨酸 $HC_9H_7O_4$，其 $K_a^\ominus = 3.0 \times 10^{-4}$。在水中溶解 6.5g 乙酰水杨酸，最后稀释至 650ml。计算该溶液的 pH。

解：已知 $c = \dfrac{6.5}{180 \times 0.65} = 0.056 mol/L$，$K_a^\ominus = 3.0 \times 10^{-4}$

$\because c \cdot K_a^\ominus = 1.68 \times 10^{-5} > 20 K_w^\ominus$，$\dfrac{c}{K_a^\ominus} = \dfrac{0.056}{3.0 \times 10^{-4}} = 186.7 < 500$

$\therefore$ 需用近似公式计算

$$[H^+] = -\frac{K_a^\ominus}{2} + \sqrt{\frac{K_a^{\ominus 2}}{4} + c \cdot K_a^\ominus}$$

$$= -\frac{3.0 \times 10^{-4}}{2} + \sqrt{\frac{(3.0 \times 10^{-4})^2}{4} + 0.056 \times 3.0 \times 10^{-4}}$$

$$= 4.0 \times 10^{-3}$$

$$pH = -lg[H^+] = -lg(4.0 \times 10^{-3}) = 2.40$$

5. 计算 0.10mol/L H_2SO_4 溶液中各离子浓度。已知 H_2SO_4 的 $K_{a2}^\ominus = 1.02 \times 10^{-2}$。

解：H_2SO_4 为强酸，第一步完全解离，$c(HSO_4^-) = c(H^+) = 0.10 mol/L$

设第二步解离出的 H^+ 的相对浓度为 x，则：

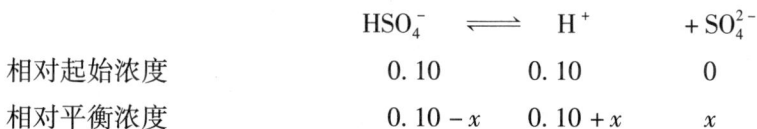

	HSO_4^-	$\rightleftharpoons$	H^+	$+ SO_4^{2-}$
相对起始浓度	0.10		0.10	0
相对平衡浓度	$0.10 - x$		$0.10 + x$	x

$$K_{a2}^\ominus = \frac{[H^+][SO_4^{2-}]}{[HSO_4^-]} = \frac{(0.10 + x) \cdot x}{(0.10 - x)} = 1.02 \times 10^{-2}$$

$$x = 0.0085,\ 0.10 - x = 0.092,\ 0.10 + x = 0.11$$

$$[\text{OH}^-] = \frac{K_\text{w}^\ominus}{[\text{H}^+]} = \frac{1.0 \times 10^{-14}}{0.11} = 9.1 \times 10^{-14}$$

故 $c(\text{HSO}_4^-) = 0.092\text{mol/L}$，$c(\text{H}^+) = 0.11\text{mol/L}$，$c(\text{SO}_4^{2-}) = 0.0085\text{mol/L}$，$c(\text{OH}^-) = 9.1 \times 10^{-14}\text{mol/L}$。

6. 298K 时，已知 0.10mol/L 的某一元弱酸溶液的 pH 为 3.00，试计算：

(1)该酸的解离常数和解离度；(2)将该酸溶液稀释一倍后的解离度和 pH。

解：(1) pH = 3.00，即 $c(\text{H}^+) = 1.0 \times 10^{-3}\text{mol/L}$

$$[\text{H}^+] = c\alpha \qquad \alpha = \frac{[\text{H}^+]}{c} = \frac{1.0 \times 10^{-3}}{0.10} = 1.0 \times 10^{-2} = 1.0\% < 5\%$$

所以，根据稀释定律，则：

$$K_\text{a}^\ominus = c\alpha^2 = 0.10 \times (1.0 \times 10^{-2})^2 = 1.0 \times 10^{-5}$$

(2)将该酸溶液稀释一倍后

$c(\text{HA}) = 5.0 \times 10^{-2}\text{mol/L}$，$c \cdot K_\text{a}^\ominus = 5.0 \times 10^{-7} > 20K_\text{w}^\ominus$，$\dfrac{c}{K_\text{a}^\ominus} = \dfrac{0.05}{10^{-5}} > 500$

∴ 用最简式计算。

$$[\text{H}^+] = \sqrt{c \cdot K_\text{a}^\ominus} = \sqrt{0.050 \times 10^{-5}} = 7.1 \times 10^{-4}$$

$$\text{pH} = 3.15$$

$$\alpha = \frac{[\text{H}^+]}{c} \times 100\% = \frac{7.1 \times 10^{-4}}{0.050} \times 100\% = 1.4\%$$

7. 计算下列弱碱溶液的 pH：

(1) 0.10mol/L NaCN，已知 HCN 的 $K_\text{a}^\ominus = 6.17 \times 10^{-10}$；

(2) 0.10mol/L Na$_2$C$_2$O$_4$，已知 H$_2$C$_2$O$_4$ 的 $K_\text{a1}^\ominus = 5.62 \times 10^{-2}$，$K_\text{a2}^\ominus = 1.55 \times 10^{-4}$。

解：(1)已知 HCN 的 $K_\text{a}^\ominus = 6.17 \times 10^{-10}$，$\text{p}K_\text{a}^\ominus = 9.21$，则 CN$^-$ 的 $\text{p}K_\text{b}^\ominus = 4.79$，$K_\text{b}^\ominus = 1.62 \times 10^{-5}$，$c \cdot K_\text{b}^\ominus > 20K_\text{w}^\ominus$，$\dfrac{c}{K_\text{b}^\ominus} > 500$，∴用最简式计算。

$$[\text{OH}^-] = \sqrt{c \cdot K_\text{b}^\ominus} = \sqrt{0.100 \times 1.62 \times 10^{-5}} = 1.27 \times 10^{-3}$$

$$\text{pOH} = -\lg[\text{OH}^-] = -\lg(1.27 \times 10^{-3}) = 2.90$$

$$\text{pH} = 14 - \text{pOH} = 11.10$$

(2)已知 H$_2$C$_2$O$_4$ 的 $K_\text{a1}^\ominus = 5.62 \times 10^{-2}$，$K_\text{a2}^\ominus = 1.55 \times 10^{-4}$。

$$K_\text{b1}^\ominus = \frac{K_\text{w}^\ominus}{K_\text{a2}^\ominus} = \frac{1.0 \times 10^{-14}}{1.55 \times 10^{-4}} = 6.45 \times 10^{-11},$$

$$K_\text{b2}^\ominus = \frac{K_\text{w}^\ominus}{K_\text{a1}^\ominus} = \frac{1.0 \times 10^{-14}}{5.62 \times 10^{-2}} = 1.78 \times 10^{-13}$$

∵ $c \cdot K_\text{b1}^\ominus > 20K_\text{w}^\ominus$，忽略水的质子自递平衡；$K_\text{b1}^\ominus \gg K_\text{b2}^\ominus$，求 OH$^-$ 近似浓度只考虑第一步质子传递平衡，按一元弱碱的质子传递平衡处理。

$\dfrac{c}{K_\text{b1}^\ominus} > 500$，∴用最简式计算。

$$[\text{OH}^-] = \sqrt{c \cdot K_\text{b1}^\ominus} = \sqrt{0.10 \times 6.45 \times 10^{-11}} = 2.54 \times 10^{-5}$$

$$\text{pOH} = -\lg[\text{OH}^-] = -\lg(2.54 \times 10^{-6}) = 5.60$$

$$\text{pH} = 14 - \text{pOH} = 8.40$$

8. 计算下列混合溶液的 pH，已知氨水的 $K_b^{\ominus} = 1.74 \times 10^{-5}$

（1）20.00ml 0.200mol/L NH_3 水溶液加入 10.00ml 0.200mol/L HCl 溶液；

（2）20.00ml 0.200mol/L NH_3 水溶液加入 20.00ml 0.200mol/L HCl 溶液；

（3）20.00ml 0.200mol/L NH_3 水溶液加入 30.00ml 0.200mol/L HCl 溶液。

解：（1）已知 $NH_3 \cdot H_2O$ 的 $pK_b^{\ominus} = 4.76$，则 NH_4^+ 的 $pK_a^{\ominus} = 9.24$

由于氨水过量，反应后为过量的 NH_3 水和生成的 NH_4Cl 组成的缓冲溶液，则：

$$c(NH_3) = \frac{20ml \times 0.20mol/L - 10ml \times 0.20mol/L}{30ml} = 0.067mol/L$$

$$c(NH_4^+) = \frac{10ml \times 0.20mol/L}{30ml} = 0.067mol/L$$

$$pH = pK_a^{\ominus} + \lg\frac{c(共轭碱)}{c(共轭酸)} = 9.24 + \lg\frac{0.067}{0.067} = 9.24$$

（2）由于是等物质量中和，反应后生成 40ml 0.100mol/L NH_4Cl 水溶液，

NH_4Cl 在溶液中完全解离为 NH_4^+ 和 Cl^-，NH_4^+ 为一元弱酸，其酸常数：

$$K_a^{\ominus} = \frac{K_W^{\ominus}}{K_b^{\ominus}} = \frac{1.00 \times 10^{-14}}{1.74 \times 10^{-5}} = 5.75 \times 10^{-10}$$

$\because c = 0.10mol/L$，$c \cdot K_a^{\ominus} = 5.75 \times 10^{-11} > 20K_W^{\ominus}$，

$$\frac{c}{K_a^{\ominus}} = \frac{0.10}{5.75 \times 10^{-10}} > 500，\quad \therefore 用最简式计算。$$

$$[H^+] = \sqrt{c \cdot K_a^{\ominus}} = \sqrt{0.100 \times 5.75 \times 10^{-10}} = 7.6 \times 10^{-6} \qquad pH = 5.12$$

（3）由于盐酸过量，反应后为生成的 NH_4Cl 和过量 HCl 的混合溶液，HCl 为强酸，只需考虑过量盐酸提供的 H^+ 浓度。

$$c(HCl) = \frac{30ml \times 0.20mol/L - 20ml \times 0.20mol/L}{50ml} = 0.040mol/L$$

$$pH = -\lg[H^+] = -\lg0.040 = 1.40$$

9. 计算（1）0.10mol/L H_2CO_3 溶液中各离子浓度；（2）若用 HCl 调节 pH = 1.00 时，溶液中 CO_3^{2-} 的浓度。（已知：H_2CO_3 的 $K_{a1}^{\ominus} = 4.47 \times 10^{-7}$，$K_{a2}^{\ominus} = 4.68 \times 10^{-11}$）

解：（1）$\because c \cdot K_{a1}^{\ominus} > 20K_W^{\ominus}$，忽略水的质子自递平衡；$K_{a1}^{\ominus} \gg K_{a2}^{\ominus}$，求 H^+ 近似浓度只考虑第一步质子传递平衡，按一元弱酸的质子传递平衡处理。

又 $\because \frac{c}{K_{a1}^{\ominus}} \geq 500$，可用一元弱酸的最简公式计算。

$$\therefore [H^+] = \sqrt{cK_{a1}^{\ominus}} = \sqrt{0.10 \times 4.47 \times 10^{-7}} = 2.11 \times 10^{-4}$$

由于 H_2CO_3 的第二步质子传递程度很小，所以 $[HCO_3^-] \approx [H^+] = 2.11 \times 10^{-4}$

$$[OH^-] = \frac{K_W^{\ominus}}{[H^+]} = \frac{1.0 \times 10^{-14}}{2.1 \times 10^{-4}} = 4.8 \times 10^{-11}$$

由于 $[HCO_3^-] \approx [H^+]$，所以 $[CO_3^{2-}] \approx K_{a2}^{\ominus} = 4.7 \times 10^{-11}$

（2）若用 HCl 调节 pH = 1.00 时，$c(H^+) = 0.10mol/L$，则根据总平衡得：

$$[CO_3^{2-}] = \frac{K_{a1}^{\ominus} \cdot K_{a2}^{\ominus} \cdot [H_2CO_3]}{[H^+]^2} = \frac{4.47 \times 10^{-7} \times 4.68 \times 10^{-11} \times 0.10}{0.10^2} = 2.1 \times 10^{-16}$$

10. 在 250ml 浓度为 0.20mol/L 的 HAc 溶液中，需加入多少克固体 NaAc 才能使其 $[H^+]$ 浓度降低

100 倍。(已知 $K_a^\ominus = 1.75 \times 10^{-5}$)

解:(1)已知 $c = 0.20 \text{mol/L}$, $K_a^\ominus = 1.75 \times 10^{-5}$

$$\because c \cdot K_a^\ominus = 3.50 \times 10^{-6} > 20 K_w^\ominus, \quad \frac{c}{K_a^\ominus} = \frac{0.20}{1.75 \times 10^{-5}} > 500$$

$\therefore$ 可用最简式计算

$$[H^+] = \sqrt{c \cdot K_a^\ominus} = \sqrt{0.200 \times 1.75 \times 10^{-5}} = 1.9 \times 10^{-3}$$
$$pH = 2.72$$

$[H^+]$ 浓度降低 100 倍,pH 增大 2。

$$pH = 2.72 + 2 = 4.72$$

$$pH = pK_a^\ominus + \lg \frac{c(\text{共轭碱})}{c(\text{共轭酸})} = 4.76 + \lg \frac{c(\text{Ac}^-)}{c(\text{HAc})} = 4.76 + \lg \frac{c(\text{Ac}^-)}{0.20} = 4.72$$

$$\frac{c(\text{Ac}^-)}{0.20} = 0.91 \quad c(\text{Ac}^-) = 0.18$$

$$c(\text{NaAc}) = 0.18 \text{mol/L}$$

$$m(\text{NaAc}) = 0.25\text{L} \times 0.18 \text{mol/L} \times 82 \text{g/mol} = 3.7 \text{g}$$

11. 现有 0.10mol/L HCl 溶液,问:

(1)如改变其 pH = 4.0,应该加入 HAc 还是 NaAc?

(2)如果加入等体积的 1.0mol/L NaAc 溶液,则混合溶液的 pH 是多少?

(3)如果加入等体积的 1.0mol/L NaOH 溶液,则混合溶液的 pH 又是多少?

解:(1)应该加入 NaAc,酸碱中和 pH 才能变大。

(2)加入等体积的 1.0mol/L NaAc,H^+ 和 Ac^- 结合为 HAc,NaAc 过量,过量的 NaAc 和生成的 HAc 组成缓冲溶液。

$$c(\text{Ac}^-) = \frac{1.0 \text{mol/L} \times V - 0.10 \text{mol/L} \times V}{2V} = 0.45 \text{mol/L}$$

$$c(\text{HAc}) = \frac{0.10 \text{mol/L} \times V}{2V} = 0.050 \text{mol/L}$$

$$pH = pK_a^\ominus + \lg \frac{c(\text{共轭碱})}{c(\text{共轭酸})} = 4.76 + \lg \frac{c(\text{Ac}^-)}{c(\text{HAc})} = 4.76 + \lg \frac{0.45}{0.050} = 5.71$$

(3)加入等体积的 1.0mol/L NaOH,H^+ 和 OH^- 结合为 H_2O,NaOH 过量,过量 NaOH 浓度为:$c(\text{OH}^-) = \frac{1.0 \text{mol/L} \times V - 0.10 \text{mol/L} \times V}{2V} = 0.45 \text{mol/L}$

$$pH = 14 - pOH = 14 + \lg 0.45 = 13.65$$

12. 根据下列共轭酸碱的 $pK_a^\ominus$,选取适当的缓冲对来配制 pH = 4.50 和 pH = 10.00 的缓冲溶液,并计算所选缓冲对的浓度比。

$\text{HAc} - \text{NaAc}$,$\text{NH}_3 \cdot \text{H}_2\text{O} - \text{NH}_4\text{Cl}$,$\text{NaH}_2\text{PO}_4 - \text{Na}_2\text{HPO}_4$,$\text{Na}_2\text{HPO}_4 - \text{Na}_3\text{PO}_4$

解:根据表 4 - 3,选取 $\text{HAc} - \text{NaAc}$ 配制 pH = 4.50 缓冲溶液,选取 $\text{NH}_3 \cdot \text{H}_2\text{O} - \text{NH}_4\text{Cl}$ 配制 pH = 10.00 缓冲溶液。

(1)已知 HAc 的 $pK_a^\ominus = 4.76$

$$pH = pK_a^\ominus + \lg \frac{c(\text{共轭碱})}{c(\text{共轭酸})}$$

$$4.50 = 4.76 + \lg\frac{c(\text{Ac}^-)}{c(\text{HAc})} \qquad \frac{c(\text{Ac}^-)}{c(\text{HAc})} = 0.55$$

（2）已知 $NH_3 \cdot H_2O$ 的 $pK_b^\ominus = 4.76$，则 NH_4^+ 的 $pK_a^\ominus = 9.24$

$$pH = pK_a^\ominus + \lg\frac{c(\text{共轭碱})}{c(\text{共轭酸})}$$

$$10.00 = 9.24 + \lg\frac{c(\text{NH}_3)}{c(\text{NH}_4^+)} \qquad \frac{c(\text{NH}_3)}{c(\text{NH}_4^+)} = 5.8$$

13. 欲配制 500ml pH 为 5.00 的缓冲溶液，问在 250ml 1.0mol/L NaAc 溶液中应加入多少毫升 6.0mol/L 的 HAc 溶液？（已知 $pK_a^\ominus = 4.76$）

解：设需加入 V ml HAc 溶液。

$$pH = pK_a^\ominus + \lg\frac{c(\text{共轭碱})}{c(\text{共轭酸})} = 4.76 + \lg\frac{c(\text{Ac}^-)}{c(\text{HAc})} = 4.76 + \lg\frac{c(\text{Ac}^-)}{c(\text{HAc})} = 5.00$$

$$\frac{c(\text{Ac}^-)}{c(\text{HAc})} = \frac{n(\text{Ac}^-)}{n(\text{HAc})} = 1.7$$

$$\frac{250\text{ml} \times 1.0\text{mol/L}}{6.0\text{mol/L} \times V} = 1.7$$

$$V = 25\text{ml}$$

∴ 量取 250ml 1.0mol/L 的 NaAc 和 25ml 6.0mol/L 的 HAc 混合，加水稀释至 500ml。

14. 现有 1.0L 的 0.20mol/L 的 $NH_3 \cdot H_2O$ 和 1.0L 的 0.20mol/L 的 HCl，若配成 pH = 9.00 的缓冲溶液，不允许加水，最多能配制多少升缓冲溶液？

解：要配成 $NH_3 \cdot H_2O$ 和 NH_4Cl 组成的缓冲溶液，而且 HCl 明显过量。

已知 $NH_3 \cdot H_2O$ 的 $pK_b^\ominus = 4.76$

NH_4^+ 的 $pK_a^\ominus = 14 - pK_b^\ominus = 14 - 4.76 = 9.24$

$$pH = pK_a^\ominus + \lg\frac{c(\text{共轭碱})}{c(\text{共轭酸})} = 9.24 + \lg\frac{c(\text{NH}_3 \cdot \text{H}_2\text{O})}{c(\text{NH}_4^+)} = 9.00$$

$$\lg\frac{c(\text{NH}_3 \cdot \text{H}_2\text{O})}{c(\text{NH}_4^+)} = -0.24$$

$$\frac{c(\text{NH}_3 \cdot \text{H}_2\text{O})}{c(\text{NH}_4^+)} = 0.58$$

$$\text{HCl} + \text{NH}_3 \cdot \text{H}_2\text{O} \rightleftharpoons \text{NH}_4\text{Cl} + \text{H}_2\text{O}$$

即反应剩下的 $NH_3 \cdot H_2O$ 和反应消耗掉的 $NH_3 \cdot H_2O$ 的比值为 0.58，而反应消耗掉的 $NH_3 \cdot H_2O$ 和反应消耗的 HCl 物质的量比为 1：1，反应消耗掉的 $NH_3 \cdot H_2O$ 和反应生成的 NH_4Cl 物质的量比为1：1。

$$V_{\text{HCl}} = 1.0\text{L} - 1.0\text{L} \times \frac{0.58}{1 + 0.58} = 0.63\text{L}$$

故最多能配制 1.63L。

15. 计算下列混合溶液的 pH：

（1）20.00ml 0.100mol/L H_3PO_4 水溶液加入 10.00ml 0.100mol/L NaOH 溶液；

（2）20.00ml 0.100mol/L NaH_2PO_4 水溶液加入 10.00ml 0.100mol/L NaOH 溶液；

（3）20.00ml 0.100mol/L Na_2HPO_4 水溶液加入 10.00ml 0.100mol/L NaOH 溶液。

（已知：H_3PO_4 的 $pK_{a1}^\ominus = 2.16$，$pK_{a2}^\ominus = 7.21$，$pK_{a3}^\ominus = 12.32$）

解：(1)H_3PO_4 过量，反应后为过量的 H_3PO_4 和生成的 NaH_2PO_4 组成的缓冲溶液。

$$c(H_3PO_4) = \frac{20ml \times 0.10mol/L - 10ml \times 0.10mol/L}{30ml} = 0.033mol/L$$

$$c(H_2PO_4^-) = \frac{10ml \times 0.10mol/L}{30ml} = 0.033mol/L$$

$$pH = pK_a^\ominus + \lg\frac{c(共轭碱)}{c(共轭酸)} = pK_{a1}^\ominus + \lg\frac{0.033}{0.033} = pK_{a1}^\ominus = 2.16$$

(2)NaH_2PO_4 过量，反应后为 $0.033mol/L\ NaH_2PO_4$ 和 $0.033mol/L\ Na_2HPO_4$ 组成的缓冲溶液

$$pH = pK_a^\ominus + \lg\frac{c(共轭碱)}{c(共轭酸)} = pK_{a2}^\ominus + \lg\frac{0.033}{0.033} = pK_{a2}^\ominus = 7.21$$

(3)Na_2HPO_4 过量，反应后为 $0.033mol/L\ Na_2HPO_4$ 和 $0.033mol/L\ Na_3PO_4$ 组成的缓冲溶液

$$pH = pK_a^\ominus + \lg\frac{c(共轭碱)}{c(共轭酸)} = pK_{a3}^\ominus + \lg\frac{0.033}{0.033} = pK_{a3}^\ominus = 12.32$$

16. 取 0.10mol/L 某一元弱碱溶液 40.00ml，与 0.10mol/L HCl 溶液 20.00ml 混合，测得其 pH 为 9.20，试求此弱碱 B^- 的解离平衡常数。

解：一元弱碱 B^- 及 HCl 存在下列质子传递平衡：

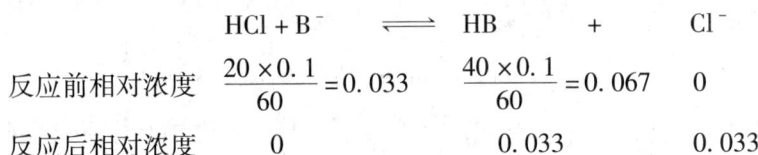

$$
\begin{array}{ccccc}
HCl & + & B^- & \rightleftharpoons & HB & + & Cl^- \\
\end{array}
$$

反应前相对浓度 $\dfrac{20 \times 0.1}{60} = 0.033$ $\dfrac{40 \times 0.1}{60} = 0.067$ 0

反应后相对浓度   0   0.033   0.033

在弱碱 B^- 及其共轭 HB 组成的缓冲溶液中：

$$pH = pK_a^\ominus + \lg\frac{c(共轭碱)}{c(共轭酸)} = pK_a^\ominus + \lg\frac{c(B^-)}{c(HB)} = pK_a^\ominus + \lg\frac{0.033}{0.033} = pK_a^\ominus = 9.20$$

$$pK_b^\ominus = 14 - pK_a^\ominus = 14 - 9.20 = 4.80 \qquad K_b^\ominus = 1.58 \times 10^{-5}$$

五、 补充习题及参考答案

(一)补充习题

1. 判断题

(1)酸碱质子论认为，酸碱的相对强弱只决定于酸碱的本性。 (　　)

(2)一元强酸和一元强碱等物质的量中和，溶液的 pH = 7。 (　　)

(3)在 HCOOH 中加入 HCOONa 使甲酸的解离度和 pH 均减小。 (　　)

(4)解离度和解离平衡常数均可以表示弱电解质的解离程度，它们都与浓度无关。 (　　)

(5)缓冲溶液加适量水稀释时，其 pH 基本不变，但其缓冲能力变小。 (　　)

(6)将 HAc 溶液和 HCl 溶液的浓度各稀释为原来的 1/2，则两种溶液中 H^+ 浓度均减小为原来的 1/2。 (　　)

(7)中和等体积 pH 相同的 $NH_3 \cdot H_2O$ 及 NaOH 溶液，所需 HCl 的物质的量不同。 (　　)

(8)水溶液中，若两性物质给出质子能力大于接受质子能力则显弱酸性。 (　　)

(9)决定缓冲溶液缓冲能力的主要因素有共轭酸碱的浓度比和总浓度。 (　　)

(10)路易斯酸碱理论认为酸碱反应的实质是酸碱之间的质子转移。 (　　)

2. 单项选择题

(1)根据酸碱质子论，下列水溶液中，碱性最弱的离子是 (　　)

A. NO_3^- B. ClO_4^- C. Cl^- D. SO_4^{2-}

（2）HPO_4^{2-} 的共轭酸为　　　　　　　　　　　　　　　　　　　　　　　　（　　）

A. H_3PO_4　　　　　　B. $H_2PO_4^{2-}$　　　　　　C. $H_2PO_4^-$　　　　　　D. PO_4^{3-}

（3）下列描述正确的是　　　　　　　　　　　　　　　　　　　　　　　　　　（　　）

A. 离子浓度越大、离子强度越大、活度系数越小

B. 离子浓度越小、离子强度越小、活度系数越小

C. 离子浓度越大、离子强度越小、活度系数越小

D. 离子浓度越小、离子强度越大、活度系数越大

（4）pH = 2 的 HCl 溶液和 pH = 11 的 NaOH 溶液等体积混合，该溶液 pH 为　　（　　）

A. 2 ~ 3　　　　　　B. 3 ~ 4　　　　　　C. 6 ~ 7　　　　　　D. 11 ~ 12

（5）298K 时，pH = 6 的溶液中[OH^-]是 pH = 10 的[OH^-]的多少倍　　　　　　（　　）

A. $\dfrac{2}{3}$　　　　　　B. 10^4　　　　　　C. $\dfrac{3}{2}$　　　　　　D. 10^{-4}

（6）HCl 溶液浓度是 HAc 溶液的 2 倍，则 HCl 溶液的[H^+]是 HAc 溶液[H^+]的　　（　　）

A. 很多倍　　　　　　B. 2 倍　　　　　　C. 10 倍　　　　　　D. 相同

（7）0. 10mol/L 的 H_2CO_3 溶液中，[CO_3^{2-}]的正确表示为　　　　　　　　　（　　）

A. [CO_3^{2-}] ≈ [H^+]　　　　　　　　　　B. [CO_3^{2-}] ≈ $\dfrac{1}{2}$[H^+]

C. [CO_3^{2-}] ≈ $K_{a2}^{\ominus}$　　　　　　　　　　　D. [CO_3^{2-}] = 0. 10

（8）下列化合物中，水溶液 pH 最小的是　　　　　　　　　　　　　　　　　（　　）

A. NaH_2PO_4　　　　B. Na_2HPO_4　　　　C. $NaHCO_3$　　　　D. NaHS

（9）要配制 pH = 5.0 的缓冲溶液，选用下列哪个缓冲对　　　　　　　　　　（　　）

A. $HCOOH - HCOO^-$　　　　　　　　　B. $HAc - Ac^-$

C. $NaH_2PO_4 - Na_2HPO_4$　　　　　　　D. $HCO_3^- - CO_3^{2-}$

（10）在氨水溶液中加入 NaOH，会产生　　　　　　　　　　　　　　　　　（　　）

A. 同离子效应　　　B. 盐效应　　　C. 两者均有　　　D. 两者均无

3. 多项选择题

（1）室温下，pH = 12.00 的水溶液中，由水解离产生的[OH^-]为　　　　　　（　　）

A. 1.0×10^{-7}　　B. 1.0×10^{-6}　　C. 1.0×10^{-2}　　D. 1.0×10^{-12}　　E. 1.0×10^{-10}

（2）为了使氨水溶液的 pH 减小、解离度增大，可以向氨水溶液中加入　　　（　　）

A. 水　　　　B. NaCl　　　　C. 浓氨水　　　　D. HCl　　　　E. NH_4Cl

（3）下列属于两性物质的有　　　　　　　　　　　　　　　　　　　　　　（　　）

A. HS^-　　　　B. H_2O　　　　C. $C_2O_4^{2-}$　　　　D. NH_4Ac　　　　E. $H_2PO_4^-$

（4）影响弱电解质解离度的因素有　　　　　　　　　　　　　　　　　　　（　　）

A. 弱电解质的本性　　　　　　　B. 温度

C. 溶剂　　　　　　　　D. 其他强电解质　　　E. 浓度

（5）下列混合溶液属于缓冲溶液的有　　　　　　　　　　　　　　　　　　（　　）

A. NaOH 和过量的 NH_4Cl　　　　　　B. $NaHCO_3$ 和 Na_2CO_3

C. 过量的氨水和 HCl　　　　　　　D. 等物质量 H_3PO_4 和 Na_2HPO_4

E. HCl 和 NaCl

4. 填空题

(1)酸碱质子论中，酸给出质子后变为_____，酸碱的这种关系称为_____。

(2)离子强度的计算公式_____，活度与活度系数的关系式_____。

(3)将 100ml 纯水的 pH 由 7 变为 4，需用 0.10mol/L 的 HCl _____ml。

(4)298K 时，某一元弱碱 A^- 的碱常数 $K_b^{\ominus} = 1.0 \times 10^{-6}$，则其共轭酸 HA 的酸常数 $K_a^{\ominus} = $ _____。

(5)由于 S^{2-} 的 $K_{b1}^{\ominus} \gg K_{b2}^{\ominus}$，求算 S^{2-} 溶液中 OH^- 浓度只需考虑_____，$[OH^-]$ 的计算公式为_____。

(6)同离子效应使弱电解质的解离度_____，盐效应使弱电解质的解离度_____。

(7)为了配制有较大缓冲能力的缓冲溶液，选取缓冲对的_____接近或等于所配缓冲溶液的 pH，使浓度比控制在_____，代入缓冲溶液近似计算公式，得缓冲范围为_____。

(8)某化验室对一样品进行分析，经煮沸后初步检查溶液呈强酸性，在 S^{2-}、CN^-、CO_3^{2-}、SO_4^{2-} 中，能够大量存在的是_____。

(9)配制 $Bi(NO_3)_3$ 溶液时，需将固体 $Bi(NO_3)_3$ 溶解在_____中，然后再加水稀释，目的是抑制 $Bi(NO_3)_3$ 的_____。

(10)298K 时，将 pH = 11.00 和 pH = 13.00 的两种 NaOH 等体积混合后，混合溶液的 pH = _____。

5. 计算题

(1)300ml 0.20mol/L HAc 水溶液，稀释到多大体积时，其解离度增大一倍。(已知 $K_a^{\ominus} = 1.8 \times 10^{-5}$)

(2)实验测得某氨水的 pH 为 10.26，已知 $K_b^{\ominus} = 1.74 \times 10^{-5}$，求氨水的浓度。

(3)计算 0.20mol/L 丙酸(HPr)溶液的 pH 和解离度，将该溶液稀释一倍后，该溶液的 pH 和解离度又是多少？($K_a^{\ominus} = 1.34 \times 10^{-5}$)

(4)水杨酸 $C_7H_4O_3H_2$ 有时可作为止痛药而代替阿司匹林，它是二元弱酸。计算 0.10mol/L 水杨酸溶液中各离子浓度和 pH。(已知 $K_{a1}^{\ominus} = 1.1 \times 10^{-3}$；$K_{a2}^{\ominus} = 3.6 \times 10^{-14}$)

(5)在锥形瓶中放入 10ml 0.10mol/L NH_4Cl 水溶液，逐滴加入 0.10mol/L NaOH 溶液。试计算：

① 当加入 5ml NaOH 溶液后，混合液的 pH；

② 当加入 10ml NaOH 溶液后，混合液的 pH；

③ 当加入 15ml NaOH 溶液后，混合液的 pH。

(6)分别计算浓度均为 0.010mol/L 的 $NaHC_2O_4$ 和 NH_4F 溶液的 pH。

(已知 $H_2C_2O_4 K_{a1}^{\ominus} = 5.62 \times 10^{-2}$，$K_{a2}^{\ominus} = 1.55 \times 10^{-4}$；HF 的 $K_a^{\ominus} = 6.31 \times 10^{-4}$)

(7)在 250ml 浓度为 0.20mol/L $NH_3 \cdot H_2O$ 中，需加多少克 NH_4Cl 才能使其 pH 降低 2 个 pH 单位。

(8)要配制 pH 为 4.90 的缓冲溶液，需称取多少克 $NaAc \cdot 3H_2O$ 固体溶解于 500ml 0.10mol/L HAc 溶液中？

(9)配制 pH = 9.50 的缓冲溶液 1000ml，

①今有缓冲系 $HAc - NaAc$、$KH_2PO_4 - Na_2HPO_4$、$NH_3 - NH_4Cl$，问选用何种缓冲系最好？

②如选用的缓冲系的总浓度为 0.20mol/L，问需要固体酸多少克(忽略体积变化)？0.50mol/L 的共轭碱溶液多少毫升？

(10)某一元弱酸 HA 若干毫升，现用未知浓度的 NaOH 去滴定。已知当用去 3.00ml NaOH 时，溶液的 pH = 4.00；用去 12.00ml NaOH 时，pH = 5.00。问该弱酸的解离常数是多少？

（二）参考答案

1. 判断题

(1)×　(2)×　(3)×　(4)×　(5)√　(6)×　(7)√

(8)√　(9)√　(10)×

2. 单项选择题

(1)~(5)BCAAD　(6)~(10)ACABC

3. 多项选择题

(1)CD　(2)AD　(3)ABDE　(4)ABCDE　(5)ABC

4. 填空题

(1)共轭碱，共轭关系

(2)$I = \dfrac{1}{2}\sum_i b_i Z_i^2, \alpha_i = \gamma_i \cdot c_i / c^{\ominus}$

(3)0.10ml

(4)$K_a^{\ominus} = 1.0 \times 10^{-8}$

(5)第一步质子传递平衡，$[OH^-] = \sqrt{cK_{b1}^{\ominus}}$

(6)减小，增大

(7)$pK_a^{\ominus}$，$\dfrac{1}{10} \sim 10$，$pH = pK_a^{\ominus} \pm 1$

(8)SO_4^{2-}

(9)HNO_3，水解

(10)12.70

5. 计算题

(1)解：已知 $c = 0.20\text{mol/L}$，$K_a^{\ominus} = 1.8 \times 10^{-5}$

∵ $c \cdot K_a^{\ominus} = 3.6 \times 10^{-6} > 20 K_w^{\ominus}$；$\dfrac{c}{K_a^{\ominus}} = \dfrac{0.20}{1.8 \times 10^{-5}} > 500$

∴ 可用稀释定律计算。

$$\alpha = \sqrt{\dfrac{K_a^{\ominus}}{c}} = \sqrt{\dfrac{1.8 \times 10^{-5}}{0.20}} = 0.95\%$$

稀释后，解离度增大 1 倍，则：$\alpha = 0.95\% \times 2 = 1.9\%$

此时，$c = \dfrac{K_a^{\ominus}}{\alpha^2} = \dfrac{1.8 \times 10^{-5}}{(1.9 \times 10^{-2})^2} = 0.050$

∴ $V = \dfrac{300\text{ml} \times 0.20\text{mol/L}}{0.050\text{mol/L}} = 1200\text{ml}$

(2)解：已知 $K_b^{\ominus} = 1.74 \times 10^{-5}$，pH 为 10.26

则：pOH = 3.74，$[OH^-] = 10^{-3.74} = 1.8 \times 10^{-4}$

代入平衡常数表达式得：$c - [OH^-] = \dfrac{[OH^-]^2}{K_b^{\ominus}} = \dfrac{(1.8 \times 10^{-4})^2}{1.74 \times 10^{-5}} = 1.9 \times 10^{-3}$

$$c = 1.9 \times 10^{-3} + 1.8 \times 10^{-4} = 2.1 \times 10^{-3}$$

∴ 氨水的浓度为 0.0021mol/L。

(3)**解**：已知 $c = 0.200\text{mol/L}$，$K_a^{\ominus} = 1.34 \times 10^{-5}$，$c \cdot K_a^{\ominus} > 20K_W^{\ominus}$，$\dfrac{c}{K_a^{\ominus}} > 500$

∴ 可用最简式计算。

$$[H^+] = \sqrt{c \cdot K_a^{\ominus}} = \sqrt{0.200 \times 1.34 \times 10^{-5}} = 1.64 \times 10^{-3}$$

$$pH = 2.80$$

$$\alpha = \frac{[H^+]}{c} \times 100\% = \frac{1.6 \times 10^{-3}}{0.20} \times 100\% = 0.80\%$$

溶液稀释 1 倍后，$c = 0.10\text{mol/L}$，$K_a^{\ominus} = 1.34 \times 10^{-5}$，

$$c \cdot K_a^{\ominus} > 20K_W^{\ominus}，\frac{c}{K_a^{\ominus}} > 500$$

∴ 用最简式计算。

$$[H^+] = \sqrt{c \cdot K_a^{\ominus}} = \sqrt{0.100 \times 1.34 \times 10^{-5}} = 1.2 \times 10^{-3}$$

$$pH = 2.92$$

$$\alpha = \frac{[H^+]}{c} \times 100\% = \frac{1.2 \times 10^{-3}}{0.10} \times 100\% = 1.2\%$$

(4)**解**：已知 $c = 0.10\text{mol/L}$，$K_{a1}^{\ominus} = 1.1 \times 10^{-3}$，$K_{a2}^{\ominus} = 3.6 \times 10^{-14}$

∵ $c \cdot K_{a1}^{\ominus} > 20K_W^{\ominus}$，忽略水的质子自递平衡；$K_{a1}^{\ominus} \gg K_{a2}^{\ominus}$，求 H^+ 近似浓度只考虑第一步质子传递平衡，按一元弱酸的质子传递平衡处理。

又∵ $\dfrac{c}{K_{a1}^{\ominus}} < 500$，可用一元弱酸的近似公式计算。

$$[H^+] = -\frac{K_{a1}^{\ominus}}{2} + \sqrt{\frac{K_{a1}^{\ominus 2}}{4} + c \cdot K_{a1}^{\ominus}}$$

$$= -\frac{1.1 \times 10^{-3}}{2} + \sqrt{\frac{(1.1 \times 10^{-3})^2}{4} + 0.10 \times 1.1 \times 10^{-3}}$$

$$= 1.0 \times 10^{-2}$$

$$pH = -\lg[H^+] = -\lg(1.0 \times 10^{-2}) = 2.00$$

由于 $C_7H_4O_3H_2$ 的第二步质子传递程度很小，所以

$$[C_7H_4O_3H^-] \approx [H^+] = 1.0 \times 10^{-2}$$

$$[OH^-] = \frac{K_W^{\ominus}}{[H^+]} = \frac{1.0 \times 10^{-14}}{1.0 \times 10^{-2}} = 1.0 \times 10^{-12}$$

又由于 $[C_7H_4O_3H^-] \approx [H^+]$，所以 $[C_7H_4O_3^{2-}] \approx K_{a2}^{\ominus} = 3.6 \times 10^{-14}$

(5)**解**：①NH_4Cl 过量，混合液为过量的 NH_4Cl 和生成的 $NH_3 \cdot H_2O$ 组成的缓冲溶液。混合液中，

$$c(NH_4^+) = \frac{10\text{ml} \times 0.100\text{mol/L} - 5\text{ml} \times 0.100\text{mol/L}}{15\text{ml}} = \frac{1}{30}\text{mol/L}$$

$$c(NH_3 \cdot H_2O) = \frac{5\text{ml} \times 0.100\text{mol/L}}{15\text{ml}} = \frac{1}{30}\text{mol/L}$$

已知 $NH_3 \cdot H_2O$ 的 $pK_b^{\ominus} = 4.76$，NH_4^+ 的 $pK_a^{\ominus} = 14 - pK_b^{\ominus} = 14 - 4.76 = 9.24$

$$pH = pK_a^{\ominus} + \lg \frac{c(共轭碱)}{c(共轭酸)} = 9.24 + \lg \frac{c(NH_3 \cdot H_2O)}{c(NH_4^+)} = 9.24$$

②等物质量完全中和,混合液为生成的 $NH_3 \cdot H_2O$ 溶液。

$$c(NH_3 \cdot H_2O) = \frac{10ml \times 0.10mol/L}{20ml} = 0.0500mol/L$$

已知 $K_b^{\ominus} = 1.74 \times 10^{-5}$,$c \cdot K_b^{\ominus} > 20K_w^{\ominus}$,$\frac{c}{K_b^{\ominus}} > 500$

∴ 用最简式计算。

$$[OH^-] = \sqrt{cK_b^{\ominus}} = \sqrt{0.050 \times 1.74 \times 10^{-5}} = 9.3 \times 10^{-4}$$
$$pOH = 3.03, \quad pH = 14 - pOH = 14 - 3.03 = 10.97$$

③NaOH 过量,混合液由生成的 $NH_3 \cdot H_2O$ 和过量的 NaOH 组成,由于 NaOH 的同离子效应,$NH_3 \cdot H_2O$ 解离出的 OH^- 很少,溶液中的 OH^- 主要由 NaOH 提供。

$$c(NaOH) = \frac{15ml \times 0.10mol/L - 10ml \times 0.10mol/L}{25ml} = 0.020mol/L$$

溶液中 OH^- 浓度为:$[OH^-] = 0.020mol/L$

$pOH = 1.70$,$pH = 14 - pOH = 14 - 1.70 = 12.30$

(6)解:①$NaHC_2O_4$ 在溶液中完全解离为 Na^+ 和 $HC_2O_4^-$,$HC_2O_4^-$ 为两性物质。

代入两性物质的$[H^+]$计算公式:

$$[H^+] = \sqrt{K_a^{\ominus} \cdot K_a^{\ominus}(共轭酸)} = \sqrt{K_{a1}^{\ominus} \cdot K_{a2}^{\ominus}}$$
$$= \sqrt{5.62 \times 10^{-2} \times 1.55 \times 10^{-4}}$$
$$= 3.0 \times 10^{-3}$$
$$pH = 2.52$$

②NH_4F 在溶液中完全解离为 NH_4^+ 和 F^-,NH_4^+ 为一元弱酸,F^- 为一元弱碱,它们的溶液也属于两性物质。

代入两性物质的$[H^+]$计算公式:

$$[H^+] = \sqrt{K_a^{\ominus} \cdot K_a^{\ominus}(共轭酸)} = \sqrt{K_a^{\ominus}(NO_4^+) \cdot K_a^{\ominus}(HF)}$$
$$= \sqrt{\frac{1.0 \times 10^{-14}}{1.74 \times 10^{-5}} \times 6.31 \times 10^{-4}}$$
$$= 6.0 \times 10^{-7}$$
$$pH = 6.22$$

(7)解:已知 $K_b^{\ominus} = 1.74 \times 10^{-5}$,$c \cdot K_b^{\ominus} > 20K_w^{\ominus}$,$\frac{c}{K_b^{\ominus}} > 500$

∴ 用最简式计算。

$$[OH^-] = \sqrt{cK_b^{\ominus}} = \sqrt{0.20 \times 1.74 \times 10^{-5}} = 1.9 \times 10^{-3}$$
$$pOH = 2.72, \quad pH = 14 - pOH = 14 - 2.72 = 11.28$$
$$pH 减小两个单位,pH = 11.28 - 2 = 9.28$$

加入 NH_4Cl 后,$NH_3 \cdot H_2O$ 和 NH_4Cl 组成缓冲溶液,代入缓冲溶液计算公式得:

$$pH = pK_a^{\ominus} + \lg\frac{c(共轭碱)}{c(共轭酸)} = 9.24 + \lg\frac{c(NH_3 \cdot H_2O)}{c(NH_4^+)} = 9.28$$

$$\frac{c(NH_3 \cdot H_2O)}{c(NH_4^+)} = 1.1, \quad c(NH_4^+) = \frac{0.20}{1.1} = 0.18mol/L$$

$$m(NH_4Cl) = 0.18mol/L \times 0.25L \times 53.5g/mol = 2.4g$$

(8)**解：**已知 $c(HAc) = 0.10mol/L$，$pK_a^{\ominus} = 4.76$ 代入缓冲液计算公式得：

$$pH = pK_a^{\ominus} + \lg\frac{c(共轭碱)}{c(共轭酸)} = 4.76 + \lg\frac{c(Ac^-)}{c(HAc)} = 4.90$$

$$\frac{c(Ac^-)}{c(HAc)} = 1.4 \quad c(Ac^-) = 1.4 \times 0.10 = 0.14$$

$$m(NaAc) = 0.14mol/L \times 0.50L \times 136g/mol = 9.5g$$

(9)**解：**①根据要与 pH 相等或接近，缓冲能力较强，选择 $NH_3 - NH_4Cl$ 缓冲对（$pK_a^{\ominus} = 9.24$）。

$$②pH = pK_a^{\ominus} + \lg\frac{c(共轭碱)}{c(共轭酸)} = 9.24 + \lg\frac{c(NH_3 \cdot H_2O)}{c(NH_4^+)} = 9.50$$

$\frac{c(NH_3 \cdot H_2O)}{c(NH_4^+)} = 1.8$，又由于 $c(NH_3 \cdot H_2O) + c(NH_4^+) = 0.20$ 得：

$$c(NH_3 \cdot H_2O) = 0.13 \quad c(NH_4^+) = 0.070mol/L$$

$$m(NH_4Cl) = 0.070mol/L \times 1.0L \times 53.5g/mol = 3.7g$$

$$V(NH_3 \cdot H_2O) = 0.13mol/L \times 1000ml \div (0.50mol/L) = 260ml$$

(10)**解：** $HA + NaOH = NaA + H_2O$

当用去 3.00ml NaOH 时，多余的 HA 和生成的 A^- 组成缓冲溶液，pH = 4.00，设 HA 的相对起始浓度为 c_1，体积为 Vml，NaOH 的相对起始浓度为 c_2，则：

$$pH = pK_a^{\ominus} + \lg\frac{c(共轭碱)}{c(共轭酸)}$$

$$4.00 = pK_a^{\ominus} + \lg\frac{3c_2}{Vc_1 - 3c_2} \tag{1}$$

当用去 12.00ml NaOH 时，多余的 HA 和生成的 A^- 组成缓冲溶液，pH = 5.00 则：

$$5.00 = pK_a^{\ominus} + \lg\frac{12c_2}{Vc_1 - 12c_2} \tag{2}$$

(2)式 - (1)式，整理得：$Vc_1 = 18c_2$

代入(1)式得：$pK_a^{\ominus} = 4.70 \quad K_a^{\ominus} = 2.0 \times 10^{-5}$

第五章　沉淀－溶解平衡

一、 知识导航

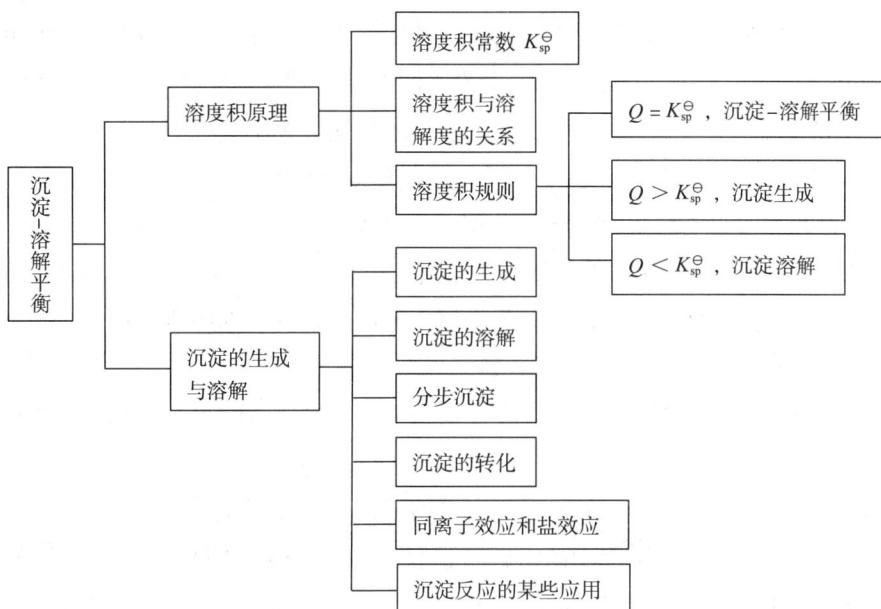

二、 重难点解析

1. 怎样判断能否生成沉淀或沉淀能否溶解?

解：根据溶度积规则进行判断:

当 $Q = K_{sp}^{\ominus}$ 时，溶液是饱和溶液，即达到沉淀－溶解平衡状态。

当 $Q < K_{sp}^{\ominus}$ 时，溶液是不饱和溶液，无沉淀析出；若体系中有固体存在，固体继续溶解，直至达新的平衡(饱和)为止。

当 $Q > K_{sp}^{\ominus}$ 时，溶液是过饱和溶液，沉淀从溶液中析出，直至饱和为止。

2. 可以根据难溶强电解质的溶度积来判断溶解度的大小吗?

解：对于同种类型的难溶强电解质，由于溶度积与溶解度的关系表达式相同，所以可以直接比较，溶度积 $K_{sp}^{\ominus}$ 愈大，溶解度 s 也愈大，反之亦然。对于不同类型的难溶强电解质，则不能直接根据溶度积 $K_{sp}^{\ominus}$ 的大小来判断溶解度 s 的大小，需通过计算说明。例如298K 下，$K_{sp}^{\ominus}(AgCl) = 1.77 \times 10^{-10}$ $> K_{sp}^{\ominus}(Ag_2CrO_4) = 1.12 \times 10^{-12}$，但是 AgCl 的溶解度 1.33×10^{-5} mol/L 小于 Ag_2CrO_4 的溶解度 6.54×10^{-5} mol/L。

3. 分步沉淀时如何判断哪一种离子先沉淀？

解：如果溶液中有两种或两种以上的离子都能与沉淀剂生成沉淀时，离子沉淀的顺序决定于沉淀的 $K_{sp}^{\ominus}$ 和被沉淀离子的浓度。对于同种类型的沉淀，若沉淀的 $K_{sp}^{\ominus}$ 相差较大，一般 $K_{sp}^{\ominus}$ 小的先沉淀，$K_{sp}^{\ominus}$ 大的后沉淀。对于不同类型的沉淀，就不能直接根据 $K_{sp}^{\ominus}$ 的大小来判断沉淀的先后顺序，需根据计算结果确定，所需沉淀剂浓度小的先生成沉淀。

三、 复习思考题及参考答案

1. 难溶电解质的溶度积与溶解度之间的关系？

解：对于同种类型的难溶强电解质，由于溶度积与溶解度的关系表达式相同，所以可以直接比较，溶度积 $K_{sp}^{\ominus}$ 愈大，溶解度 s 也愈大，反之亦然。对于不同类型的难溶强电解质，则不能直接根据溶度积 $K_{sp}^{\ominus}$ 的大小来判断溶解度 s 的大小，可通过溶度积来计算溶解度，然后再进行比较。

2. 溶度积常数与哪些因素有关，溶解度与哪些因素有关？

解：溶度积常数是难溶强电解质的沉淀-溶解平衡常数，反映了物质的溶解能力，它只随温度的变化而变化，与离子的浓度无关，在一定温度下，不管溶液中离子浓度怎么变化，溶度积常数都是不变的。溶解度的大小受外界条件的影响，同时还受溶剂的性质以及溶剂中所含的其他电解质的影响（同离子效应和盐效应）。

3. 为何 $BaSO_4$ 在生理盐水中的溶解度大于在纯水中的溶解度，而 $AgCl$ 在生理盐水中的溶解度却小于在纯水中的溶解度？

解：$BaSO_4$ 在纯水中的溶解度小于在生理盐水中的溶解度，是因为在生理盐水中有强电解质 $NaCl$ 而产生盐效应，致使 $BaSO_4$ 在生理盐水中的溶解度稍有增加。$AgCl$ 在纯水中的溶解度大于在生理盐水中的溶解度，是因为在生理盐水中有强电解质 $NaCl$，溶液中含有与 $AgCl$ 相同的 Cl^- 而产生同离子效应，致使 $AgCl$ 在生理盐水中的溶解度降低。

4. 在 $ZnSO_4$ 溶液中通入 H_2S 气体只出现少量的白色沉淀，但若在通入 H_2S 之前，加入适量固体 $NaAc$ 则可形成大量的沉淀，为什么？

解：由于 $Zn^{2+} + H_2S = ZnS + 2H^+$，溶液酸度增大，使 ZnS 沉淀生成受到抑制，若通 H_2S 之前，先加适量固体 $NaAc$，则溶液呈碱性，再通入 H_2S 时生成的 H^+ 被 OH^- 中和，溶液的酸度减小，则有利于 ZnS 的生成。

四、 习题及参考答案

1. $0.010mol/L$ $AgNO_3$ 溶液与 $0.010mol/L$ K_2CrO_4 溶液等体积混合，能否产生 Ag_2CrO_4 沉淀？已知 $K_{sp}^{\ominus}(Ag_2CrO_4) = 1.12 \times 10^{-12}$。

解：混合后，$c(Ag^+) = c(CrO_4^{2-}) = \dfrac{0.010mol/L}{2} = 5.0 \times 10^{-3}mol/L$

$Q = [c(Ag^+)]^2 \cdot c(CrO_4^{2-}) = (5.0 \times 10^{-3})^2 \times 5.0 \times 10^{-3} = 1.3 \times 10^{-7} > K_{sp}^{\ominus}(Ag_2CrO_4) = 1.12 \times 10^{-12}$

根据溶度积规则，有 Ag_2CrO_4 沉淀生成。

2. 在 $0.050L$ Pb^{2+} 浓度为 $3.0 \times 10^{-4}mol/L$ 溶液中加入 $0.10L$ I^- 浓度为 $0.0030mol/L$ 的溶液后，能

否产生 PbI_2 沉淀？已知 $K_{sp}^{\ominus}(PbI_2)=9.8\times10^{-9}$。

解：混合后，$c(Pb^{2+})=\dfrac{0.050L\times3.0\times10^{-4}mol/L}{0.15L}=1.0\times10^{-4}mol/L$

$c(I^-)=\dfrac{0.10L\times0.0030mol/L}{0.15L}=2.0\times10^{-3}mol/L$

$Q=c(Pb^{2+})\cdot[c(I^-)]^2=1.0\times10^{-4}\times(2.0\times10^{-3})^2=4.0\times10^{-10}<K_{sp}^{\ominus}(PbI_2)$

$\quad=9.8\times10^{-9}$

根据溶度积规则，无 PbI_2 沉淀生成。

3. 在 10ml 0.10mol/L $MgCl_2$ 溶液中加入 10ml 0.10mol/L 氨水，问有无 $Mg(OH)_2$ 沉淀生成？已知 $K_{sp}^{\ominus}[Mg(OH)_2]=5.61\times10^{-12}$，$K_b^{\ominus}(NH_3\cdot H_2O)=1.74\times10^{-5}$。

解：混合后，$c(Mg^{2+})=c(NH_3\cdot H_2O)=\dfrac{0.10mol/L}{2}=0.050mol/L$

$$\dfrac{c(NH_3\cdot H_2O)}{K_b^{\ominus}}=\dfrac{0.050}{1.74\times10^{-5}}=2.87\times10^3>500$$

$$[OH^-]=\sqrt{c\cdot K_b^{\ominus}}=\sqrt{0.050\times1.74\times10^{-5}}=9.33\times10^{-4}$$

$Q=c(Mg^{2+})\cdot[c(OH^-)]^2=0.050\times(9.33\times10^{-4})^2=4.35\times10^{-8}$

$\quad>K_{sp}^{\ominus}[Mg(OH)_2]=5.61\times10^{-12}$

根据溶度积规则，有 $Mg(OH)_2$ 沉淀生成。

4. 在浓度均为 0.010mol/L 的 I^-、Cl^- 溶液中加入 $AgNO_3$ 溶液是否能达到分离的目的。已知 $K_{sp}^{\ominus}(AgCl)=1.77\times10^{-10}$，$K_{sp}^{\ominus}(AgI)=8.52\times10^{-17}$。

解：因 I^-、Cl^- 起始浓度相同，$K_{sp}^{\ominus}(AgCl)>K_{sp}^{\ominus}(AgI)$，所以 AgI 先沉淀。

当 AgCl 开始沉淀时，$[Ag^+]=\dfrac{K_{sp}^{\ominus}(AgCl)}{[Cl^-]}=\dfrac{1.77\times10^{-10}}{0.010}=1.77\times10^{-8}$

当 $c(Ag^+)=1.77\times10^{-8}mol/L$ 时，

$$[I^-]=\dfrac{K_{sp}^{\ominus}(AgI)}{[Ag^+]}=\dfrac{8.52\times10^{-17}}{1.77\times10^{-8}}=4.81\times10^{-9}<10^{-5}mol/L。$$

所以 AgCl 开始沉淀时，AgI 已经沉淀完全，能达到分离的目的。

5. 向 Fe^{2+}、Cr^{3+} 浓度分别为 0.01mol/L、0.030mol/L 的混合溶液中，逐滴加入浓 NaOH 溶液，若要使第一种离子沉淀完全，第二种离子不沉淀，应怎样控制溶液的 pH。已知 $K_{sp}^{\ominus}[Fe(OH)_2]=4.87\times10^{-17}$，$K_{sp}^{\ominus}[Cr(OH)_3]=6.3\times10^{-31}$。

解：$Fe(OH)_2$ 开始沉淀时，

$$[OH^-]=\sqrt{\dfrac{K_{sp}^{\ominus}[Fe(OH)_2]}{[Fe^{2+}]}}=\sqrt{\dfrac{4.87\times10^{-17}}{0.010}}=6.98\times10^{-8}$$

$Cr(OH)_3$ 开始沉淀时，

$$[OH^-]=\sqrt[3]{\dfrac{K_{sp}^{\ominus}[Cr(OH)_3]}{[Cr^{3+}]}}=\sqrt[3]{\dfrac{6.3\times10^{-31}}{0.030}}=2.8\times10^{-10}$$

所以 Cr^{3+} 先开始沉淀，$Cr(OH)_3$ 沉淀完全时，$[Cr^{3+}]=10^{-5}mol/L$

$$[OH^-]=\sqrt[3]{\dfrac{K_{sp}^{\ominus}[Cr(OH)_3]}{1\times10^{-5}}}=\sqrt[3]{\dfrac{6.3\times19^{-31}}{1\times10^{-5}}}=4.0\times10^{-9}$$

$$pH = pK_w^{\ominus} - pOH = 14 - [-\lg(4.0 \times 10^{-9})] = 5.6$$

Fe(OH)$_2$ 开始沉淀时的 pH = $pK_w^{\ominus} - pOH = 14 - [-\lg(6.98 \times 10^{-8})] = 6.8$

若要使第一种离子沉淀完全，第二种离子不沉淀，应控制溶液的 pH 为 5.6 ~ 6.8。

6. 已知：298.15K 时，Zn(OH)$_2$ 的溶度积为 3×10^{-17}，计算：(1)Zn(OH)$_2$ 在水中的溶解度；(2)Zn(OH)$_2$ 的饱和溶液中 $c(Zn^{2+})$、$c(OH^-)$ 和 pH；(3)Zn(OH)$_2$ 在 0.10mol/L NaOH 中的溶解度；(4)Zn(OH)$_2$ 在 0.10mol/L ZnSO$_4$ 中的溶解度。

解：(1)设 Zn(OH)$_2$ 在水中的溶解度为 s mol/L，则：

$$Zn(OH)_2(s) \rightleftharpoons Zn^{2+} + 2OH^-$$

$$K_{sp}^{\ominus} = s \cdot (2s)^2$$

$$s = \sqrt[3]{\frac{K_{sp}^{\ominus}}{4}} = \sqrt[3]{\frac{3 \times 10^{-17}}{4}} = 2.0 \times 10^{-6}$$

(2)Zn(OH)$_2$ 饱和溶液中，$c(Zn^{2+}) = [Zn^{2+}] = 2.0 \times 10^{-6}$mol/L

$$c(OH^-) = [OH^-] = 4.0 \times 10^{-6}\text{mol/L}$$

$$pH = 14 - pOH = 8.6$$

(3)设 Zn(OH)$_2$ 在 0.10mol/L NaOH 中的溶解度为 $s_1$mol/L，则：

$$Zn(OH)_2(s) \rightleftharpoons Zn^{2+} + 2OH^-$$

平衡浓度(mol/L)　　　　　　　　　　　s_1　　$2s_1 + 0.10$

由于同离子效应，s 很小，所以 $2s + 0.10 \approx 0.10$

$$K_{sp}^{\ominus} = s(0.10)^2$$

$$s = \frac{K_{sp}^{\ominus}}{(0.10)^2} = \frac{3 \times 10^{-17}}{0.010} = 3 \times 10^{-15}$$

(4)设 Zn(OH)$_2$ 在 0.10mol/L ZnSO$_4$ 中的溶解度为 $s_2$mol/L，则：

$$Zn(OH)_2(s) \rightleftharpoons Zn^{2+} + 2OH^-$$

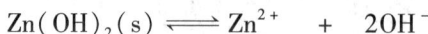

平衡浓度(mol/L)　　　　　　　　　　$s_2 + 0.10$　　$2s_2$

由于同离子效应，s_2 很小，所以 $s_2 + 0.10 \approx 0.10$

$$K_{sp}^{\ominus} = 0.10 \cdot (2s_2)^2$$

$$s_2 = \sqrt{\frac{K_{sp}^{\ominus}}{4 \times 0.10}} = \sqrt{\frac{3 \times 10^{-17}}{4 \times 0.010}}$$

$$= 2.7 \times 10^{-9}$$

7. 现有一瓶含有 Fe^{3+} 杂质的 0.1mol/L MgCl$_2$ 溶液，欲使 Fe^{3+} 以 Fe(OH)$_3$ 沉淀形式除去，溶液中的 pH 应控制在什么范围？

解：设 Fe^{3+} 沉淀完全时 $[Fe^{3+}] = 1.0 \times 10^{-5}$mol/L

则 $[OH^-] \geq \sqrt[3]{\frac{K_{sp}^{\ominus}[Fe(OH)_3]}{[Fe^{3+}]}} = \sqrt[3]{\frac{2.79 \times 10^{-39}}{1.0 \times 10^{-5}}} = 6.5 \times 10^{-12}$

$$pH \geq 14.00 - (-\lg 6.5 \times 10^{-12}) = 2.81$$

若使 0.1mol/L MgCl$_2$ 溶液不生成 Mg(OH)$_2$ 沉淀，

则 $[OH^-] \leq \sqrt{\frac{K_{sp}^{\ominus}[Mg(OH)_2]}{[Mg^{2+}]}} = \sqrt{\frac{5.61 \times 10^{-12}}{0.1}} = 7.5 \times 10^{-6}$

$pH \leq 14.00 - (-\lg 7.5 \times 10^{-6}) = 8.88$

故溶液 pH 应控制在 $2.81 < pH < 8.88$。

8. 在 $0.10mol/L$ $ZnCl_2$ 溶液中不断通入 H_2S 气体达到饱和,如何控制溶液的 pH 使 ZnS 不沉淀?已知:$K_{sp}^{\ominus}(ZnS) = 2.5 \times 10^{-22}$。

解:若使 ZnS 不沉淀,则溶液中

$$\left[S^{2-} \right] \leqslant \frac{K_{sp}^{\ominus}(ZnS)}{\left[Zn^{2+} \right]}$$

而溶液中,$\left[S^{2-} \right] = \dfrac{K_{a1}^{\ominus} \cdot K_{a2}^{\ominus} \cdot \left[H_2S \right]}{\left[H^+ \right]^2}$,则:

$$\left[H^+ \right] \geqslant \sqrt{\frac{K_{a1}^{\ominus} \cdot K_{a2}^{\ominus} \cdot \left[H_2S \right] \cdot \left[Zn^{2+} \right]}{K_{sp}^{\ominus}(H_2S)}} \geqslant \sqrt{\frac{8.91 \times 10^{-27} \times 0.10 \times 0.10}{2.5 \times 10^{-22}}}$$

$$\geqslant 6.0 \times 10^{-4} mol/L$$

$$pH \leqslant -\lg 6.0 \times 10^{-4} = 3.2$$

所以控制溶液的 $pH \leqslant 3.2$ 即可使 ZnS 不沉淀。

五、 补充习题及参考答案

(一)补充习题

1. 单项选择题

(1)AgCl 在纯水中的溶解度比在 $0.10mol/L$ HCl 溶液中 （　　）

A. 小　　　　　　B. 大　　　　　　C. 一样大　　　　D. 无法判断

(2)欲增加 $Mg(OH)_2$ 在水中的溶解度,可采用的方法是 （　　）

A. 增大溶液 pH　　B. 加 NH_4Cl　　C. 加 $MgSO_4$　　D. 加入 95% 乙醇

(3)已知 $K_{sp}^{\ominus}(AgCl) = 1.77 \times 10^{-10}$,$K_{sp}^{\ominus}(AgBr) = 5.35 \times 10^{-13}$,在含有等浓度的 Br^- 和 Cl^- 的混合溶液中逐滴加入 $AgNO_3$ 溶液,哪种离子先沉淀 （　　）

A. Br^-　　　　　B. Cl^-　　　　　C. 同时沉淀　　　D. 无法判断

(4)把少量浓溶液 $AgNO_3$ 加到饱和的 AgCl 溶液中,下列说法正确的是 （　　）

A. AgCl 的溶度积增大　　　　　　B. AgCl 的溶解度增大

C. AgCl 的溶解度降低　　　　　　D. AgCl 的溶度积降低

(5)某温度下 $K_{sp}^{\ominus}\left[Mg(OH)_2 \right] = 8.39 \times 10^{-12}$,则 $Mg(OH)_2$ 的溶解度为(mol/L) （　　）

A. 2.05×10^{-6}　　　　　　　　B. 2.03×10^{-4}

C. 1.28×10^{-4}　　　　　　　　D. 2.90×10^{-6}

2. 多项选择题

(1)欲增加 $CaCO_3$ 在水中的溶解度,可以采取的措施是 （　　）

A. 加入 HCl 溶液　　　　　　　　B. 加入 Na_2CO_3 溶液

C. 加入 $CaCl_2$ 溶液　　　　　　　D. 加入 NaCl 溶液

E. 减小溶液的 pH

(2)$BaSO_4$ 的溶度积常数 $K_{sp}^{\ominus} = \left[Ba^{2+} \right]\left[SO_4^{2-} \right]$,向 $BaSO_4$ 溶液中 （　　）

A. 加入 NaOH,$K_{sp}^{\ominus}$ 变大　　　　B. 加入 $BaCl_2$,$K_{sp}^{\ominus}$ 不变

C. 加入 HCl,$K_{sp}^{\ominus}$ 变大　　　　　D. 加入 H_2O,$K_{sp}^{\ominus}$ 不变

E. 加入 Na_2SO_4,$K_a^{\ominus}$ 变小

（3）下列有关分步沉淀的叙述正确的是 （　　）

A. 溶度积小的先沉淀　　　　　　　　B. 溶度积大的先沉淀

C. 离子积先达到溶度积的先沉淀　　　D. 被沉淀离子浓度大的先沉淀

E. 相同类型的沉淀且被沉淀离子浓度相同时溶度积小的先沉淀

3. 判断题

（1）相同温度下，AgCl 固体在纯水、1mol/L HCl 溶液和 1mol/L K_2SO_4 溶液中的溶解度相同。

（　　）

（2）沉淀溶解平衡发生移动，溶度积常数也一定随之改变。 （　　）

（3）在相同温度下，两种难溶强电解质相比较，溶度积愈大则其溶解度也愈大。 （　　）

（4）溶度积的大小取决于物质的本性和温度，与浓度无关。 （　　）

（5）在混合离子溶液中加入沉淀剂，溶度积小的先沉淀。 （　　）

（6）要使溶液中的离子沉淀完全，需要加入过量的沉淀剂，加入的沉淀剂越多生成沉淀越完全。

（　　）

（7）加入沉淀剂使溶液中的离子沉淀完全是指离子浓度达到零。 （　　）

4. 填空题

（1）根据溶度积规则，欲使某物质生成沉淀，需满足离子积_____溶度积；欲使沉淀溶解，需满足离子积_____溶度积。

（2）$K_{sp}^{\ominus}$ 的大小与难溶强电解质的_____和_____有关。

（3）使沉淀溶解的方法一般有_____、_____和_____。

（4）根据转化平衡常数的大小可以判断沉淀转化反应的难易程度，沉淀转化的平衡常数_____，转化越容易进行；沉淀转化的平衡常数_____，转化越难以进行。

（5）在饱和 $BaCO_3$ 溶液中加入 $BaCl_2$，会使 $BaCO_3$ 的溶解度_____，这种效应叫_____；若加入 NaCl 溶液，则会使 $BaCO_3$ 的溶解度_____，这种效应叫_____。

5. 写出难溶强电解质 Ag_2CrO_4、$Mg(OH)_2$、$Ca_3(PO_4)_2$ 的溶度积的表达式。

6. 怎样才算达到沉淀完全？为什么沉淀完全时被沉淀离子的浓度不等于零？

7. 在 100ml 0.20mol/L 的 $MnCl_2$ 溶液中加入 100ml 含有 NH_4Cl 的 0.10mol/L 的氨水，计算在氨水中 NH_4Cl 的浓度至少为多大才不致生成 $Mn(OH)_2$ 沉淀？已知 $K_{sp}^{\ominus}[Mn(OH)_2] = 1.9 \times 10^{-13}$，$K_b^{\ominus}(NH_3 \cdot H_2O) = 1.74 \times 10^{-5}$。

8. 向含有 0.02mol/L 的 Cd^{2+} 和 0.02mol/L 的 Fe^{2+} 的溶液中通入 H_2S 至饱和，以分离两种离子，应控制 pH 在什么范围才能有效地分离 Cd^{2+} 和 Fe^{2+}。已知 $K_{sp}^{\ominus}(CdS) = 9.0 \times 10^{-29}$，$K_{sp}^{\ominus}(FeS) = 6.3 \times 10^{-18}$，$K_a^{\ominus}(H_2S) = 8.91 \times 10^{-27}$。

（二）参考答案

1. 单项选择题

（1）~（5）BBACC

2. 多项选择题

（1）ADE　（2）BD　（3）CE

3. 判断题

（1）×　（2）×　（3）×　（4）√　（5）×　（6）×　（7）×

4. 填空题

（1）大于，小于

（2）本性，温度

（3）生成弱电解质，氧化还原反应，生成配合物

（4）越大，越小

（5）减小，同离子效应；略有增大，盐效应

5. $K_{sp}^{\ominus}(Ag_2CrO_4) = [Ag^+]^2[CrO_4^{2-}]$

$K_{sp}^{\ominus}[Mg(OH)_2] = [Mg^{2+}][OH^-]^2$

$K_{sp}^{\ominus}[Ca_3(PO_4)_2] = [Ca^{2+}]^3[PO_4^{3-}]^2$

6. 一般离子与沉淀剂生成沉淀物后，当残留在溶液中的某种离子浓度低于 1.0×10^{-5} mol/L 时就可以认为这种离子沉淀完全了。因生成沉淀的反应是可逆反应，所以沉淀完全时被沉淀离子的浓度不等于零。

7. 混合后 $c(Mn^{2+}) = \dfrac{0.20mol/L}{2} = 0.10mol/L$；

$c(NH_3 \cdot H_2O) = \dfrac{0.10mol/L}{2} = 0.050mol/L$

生成 $Mn(OH)_2$ 所需 OH^- 的最低浓度为

$$[OH^-] = \sqrt{\frac{K_{sp}^{\ominus}[Mn(OH)_2]}{[Mn^{2+}]}} = \sqrt{\frac{1.9 \times 10^{-13}}{0.10}} = 1.4 \times 10^{-6}$$

在含有 NH_4Cl 的 $NH_3 \cdot H_2O$ 溶液中存在如下平衡：

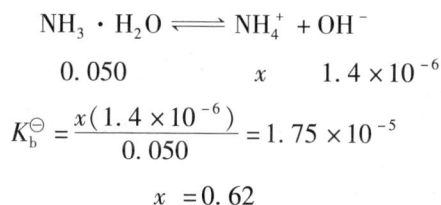

$$NH_3 \cdot H_2O \rightleftharpoons NH_4^+ + OH^-$$

$$0.050 \qquad x \qquad 1.4 \times 10^{-6}$$

$$K_b^{\ominus} = \frac{x(1.4 \times 10^{-6})}{0.050} = 1.75 \times 10^{-5}$$

$$x = 0.62$$

初始 $NH_3 \cdot H_2O$ 溶液中 NH_4Cl 的浓度应为 $2 \times 0.62mol/L = 1.24mol/L$。

8. CdS 和 FeS 均为 AB 型化合物，离子浓度也相同，

又 $K_{sp}^{\ominus}(CdS) = 9.0 \times 10^{-29} < K_{sp}^{\ominus}(FeS) = 6.3 \times 10^{-18}$，所以 CdS 先沉淀。

当 CdS 沉淀完全时，$[Cd^{2+}] = 10^{-5}$ mol/L，$[S^{2-}] = \dfrac{K_{sp}^{\ominus}(CdS)}{[Cd^{2+}]} = \dfrac{9.0 \times 10^{-29}}{10^{-5}} = 9.0 \times 10^{-24}$

$$[H^+] = \sqrt{\frac{[H_2S] \cdot K_a^{\ominus}(H_2S)}{[S^{2-}]}} = \sqrt{\frac{0.1 \times 8.91 \times 10^{-27}}{9.0 \times 10^{-24}}} = 1.0 \times 10^{-2}$$

$$pH = -\lg(1.0 \times 10^{-2}) = 2.0$$

当 FeS 开始沉淀时，$[S^{2-}] = \dfrac{K_{sp}^{\ominus}(FeS)}{[Fe^{2+}]} = \dfrac{6.3 \times 10^{-18}}{0.02} = 3.2 \times 10^{-16}$

$$[H^+] = \sqrt{\frac{[H_2S] \cdot K_a^{\ominus}(H_2S)}{[S^{2-}]}} = \sqrt{\frac{0.1 \times 8.91 \times 10^{-27}}{3.2 \times 10^{-16}}} = 1.7 \times 10^{-6}$$

$$pH = -\lg(1.7 \times 10^{-6}) = 5.8$$

所以，只要控制 pH 在 $2.0 \sim 5.8$，CdS 已沉淀完全，而 FeS 尚未沉淀，可以有效地分离 Cd^{2+} 和 Fe^{2+}。

第六章 氧化还原反应

一、 知识导航

```
              ┌─ 基本概念 ──┬─ 氧化值的定义
              │             └─ 电对的概念
              │
              ├─ 原电池 ────┬─ 原电池定义
              │             └─ 表示符号
              │
氧化          ├─ 能斯特方程 ─┬─ 能斯特方程式
还原          │             └─ 浓度、酸度及沉淀对电极电势的影响
反应          │
              ├─ 电极电势 ──┬─ 判断氧化剂、还原剂的强弱
              │             └─ 判断氧化还原反应方向和限度
              │
              └─ 元素电势图 ┬─ 构成
                            └─ 应用
```

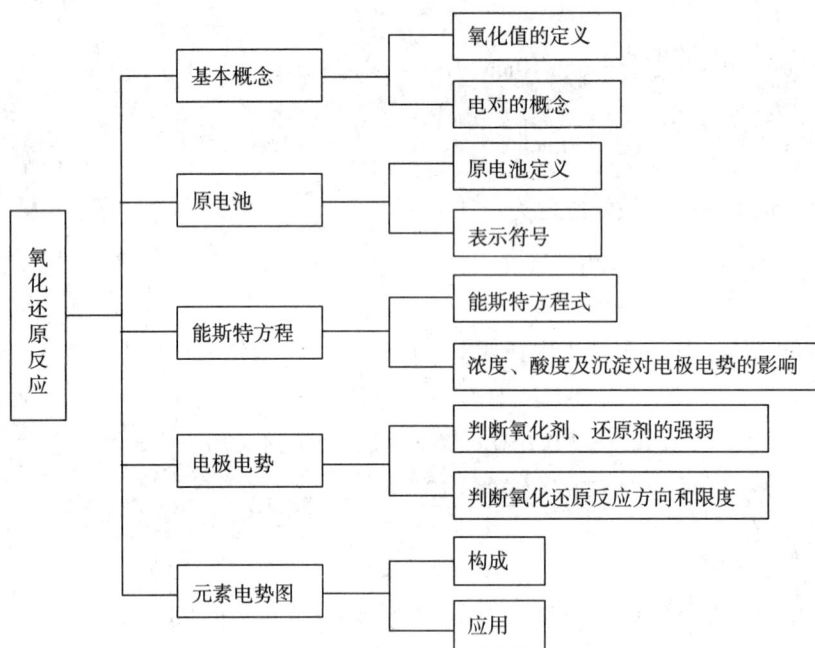

二、 重难点解析

1. 举例说明原电池的组成及工作原理和符号？

解：借助氧化还原反应产生电流的装置叫原电池。原电池是由两个半电池组成，每个半电池也叫一个电极。在负极发生的氧化反应或在正极发生的还原反应，称为电极反应（也叫半电池反应）。例如在 $Cu - Zn$ 原电池中，电极反应为：

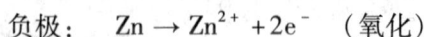

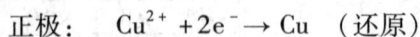

$$负极： \quad Zn \rightarrow Zn^{2+} + 2e^- \quad （氧化）$$

$$正极： \quad Cu^{2+} + 2e^- \rightarrow Cu \quad （还原）$$

$$电池反应： Zn + Cu^{2+} \rightleftharpoons Zn^{2+} + Cu$$

书写原电池符号时注意：一般把负极写在左边，正极写在右边，金属电极材料写在左右两边的外侧，用双垂线"‖"表示连接两个半电池的盐桥，用单垂线"｜"表示不同物相之间的界面，同一相内不同物质用逗号隔开，并注明各物质的状态或组成。

2. 请简要说明电极电势的概念及表示方法。

解：在金属和其盐溶液之间因形成双电层结构而产生的电势差叫作金属的电极电势，用符号

$E(M^{n+}/M)$ 表示，单位为 V(伏)。在标准状态下，以标准氢电极为比较标准而测得的相对电极电势称为某电极的标准电极电势，用符号 $E^\ominus(M^{n+}/M)$ 表示。

3. 影响电极电势因素有哪些?

解：电极电势除了受电极本性的影响之外，还有温度、各物质的浓度、气体的分压、溶液的 pH 等诸多外界影响因素。若电极处于非标准状态下，当 T 为 298.15K 时，不能直接引用标准电极电势表的数据，而要通过 Nernst 方程式进行换算：

$$E = E^\ominus + \frac{0.0592}{n}\lg\frac{[Ox]}{Red}；n \text{ 为电极反应中转移的电子数。}$$

4. 标准电极电势值的用途是什么? 氧化还原反应的方向如何判断?

解：标准电极电势值的高低可用来判断氧化剂和还原剂的相对强弱。氧化还原反应的方向，可以根据较强的氧化剂与较强的还原剂反应，生成较弱的氧化剂与较弱的还原剂来判断；也可以由氧化还原反应涉及的电动势判断：当 $E_{MF} > 0$，反应正向自发进行；$E_{MF} < 0$，反应逆向自发进行；$E_{MF} = 0$，反应达到平衡。

5. 氧化还原反应的标准平衡常数如何计算? 需要注意什么?

解：由 $E_{MF}^\ominus$ 可以计算氧化还原反应的标准平衡常数 $K^\ominus$。298.15K 时，氧化还原反应的平衡常数 $K^\ominus$ 的计算式为：

$$\lg K^\ominus = \frac{n(E_+^\ominus - E_-^\ominus)}{0.0592} = \frac{nE_{MF}^\ominus}{0.0592}$$

式中：n 为配平的氧化还原反应式中电子转移的数目。

6. 什么是元素电势图? 它有何用途?

解：若同一元素有多种氧化值，可将各种氧化值按从高到低(或从低到高)的顺序排列，在能构成电对的两种氧化值之间用直线连接起来并在直线上标明相应电对的标准电极电势值。此表示法称为元素电势图。利用元素电势图可以判断中间氧化值的物质能否发生歧化反应(即是否 $E_右^\ominus > E_左^\ominus$)；可由几个相邻电对的已知标准电极电势，求出其他电对的标准电极电势。

三、 复习思考题及参考答案

1. 什么是氧化值? 如何计算分子或离子中各个元素的氧化值?

解：氧化值是某一元素一个原子的荷电数，这个荷电数可由假设把每个键中的电子指定给电负性更大的原子而求得。

氧化值可以是正数、负数或分数。它可以表征元素原子在化合状态时的形式电荷数(或表观电荷数)，而不强调它究竟以何种物种存在。

在中性分子中，所有元素的氧化值的代数和为零。在多原子离子中，所有元素的氧化值的代数和等于离子所带的电荷数。对于简单离子，元素的氧化值等于离子所带的电荷数。

2. 如何判断反应是氧化还原反应? 哪些物质是氧化剂，哪些物质是还原剂?

解：可以根据氧化值的改变进行判断，元素氧化值升高的过程是氧化，元素氧化值降低的过程是还原。凡是反应前后元素氧化值改变的反应都是氧化还原反应。

在氧化还原反应中，失去电子的物质是还原剂，得到电子的物质是氧化剂。

3. 如何把一个氧化还原反应设计成原电池?

解：先把氧化还原反应拆成两个半反应，一个失电子氧化反应，一个得电子还原反应，电极电势值高的电对作为原电池的正极，电极电势值低的电对作为原电池的负极，将两极通过外电路和盐桥连接起来，进而组成一个完整的原电池。

4. 试用能斯特方程式来说明影响电极电势的因素有哪些？

解：标准电极电势只适用于标准状态下，改变条件电极电势的值也会改变。影响电极电势的因素主要是电极本性，还有温度、物质的浓度、气体的分压、溶液的 pH 等诸多外界因素。这些影响因素可由 Nernst 方程式联系起来。

$$E = E^{\ominus} + \frac{RT}{nF}\ln\left[\frac{Ox}{Red}\right]$$

5. 氧化还原电对当氧化型或还原型物质发生下列变化时，电极电势将发生怎样的变化？

（1）氧化型物质生成沉淀；（2）还原型物质生成弱酸。

解：（1）根据能斯特方程式，氧化型物质生成沉淀，氧化型物质浓度减小，电极电势减小；（2）根据能斯特方程式，还原型物质生成弱酸，还原型物质浓度减小，电极电势升高。

6. 电极电势值体现物质哪些能力，为什么与化学反应方程式的写法无关？

解：电极电势的值愈高，电对中氧化型物质越容易得电子被还原；电极电势的值愈低，电对中还原型物质越容易失电子被氧化。电极电势数值的大小体现了物质的得失电子的能力，所以说与量是无关的，也与方程式的系数和写法无关。

四、 习题及参考答案

1. 写出下列各分子或离子中，P 的氧化值：

H_3PO_4，P_4O_6，P_2H_4，H_3PO_3，HPO_4^{2-}，PH_4^+。

解：磷的氧化值分别为 +5；+3；−2；+3；+5；−3。

2. 已知下列氧化还原电对：

Br_2/Br^-；$HBrO/Br_2$；NO_3^-/HNO_2；Co^{3+}/Co^{2+}；O_2/H_2O；As/AsH_3；

查出各电对的电极电势，指出：

(1)最强的还原剂和最强的氧化剂是什么？

(2)Br_2 能否发生歧化反应？说明原因。

(3)哪些电对的与 H^+ 离子浓度无关？

解：(1)最强的还原剂 AsH_3，最强的氧化剂 Co^{3+}。

(2)Br_2 能发生歧化反应，$E^{\ominus}(HBrO/Br_2) > E^{\ominus}(Br_2/Br^-)$。

(3)Br_2/Br^-，Co^{3+}/Co^{2+} 的与 H^+ 离子浓度无关。

3. 用氧化值法完成并配平下列各反应式

（1）$NaNO_2 + NH_4Cl \longrightarrow N_2 + NaCl + H_2O$

（2）$S + K_2CrO_4 \longrightarrow Cr_2O_3 + K_2SO_4 + K_2O$

（3）$Cu + HNO_3 \longrightarrow Cu(NO_3)_2 + NO + H_2O$

（4）$KMnO_4 + C_{12}H_{22}O_{11} \longrightarrow CO_2 + MnO_2 + K_2CO_3 + H_2O$

（5）$I_2 + Na_2S_2O_3 \longrightarrow Na_2S_4O_6 + NaI$

解：（1）$NaNO_2 + NH_4Cl === N_2 + NaCl + 2H_2O$

（2）$S + 2K_2CrO_4 = Cr_2O_3 + K_2SO_4 + K_2O$

（3）$3Cu + 8HNO_3 = 3Cu(NO_3)_2 + 2NO + 4H_2O$

（4）$16KMnO_4 + C_{12}H_{22}O_{11} = 4CO_2 + 16MnO_2 + 8K_2CO_3 + 11H_2O$

（5）$I_2 + 2Na_2S_2O_3 = Na_2S_4O_6 + 2NaI$

4. 用离子-电子法配平下列各反应式

（1）$MnO_4^- + Sn^{2+} \longrightarrow Sn^{4+} + Mn^{2+}$　　　　　（酸性介质）

（2）$BrO_3^- + Br^- \longrightarrow Br_2$　　　　　　　　　　　（酸性介质）

（3）$Cr_2O_7^{2-} + SO_3^{2-} \longrightarrow SO_4^{2-} + Cr^{3+}$　　　（酸性介质）

（4）$MnO_4^- + SO_3^{2-} \longrightarrow SO_4^{2-} + MnO_2$　　　（酸性介质）

（5）$MnO_4^- + SO_3^{2-} \longrightarrow SO_4^{2-} + MnO_4^{2-}$　　（碱性介质）

解：（1）$2MnO_4^- + 5Sn^{2+} + 16H^+ = 5Sn^{4+} + 2Mn^{2+} + 8H_2O$

（2）$BrO_3^- + 5Br^- + 6H^+ = 3Br_2 + 3H_2O$

（3）$Cr_2O_7^{2-} + 3SO_3^{2-} + 8H^+ = 3SO_4^{2-} + 2Cr^{3+} + 4H_2O$

（4）$2MnO_4^- + 3SO_3^{2-} + H_2O = 3SO_4^{2-} + 2MnO_2 + 2OH^-$

（5）$2MnO_4^- + SO_3^{2-} + 2OH^- = SO_4^{2-} + 2MnO_4^{2-} + H_2O$

5. 将下列反应设计成原电池，用标准电极电势判断标准状态下电池的正极和负极，写出电极反应，写出电池符号。

（1）$Zn + 2Ag^+ \rightleftharpoons Zn^{2+} + 2Ag$

（2）$2Fe^{3+} + Fe \rightleftharpoons 3Fe^{2+}$

（3）$3I_2 + 6KOH \rightleftharpoons KIO_3 + 5KI + 3H_2O$

解：（1）正极反应：$Ag^+ + e^- \rightleftharpoons Ag$；负极反应：$Zn \rightleftharpoons Zn^{2+} + 2e^-$

原电池符号：$(-)Zn(s) | Zn^{2+}(c_1) \| Ag^+(c_2) | Ag(s)(+)$

（2）正极反应：$Fe^{3+} + e^- \rightleftharpoons Fe^{2+}$　　负极反应：$Fe \rightleftharpoons Fe^{2+} + 2e^-$

原电池符号：$(-)Fe(s) | Fe^{2+}(c_1) \| Fe^{3+}(c_2), Fe^{2+}(c_1) | Pt(s)(+)$

（3）正极反应：$I_2 + 2e^- \rightleftharpoons 2I^-$　　负极反应：$I_2 + 12OH^- - 10e^- \rightleftharpoons 2IO_3^- + 6H_2O$

原电池符号：$(-)Pt, I_2(s) | I^-(c_1) \| OH^-(c_2), IO_3^-(c_3) | I_2(s), Pt(+)$

6. 写出下列原电池的电池反应式，并计算它们的电动势（298K）。

（1）$Pt | Cl_2(p^\ominus) | Cl^-(0.1mol/L) \| Mn^{2+}(c^\ominus), H^+(10mol/L) | MnO_2(s), Pt$

（2）$Sn(s) | Sn^{2+}(0.10mol/L) \| Pb^{2+}(0.01mol/L) | Pb(s)$

解：（1）电池反应式：$MnO_2 + 2Cl^- + 4H^+ = Mn^{2+} + Cl_2 + 2H_2O$

电池电动势：$E_{MF} = E_{(+)} - E_{(-)} = E(MnO_2/Mn^{2+}) - E(Cl_2/Cl^-)$

$$= E^\ominus(MnO_2/Mn^{2+}) + \frac{0.0592}{2}lg\frac{[H^+]^4 \times 1}{1} - E^\ominus(Cl_2/Cl^-) - \frac{0.0592}{2}lg\frac{1}{[Cl^-]^2}$$

$$= 1.224 + \frac{0.0592}{2}lg10^4 - 1.3583 - \frac{0.0592}{2}lg\frac{1}{0.1^2}$$

$$= -0.0751V$$

（2）电池反应式：$Pb^{2+} + Sn \rightleftharpoons Sn^{2+} + Pb$

电池电动势：$E_{MF} = E_{(+)} - E_{(-)} = E(Pb^{2+}/Pb) - E(Sn^{2+}/Sn)$

$$= E^\ominus(Pb^{2+}/Pb) + \frac{0.0592}{2}lg[Pb^{2+}] - E^\ominus(Sn^{2+}/Sn) - \frac{0.0592}{2}lg[Sn^{2+}]$$

$$= -0.1262 + \frac{0.0592}{2}lg0.01 + 0.1375 - \frac{0.0592}{2}lg0.1$$

$$= -0.0183V$$

7. 已知 $E^{\ominus}(NO_3^-/NO) = 0.96V$，$E^{\ominus}(S/S^{2-}) = -0.476V$，$K_{sp}^{\ominus}(CuS) = 6.3 \times 10^{-36}$，计算标准状态下，下列反应能否自发向右发生。

$$NO_3^- + CuS + H^+ \rightleftharpoons S + Cu^{2+} + NO$$

解：正极：$NO_3^- + 4H^+ + 3e^- \rightleftharpoons NO + 2H_2O$

负极：$CuS \rightleftharpoons S + Cu^{2+} + 2e^-$

$$E^{\ominus}(S/CuS) = E^{\ominus}(S/S^{2-}) + \frac{0.0592}{2}\lg\frac{1}{K_{sp}^{\ominus}(CuS)}$$

$$= -0.476 + \frac{0.0592}{2}\lg\frac{1}{6.3 \times 10^{-36}} = 0.5659V$$

标准状态下 $E_{(+)}^{\ominus} > E_{(-)}^{\ominus}$，所以反应能自发向右进行。反应式为：

$$2NO_3^- + 3CuS + 8H^+ \rightleftharpoons 3S + 3Cu^{2+} + 2NO + 4H_2O$$

8. 计算 298K 时，下列反应的标准平衡常数。

$$(1) 2Fe^{3+} + Cu \rightleftharpoons 2Fe^{2+} + Cu^{2+}$$

$$(2) 3I_2 + 6OH^- \rightleftharpoons 5I^- + IO_3^- + 3H_2O$$

解：由平衡常数计算公式，$\lg K^{\ominus} = \dfrac{nE_{MF}^{\ominus}}{0.0592}$

$$(1) \lg K^{\ominus} = \frac{n \times [E^{\ominus}(Fe^{3+}/Fe^{2+}) - E^{\ominus}(Cu^{2+}/Cu)]}{0.0592} = \frac{2 \times (0.771 - 0.3419)}{0.0592} = 14.497$$

$$K^{\ominus} = 3.14 \times 10^{14}$$

$$(2) \lg K^{\ominus} = \frac{n \times [E^{\ominus}(I_2/I^-) - E^{\ominus}(IO_3^-/I_2)]}{0.0592} = \frac{6 \times (0.5355 - 0.205)}{0.0592} = 33.497$$

$$K^{\ominus} = 3.14 \times 10^{33}$$

9. 已知：$H_3AsO_4 + 2H^+ + 2e^- \rightleftharpoons H_3AsO_3 + H_2O$　　$E^{\ominus}(H_3AsO_4/H_3AsO_3) = 0.560V$

$$I_2 + 2e^- \rightleftharpoons 2I^-　　　　　　　　　　　E^{\ominus}(I_2/I^-) = 0.5355V$$

(1) 求反应 $H_3AsO_4 + 2H^+ + 2I^- = I_2 + H_3AsO_3 + H_2O$ 的平衡常数。

(2) 其他条件不变，分别判断 $pH = 9$ 和 $[H^+] = 10mol/L$ 时反应朝什么方向进行？

解：(1) 由 $\lg K^{\ominus} = \dfrac{nE_{MF}^{\ominus}}{0.0592}$

$$\lg K^{\ominus} = \frac{n \times [E^{\ominus}(H_3AsO_4/H_3AsO_3) - E^{\ominus}(I_2/I^-)]}{0.0592}$$

$$\lg K^{\ominus} = \frac{2 \times (0.560 - 0.5355)}{0.0592} = 0.828　　　K^{\ominus} = 6.73$$

(2) 由电极反应可知，其他条件不变，酸度改变只对 $E(H_3AsO_4/H_3AsO_3)$ 有影响，由能斯特方程式，$pH = 9$ 时，

$$E(H_3AsO_4/H_3AsO_3) = E^{\ominus}(H_3AsO_4/H_3AsO_3) + \frac{0.0592}{2}\lg[H^+]^2$$

$$= 0.560 + \frac{0.0592}{2}\lg10^{-18} = 0.027V$$

$E_{MF} = E_{(+)} - E_{(-)} = 0.027 - 0.5355 < 0$，反应逆向进行。

$[H^+] = 10mol/L$ 时，

$$E(H_3AsO_4/H_3AsO_3) = E^{\ominus}(H_3AsO_4/H_3AsO_3) + \frac{0.0592}{2}\lg[H^+]^2$$

$$= 0.560 + \frac{0.0592}{2}\lg 10^2 = 0.619V$$

电池电动势：$E_{MF} = E_{(+)} - E_{(-)} = 0.619 - 0.5355 > 0$，反应正向进行。

10. 298K 时，测得如下原电池

$(-)$Ag，AgCl（s）| Cl$^-$（1.0 mol/L）‖ Ag$^+$（1.0 mol/L）| Ag（+）的 $E^{\ominus}_{MF} = 0.5773V$。

(1)若已知 $E^{\ominus}(Ag^+/Ag) = 0.7996V$，求 $E^{\ominus}(AgCl/Ag)$值。

(2)写出电池反应式，并计算其平衡常数 $K^{\ominus}$ 和 $K^{\ominus}_{sp}(AgCl)$

解：(1) $E^{\ominus}_{MF} = E^{\ominus}_{(+)} - E^{\ominus}_{(-)} = E^{\ominus}(Ag^+/Ag) - E^{\ominus}(AgCl/Ag)$

$E^{\ominus}(AgCl/Ag) = 0.7996 - 0.5773 = 0.2223V$

(2)电极反应式为：$Ag^+ + Cl^- \rightleftharpoons AgCl(s)$

$\lg K^{\ominus} = \frac{nE^{\ominus}_{MF}}{0.0592} = \frac{1 \times 0.5773}{0.0592} = 9.751 \qquad K^{\ominus} = 5.64 \times 10^9$

由于电池反应是 AgCl 平衡的逆平衡，所以电池反应平衡常数的倒数就是 AgCl 的溶度积常数。

$K^{\ominus}_{sp} = \frac{1}{K^{\ominus}} = 1.77 \times 10^{-10}$

11. 已知：$Fe(OH)_3 + e^- \rightleftharpoons Fe(OH)_2 + OH^-$

$E^{\ominus}[Fe(OH)_3/Fe(OH)_2] = -0.546V$

$K^{\ominus}_{sp}[Fe(OH)_3] = 2.79 \times 10^{-39}$，$K^{\ominus}_{sp}[Fe(OH)_2] = 4.87 \times 10^{-17}$，求 $E^{\ominus}(Fe^{3+}/Fe^{2+})$的值。

解：$E^{\ominus}[Fe(OH)_3/Fe(OH)_2] = E^{\ominus}(Fe^{3+}/Fe^{2+}) + 0.0592\lg\frac{K^{\ominus}_{sp}[Fe(OH)_3]}{K^{\ominus}_{sp}[Fe(OH)_2]}$

$$E^{\ominus}(Fe^{3+}/Fe^{2+}) = -0.546 - 0.0592\lg\frac{2.79 \times 10^{-39}}{4.87 \times 10^{-17}}$$

$$= 0.771V$$

12. 在酸性溶液中，Mn 的元素电势图为：

(1)计算 $E^{\ominus}(MnO_4^-/MnO_2)$ 和 $E^{\ominus}(Mn^{3+}/Mn^{2+})$；

(2)Mn 的哪几种氧化态在酸性条件下不稳定易歧化？

解：(1) $E^{\ominus}(MnO_4^-/MnO_2) = \frac{1 \times E^{\ominus}(MnO_4^-/MnO_4^{2-}) + 2 \times E^{\ominus}(MnO_4^{2-}/MnO_2)}{3}$

$$= \frac{1 \times 0.558 + 2 \times 2.26}{3} = 1.693V$$

$$E^{\ominus}(Mn^{3+}/Mn^{2+}) = \frac{2 \times E^{\ominus}(MnO_2/Mn^{2+}) - 1 \times E^{\ominus}(MnO_2/Mn^{3+})}{1}$$

$$= 2 \times 1.224 - 0.96 = 1.488V$$

(2)由于 $E^{\ominus}(MnO_4^{2-}/MnO_2) > E^{\ominus}(MnO_4^-/MnO_4^{2-})$，即 $E^{\ominus}_{右} > E^{\ominus}_{左}$，所以 MnO_4^{2-} 可以歧化。

反应式：$3MnO_4^{2-} + 4H^+ = 2MnO_4^- + MnO_2 + 2H_2O$

由于 $E^\ominus(Mn^{3+}/Mn^{2+}) > E^\ominus(MnO_2/Mn^{3+})$，所以 Mn^{3+} 也可以歧化。

五、 补充习题及参考答案

（一）补充习题

1. 单项选择题

（1）CrO_5 中 Cr 的氧化值为 （　　）

A. 4　　　　　B. 6　　　　　C. 8　　　　　D. 10

（2）$Na_2S_4O_6$ 中 S 元素的氧化值分别为 （　　）

A. 2　　　　　B. 2.5　　　　　C. 3　　　　　D. 4

（3）$MnO_4^- + SO_3^{2-} + OH^- \longrightarrow MnO_4^{2-} + SO_4^{2-} + H_2O$ 配平后，SO_3^{2-} 的系数为 （　　）

A. 1　　　　　B. 2　　　　　C. 3　　　　　D. 4

（4）在下列反应中，H_2O_2 作为还原剂的是 （　　）

A. $3H_2O_2 + 2CrO_2^- + 2OH^- = 4CrO_4^- + 4H_2O$

B. $Cl_2 + H_2O_2 = 2HCl + O_2$

C. $PbS(s) + 4H_2O_2 = PbSO_4 + 4H_2O$

D. $2I^- + 2H^+ + H_2O_2 = I_2 + 2H_2O$

（5）已知：$E^\ominus(MnO_4^-/Mn^{2+}) = 1.51V$，$E^\ominus(Ag^+/Ag) = 0.7991V$，实验证明 $KMnO_4$ 的酸性溶液中加入 Ag 粉后，一段相当长的时间观察不到褪色，这是由于 （　　）

A. $E^\ominus$ 值不够大

B. 固－液反应难进行

C. $E^\ominus$ 值不能判断反应方向

D. $E^\ominus$ 是热力学数据，只能判断反应可能性和程度，不涉及动力学问题

（6）在下列反应方程式中，完全配平的是 （　　）

A. $S_2O_8^{2-} + Mn^{2+} + 8OH^- = MnO_4^- + SO_4^{2-} + 4H_2O$

B. $S_2O_8^{2-} + Mn^{2+} + 4H_2O = MnO_4^- + SO_4^{2-} + 8H^+$

C. $5S_2O_8^{2-} + 2Mn^{2+} + 8H_2O = 2MnO_4^- + 10SO_4^{2-} + 16H^+$

D. $S_2O_8^{2-} + 2Mn^{2+} + 4H_2O = 2MnO_4^- + 10SO_4^{2-} + 8H^+$

（7）下列物质在碱性介质中，氧化性最强的是 （　　）

A. NaClO　　　B. $K_2Cr_2O_7$　　　C. Co_2O_3　　　D. $KMnO_4$

（8）下列离子与 I^- 发生氧化还原反应的是 （　　）

A. Pb^{2+}　　　B. Sn^{4+}　　　C. Fe^{2+}　　　D. Ag^+

（9）关于盐桥在电池中的作用，下列说法正确的是 （　　）

A. 起维持电荷平衡的作用　　　B. 起导体的作用

C. 传递阴阳离子的作用　　　D. 沟通电路的作用

（10）在酸性溶液中 MnO_4^- 与 H_2O_2 反应，下列反应方程式正确的是 （　　）

A. $2MnO_4^- + H_2O_2 + 6H^+ = 2Mn^{2+} + 3O_2 + 4H_2O$

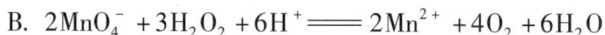

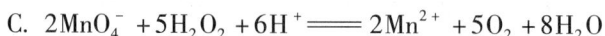

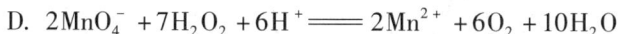

B. $2MnO_4^- + 3H_2O_2 + 6H^+ \rule[0.5ex]{1.5em}{0.4pt} 2Mn^{2+} + 4O_2 + 6H_2O$

C. $2MnO_4^- + 5H_2O_2 + 6H^+ \rule[0.5ex]{1.5em}{0.4pt} 2Mn^{2+} + 5O_2 + 8H_2O$

D. $2MnO_4^- + 7H_2O_2 + 6H^+ \rule[0.5ex]{1.5em}{0.4pt} 2Mn^{2+} + 6O_2 + 10H_2O$

(11) 在电极反应 $Ag^+ + e^- = Ag$；$E^\ominus(Ag^+/Ag) = 0.7996V$ 中，加入 NaCl 后，电极电势值 (　　)

A. 大于 0.7996 V　　B. 小于 0.7996 V　　C. 等于 0.7996 V　　D. 先变小后变大

(12) 已知 $E^\ominus(Cr_2O_7^{2-}/Cr^{3+}) > E^\ominus(Fe^{3+}/Fe^{2+}) > E^\ominus(Cu^{2+}/Cu) > E^\ominus(Fe^{2+}/Fe)$，则上述诸电对的各物质中最强的氧化剂和最强的还原剂分别为 (　　)

A. $Cr_2O_7^{2-}$，Fe^{2+}　　B. Fe^{3+}，Cu　　C. $Cr_2O_7^{2-}$，Fe　　D. Cu^{2+}，Fe^{2+}

(13) 若 $Cl_2(g) + 2Br^- \rule[0.5ex]{1.5em}{0.4pt} Br_2(l) + 2Cl^-$ 的标准电池电动势为 $E_{MF}^\ominus$，则反应 $\frac{1}{2}Cl_2(g) + Br^- \rule[0.5ex]{1.5em}{0.4pt} \frac{1}{2}Br_2(l) + Cl^-$ 的标准电池电动势为 (　　)

A. $E_{MF}^\ominus$　　　　B. $\frac{1}{2}E_{MF}^\ominus$　　　　C. $2E_{MF}^\ominus$　　　　D. $\sqrt{E_{MF}^\ominus}$

(14) 在一个氧化还原反应中，如果两个电对的电极电势值相差越大，则该反应 (　　)

A. 反应速度越大　　　　　　　　B. 反应速度越小

C. 反应能自发进行　　　　　　　D. 反应不能自发进行

(15) 下列标准电极电势值最大的是 (　　)

A. $E^\ominus(AgBr/Ag)$　　　　　　　B. $E^\ominus(AgCl/Ag)$

C. $E^\ominus(Ag^+/Ag)$　　　　　　　D. $E^\ominus[Ag(NH_3)_2^+/Ag]$

2. 多项选择题

(1) 下列哪个反应设计的原电池常需要惰性电极的是 (　　)

A. $H_2 + O_2 \rule[0.5ex]{1.5em}{0.4pt} H_2O$

B. $PbO_2 + Pb + 2H_2SO_4 \rule[0.5ex]{1.5em}{0.4pt} 2PbSO_4 + 2H_2O$

C. $2MnO_4^- + 5H_2O_2 + 6H^+ \rule[0.5ex]{1.5em}{0.4pt} 2Mn^{2+} + 5O_2 + 8H_2O$

D. $Zn + Cu^{2+} \rule[0.5ex]{1.5em}{0.4pt} Cu + Zn^{2+}$

E. $2Fe^{3+} + Cu \rule[0.5ex]{1.5em}{0.4pt} 2Fe^{2+} + Cu^{2+}$

(2) 将有关离子浓度增大 5 倍，E 值保持不变的电极反应是 (　　)

A. $Cr^{3+} + e^- \longrightarrow Cr^{2+}$　　　　B. $Cl_2 + 2e^- \rightarrow 2Cl^-$

C. $MnO_4^- + 8H^+ + 5e^- \rightarrow Mn^{2+} + 4H_2O$　　　D. $Cu^{2+} + 2e^- \rightarrow Cu$

E. $Fe^{3+} + e^- \rightarrow Fe^{2+}$

(3) 在酸性溶液中，下列金属与离子相遇，难以发生反应的是 (　　)

A. Cu 与 Ag^+　　　　　　　　B. Fe 与 Cu^{2+}

C. Cu 与 Fe^{3+}　　　　　　　　D. Zn 与 Mn^{2+}

E. Fe^{2+} 和 I^-

(4) 在 $P_4 + 3KOH + 3H_2O \rule[0.5ex]{1.5em}{0.4pt} 3KH_2PO_2 + PH_3$ 反应中，下列说法正确的是 (　　)

A. P_4 被氧化　　　　　　　　B. P_4 被还原

C. P_4 既被氧化又被还原　　　　D. P_4 与水发生了氧化还原反应

E. PH_3 是还原产物

(5)电极电势与 pH 有关的电对是 （ ）

A. H_2O_2/H_2O 　　B. IO_3^-/I^-

C. MnO_2/Mn^{2+} 　　D. MnO_4^-/MnO_4^{2-}

E. Cl_2/Cl^-

(6)已知 $E^{\ominus}(I_2/I^-)=0.5355V$，$E^{\ominus}(Fe^{3+}/Fe^{2+})=0.771V$，下列说法正确的是 （ ）

A. Fe^{3+} 是比 I_2 更强的氧化剂 　　B. I^- 是比 Fe^{2+} 更强的还原剂

C. Fe^{2+} 是比 I^- 更强的还原剂 　　D. I_2 是比 Fe^{3+} 更强的氧化剂

E. I_2 是比 Fe^{3+} 更弱的氧化剂

(7)从下列元素电势图判断，中间物质能发生歧化的是 （ ）

A. $MnO_4^-\underline{\ 0.564\ }MnO_4^{2-}\underline{\ 2.26\ }MnO_2$ 　　B. $Hg^{2+}\underline{\ 0.920\ }Hg_2^{2+}\underline{\ 0.793\ }Hg$

C. $MnO_2\underline{\ 0.95\ }Mn^{3+}\underline{\ 1.15\ }Mn^{2+}$ 　　D. $Fe^{3+}\underline{\ 0.771\ }Fe^{2+}\underline{\ -0.44\ }Fe$

E. $ClO^-\underline{\ 1.63\ }Cl_2\underline{\ 1.3583\ }Cl^-$

(8)标准电极电势的标准状态指的是 （ ）

A. 电极中所有离子浓度 1.0 mol/L 　　B. 压强是 101.3kPa

C. 温度是 298.15K 　　D. 纯液体或纯固体

E. 标准电极电势 $E^{\ominus}(H^+/H_2)=0.0000V$

(9)欲使电对 Cu^{2+}/Cu 中的还原性物质 Cu 的还原能力增强，可采取的措施是 （ ）

A. 增大 Cu^{2+} 的浓度 　　B. 加入沉淀剂减小 Cu^{2+} 的浓度

C. 使 Cu^{2+} 形成配离子 　　D. 同时增加 Cu^{2+} 的浓度和 Cu 的质量

E. 降低 Cu 的质量

(10)在酸性溶液中，下列各对离子能大量共存的是 （ ）

A. Mn^{2+} 和 Fe^{2+} 　　B. Hg^{2+} 和 Sn^{2+}

C. Fe^{2+} 和 Sn^{2+} 　　D. Fe^{2+} 和 Ag^+

E. Ag^+ 和 I^-

3. 判断题

(1)在氧化还原反应中，原电池的电动势越大，相应电池反应速率越快。 （ ）

(2)任何一个原电池都对应着一个氧化还原反应。 （ ）

(3)将一个氧化还原反应设计成原电池，氧化剂所在的电对为正极，还原剂所在的电对为负极。

（ ）

(4)一个电对电极电势代数值越大，其还原型的还原性越弱。 （ ）

(5)pH 的改变对所有电对的电极电势均有影响。 （ ）

(6)氢电极插入 1mol/L HAc 中，保持其分压为 100 kPa 其电极电势为零。 （ ）

(7)由能斯特方程可知，增大氧化型物质浓度，会使电极电势值增大。 （ ）

(8)只要 $E_{(+)}>E_{(-)}$，氧化还原反应能够自发正向进行。 （ ）

(9)电极反应 $Cl_2+2e^-\Longleftrightarrow 2Cl^-$，$E^{\ominus}=1.3583V$；则 $\frac{1}{2}Cl_2+e^-\Longleftrightarrow Cl^-$，$E^{\ominus}=0.6792V$ （ ）

(10)已知：$E^{\ominus}(A^+/A)>E^{\ominus}(B^+/B)$，可以判断反应 $B+A^+\Longleftrightarrow B^++A$ 在标准状态下反应自发向

右进行。 （ ）

4. 填空题

(1)CaH_2 中 H 元素的氧化值为_____，MnO_4^{2-} 中 Mn 的氧化值_____。

(2)将电对 Cl_2/Cl^- 和 $Cr_2O_7^{2-}/Cr^{3+}$ 设计成一个原电池，其原电池符号为_____，正极反应为_____，负极反应为_____，电池反应为_____。

(3)常用电极类型有_____、_____、_____、_____。

(4)任何电极的绝对电极电势均无法测定，但可用_____作为标准，其他电极和它组成原电池测其电极电势，并人为规定，该标准电极的电极电势为_____。

(5)已知 $E^{\ominus}(Cl_2/Cl^-) > E^{\ominus}(Fe^{3+}/Fe^{2+}) > E^{\ominus}(I_2/I^-)$，可以判断标准状况下，组成三个电对的六种物质中，氧化性最强的氧化剂是_____，还原性最强的还原剂是_____。

(6)对于 $(-)Zn \mid Zn^{2+}(c_1) \parallel Cu^{2+}(c_2) \mid Cu(+)$ 原电池，向 Zn^{2+} 溶液中加入 $NH_3 \cdot H_2O$，则 $E_{(-)}$_____，E_{MF}_____；若向 Cu^{2+} 溶液中加入 $NH_3 \cdot H_2O$，则 $E_{(+)}$_____，E_{MF}_____。

(7)由于 $K_{sp}^{\ominus}(AgI)$_____ $K_{sp}^{\ominus}(AgBr)$_____ $K_{sp}^{\ominus}(AgCl)$，所以 $E^{\ominus}(AgI/Ag)$_____ $E^{\ominus}(AgBr/Ag)$_____ $E^{\ominus}(AgCl/Ag)$。

(8)反应 $2Ag^+ + Fe^{2+} \Longrightarrow Fe^{3+} + Ag$，$Fe^{3+} + Cu = Cu^{2+} + Fe^{2+}$ 能够正向进行，表明 $E^{\ominus}(Ag^+/Ag)$_____ $E^{\ominus}(Fe^{3+}/Fe^{2+})$_____ $E^{\ominus}(Cu^{2+}/Cu)$。

(9)标准条件下，氧化还原反应平衡常数计算公式为 $\lg K^{\ominus}$_____公式中 n_____。

(10)酸性溶液中：Cu^{2+} __0.159__ Cu^+ __0.521__ Cu，物质_____将自发地发生歧化反应，其反应式为_____。

5. 计算题

(1)计算电极在下列条件下的电极电势：

①$O_2 + 4H^+ + 4e^- \Longrightarrow 2H_2O$，已知 $E^{\ominus} = 1.229V$，$p(O_2) = p^{\ominus}$，$c(H^+) = 0.10mol/L$

②$MnO_4^- + 8H^+ + 5e^- \Longrightarrow Mn^{2+} + 4H_2O$，已知 $E^{\ominus} = 1.51V$，$c(MnO_4^-) = c(Mn^{2+}) = 1mol/L$，pH = 2。

(2)通过计算解释室温下反应进行的程度。

$Zn + CuSO_4 \Longrightarrow ZnSO_4 + Cu$ 已知：$E^{\ominus}(Zn^{2+}/Zn) = 0.7618V$，$E^{\ominus}(Cu^{2+}/Cu) = 0.3419V$

(3)已知 $E^{\ominus}(Cd^{2+}/Cd) = -0.403V$，$E^{\ominus}(Fe^{2+}/Fe) = -0.447V$，写出下列两种情况时，以此两电对组成的原电池符号、电极反应式、电池反应式和电动势。

①标准状况下；② $c(Cd^{2+}) = 0.01mol/L$，$c(Fe^{2+}) = 10mol/L$

(4)现有一氢电极，其溶液由浓度均为 1.0mol/L 的弱酸(HA)及其钾盐(KA)所组成，若将此氢电极与另一电极组成原电池，测得其电动势为 $E_{MF} = 0.38V$，并知氢电极为正极，另一电极的 $E = -0.65V$。问该氢电极中溶液的 pH 和弱酸(HA)的解离常数各为多少？

(5)已知反应：$2Ag^+ + Zn \Longrightarrow 2Ag + Zn^{2+}$

①反应开始时 $c(Ag^+) = 0.10mol/L$，$c(Zn^{2+}) = 0.20mol/L$，求 $E(Ag^+/Ag)$，$E(Zn^{2+}/Zn)$ 及 E_{MF} 值；②计算反应的 $K^{\ominus}$；③求达平衡时溶液中剩余的 Ag^+ 浓度。

(6)下面是铬元素在酸性介质中的元素电势图：

$E_A^{\ominus}/V$　$Cr_2O_7^{2-}$　__1.33__　Cr^{3+}　__-0.407__　Cr^{2+}　__-0.913__　Cr

①计算 $E^\ominus(Cr_2O_7^{2-}/Cr^{2+})$ 和 $E^\ominus(Cr^{3+}/Cr)$；

②在酸性介质中判断 Cr^{3+} 和 Cr^{2+} 是否能稳定存在?

(7)已知下列元素电势图：

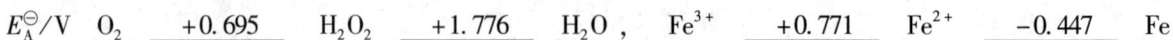

$$E_A^\ominus/V \quad O_2 \underline{\quad +0.695 \quad} H_2O_2 \underline{\quad +1.776 \quad} H_2O, \quad Fe^{3+} \underline{\quad +0.771 \quad} Fe^{2+} \underline{\quad -0.447 \quad} Fe$$

①H_2O_2 能否发生歧化反应? 如果能发生，写出反应式。

②在 pH = 3 的条件下，判断 $4Fe^{2+} + 4H^+ + O_2 \rightleftharpoons 4Fe^{3+} + 2H_2O$ 进行的方向。（设其他各离子浓度为 1.0mol/L）。

③计算 298K 时，反应 $H_2O_2 + 2Fe^{2+} + 2H^+ \rightleftharpoons 2Fe^{3+} + 2H_2O$ 的平衡常数。（用 $\lg K^\ominus$ 表示）

（二）参考答案

1. 单项选择题

(1)~(5)DBABD (6)~(10)CADAD (11)~(15)BCACC

2. 多项选择题

(1)ABCE (2)AE (3)DE (4)CD (5)ABC

(6)ABE (7)AC (8)ABCDE (9)BC (10)AC

3. 判断题

(1)× (2)√ (3)√ (4)√ (5)× (6)× (7)√

(8)√ (9)× (10)√

4. 填空题

(1) -1，$+6$

(2)$(-)Pt \mid Cl^-(c_1) \mid Cl_2(p_{Cl_2}) \parallel Cr_2O_7^{2-}(c_2), Cr^{3+}(c_3), H^+(c_4) \mid Pt(+)$

$Cr_2O_7^{2-} + 14H^+ + 6e^- \rightleftharpoons 2Cr^{3+} + 7H_2O$，$2Cl^- - 2e^- \rightleftharpoons Cl_2$

$Cr_2O_7^{2-} + 6Cl^- + 14H^+ \rightleftharpoons 2Cr^{3+} + 3Cl_2 + 7H_2O$

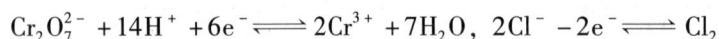

(3)金属 – 金属离子电极 气体 – 离子电极 均相氧化还原电极 金属 – 金属难溶盐电极

(4)标准氢电极，0.0000V

(5)Cl_2，I^-

(6)减小，增大，减小，减小

(7)< < < <

(8)>、>

(9)$= \dfrac{nE_{MF}^\ominus}{0.0592}$，$n$ 是配平的氧化还原反应方程式中转移的电子数

(10)Cu^+，$2Cu^+ \rightleftharpoons Cu^{2+} + Cu$

5. 计算题

(1) ① $E(O_2/H_2O) = E^\ominus(O_2/H_2O) + \dfrac{0.0592}{4}\lg\dfrac{[P(O_2)][H^+]^4}{1}$

$$= 1.229 + \dfrac{0.0592}{4}\lg\dfrac{(0.1)^4}{1} = 1.17V$$

② $E(MnO_4^-/Mn^{2+}) = E^\ominus(MnO_4^-/Mn^{2+}) + \dfrac{0.0592}{5}\lg[H^+]^8 = 1.51V + \dfrac{0.0592V}{5}\lg 10^{-16} = 1.32V$

(2)正极：$Cu^{2+} + 2e^- \rightleftharpoons Cu$

负极：$Zn - 2e^- \rightleftharpoons Zn^{2+}$

$$\lg K^{\ominus} = \frac{n \times [E^{\ominus}(Cu^{2+}/Cu) - E^{\ominus}(Zn^{2+}/Zn)]}{0.0592}$$

$$= \frac{2 \times [0.3419 + 0.7618]}{0.0592} = 37.29$$

$K^{\ominus} = 1.95 \times 10^{37}$

反应平衡常数很大，所以反应进行地很完全。

（3）①标准状况下 $E^{\ominus}(Cd^{2+}/Cd) > E^{\ominus}(Fe^{2+}/Fe)$，所以电极反应是

正极：$Cd^{2+} + 2e^- \Longrightarrow Cd$

负极：$Fe - 2e^- \Longrightarrow Fe^{2+}$

原电池符号为：$(-)Fe(s) | Fe^{2+}(c_1) \| Cd^{2+}(c_2) | Cd(s) (+)$

电池反应式：$Cd^{2+} + Fe \Longrightarrow Cd + Fe^{2+}$

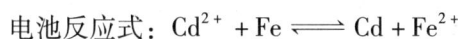

$E_{MF}^{\ominus} = E_{(+)}^{\ominus} - E_{(-)}^{\ominus} = -0.403 - (-0.447) = 0.044 \text{ V}$

②$E(Cd^{2+}/Cd) = E^{\ominus}(Cd^{2+}/Cd) + \frac{0.0592}{2}\lg[Cd^{2+}] = -0.403 + \frac{0.0592}{2}\lg[0.01] = -0.4622 \text{V}$

$E(Fe^{2+}/Fe) = E^{\ominus}(Fe^{2+}/Fe) + \frac{0.0592}{2}\lg[Fe^{2+}] = -0.447 + \frac{0.0592}{2}\lg[10]$

$$= -0.4174 \text{V}$$

$E(Cd^{2+}/Cd) < E(Fe^{2+}/Fe)$ 所以电极反应是：

正极：$Fe - 2e^- \Longrightarrow Fe^{2+}$

负极：$Cd^{2+} + 2e^- \Longrightarrow Cd$

原电池符号为：$(-)Cd(s) | Cd^{2+}(c_1) \| Fe^{2+}(c_2) | Fe(s) (+)$

电池反应式：$Cd + Fe^{2+} \Longrightarrow Cd^{2+} + Fe$

$E_{MF} = E_{(+)} - E_{(-)} = -0.4174 - (-0.4622) = 0.0445 \text{V}$

（4）$E_{MF} = E_{(+)} - E_{(-)} = E(H^+/H_2) - E_{(-)}$

$E(H^+/H_2) = E_{(-)} + E_{MF} = 0.38 + (-0.65) = -0.27 \text{V}$

$E(H^+/H_2) = E^{\ominus}(H^+/H_2) + \frac{0.0592}{2}\lg[H^+]^2$

$-0.27 = 0.0000 + \frac{0.0592}{2}\lg[H^+]^2$

$pH = 4.56$

$pH = pK_a^{\ominus} - \lg\frac{[HA]}{[KA]}$ $4.56 = pK_a^{\ominus} - \lg\frac{1}{1}$; $K^{\ominus} = 2.7 \times 10^{-5}$

（5）①$E(Ag^+/Ag) = E^{\ominus}(Ag^+/Ag) + \frac{0.0592}{1}\lg[Ag^+]$

$$= 0.7996 + \frac{0.0592}{1}\lg[0.1] = 0.7404 \text{V}$$

$E(Zn^{2+}/Zn) = E^{\ominus}(Zn^{2+}/Zn) + \frac{0.0592}{2}\lg[Zn^{2+}] = -0.7618 + \frac{0.0592}{2}\lg[0.20] = -0.7707 \text{V}$

$$E_{MF} = E_{(+)} - E_{(-)} = 0.7404 - (-0.7707) = 1.5111 \text{V}$$

②$\lg K^{\ominus} = \frac{n \times [E^{\ominus}(Ag^+/Ag) - E^{\ominus}(Zn^{2+}/Zn)]}{0.0592} = \frac{2 \times [0.7996 - (-0.7618)]}{0.0592} = 52.75$

$$K^{\ominus} = 5.62 \times 10^{52}$$

③ $c(Ag^+) = 2.5 \times 10^{-27} mol/L$

(6) ① $E^{\ominus}(Cr_2O_7^{2-}/Cr^{2+}) = \dfrac{3 \times E^{\ominus}(Cr_2O_7^{2-}/Cr^{3+}) + 1 \times E^{\ominus}(Cr^{3+}/Cr^{2+})}{4}$

$$= \dfrac{3 \times 1.33 + 1 \times (-0.407)}{4} = 0.896V,$$

$E^{\ominus}(Cr^{3+}/Cr) = \dfrac{1 \times E^{\ominus}(Cr^{3+}/Cr^{2+}) + 2 \times E^{\ominus}(Cr^{2+}/Cr)}{3}$

$$= \dfrac{1 \times (-0.407) + 2 \times (-0.913)}{3} = 0.744V$$

② Cr^{3+} 和 Cr^{2+} 均不歧化，但 $E^{\ominus}(Cr_2O_7^{2-}/Cr^{3+}) > E^{\ominus}(O_2/H_2O)$，$Cr^{3+}$ 不易被氧化，较稳定。而 $E^{\ominus}(Cr^{2+}/Cr) \ll E^{\ominus}(O_2/H_2O)$，所以 Cr^{2+} 极不稳定，在酸性介质中极易被空气中的氧气氧化成 Cr^{3+}。

(7) ① 能，$2H_2O_2 \rightleftharpoons O_2 + 2H_2O$

② $E^{\ominus}(O_2/H_2O) = \dfrac{1 \times E^{\ominus}(O_2/H_2O_2) + 1 \times E^{\ominus}(H_2O_2/H_2O)}{2} = \dfrac{1 \times 0.695 + 1 \times 1.776}{2} = 1.235V$

$E(O_2/H_2O) = E^{\ominus}(O_2/H_2O) + \dfrac{0.0592}{2}lg[H^+]^4 = 1.235 + \dfrac{0.0592}{2}lg[10^{-3}]^4 = 0.879V$

$E_{MF} = E_{(+)} - E_{(-)} = 0.879 - 0.771 = 0.108V$，反应正向进行

③ $lgK^{\ominus} = \dfrac{n \times [E^{\ominus}(H_2O_2/H_2O) - E^{\ominus}(Fe^{3+}/Fe^{2+})]}{0.0592} = \dfrac{2 \times (1.776V - 0.771V)}{0.0592V} = 33.95$

第七章 原子结构

一、 知识导航

```
              ┌─────────────┬──────────────────────────────────────────────────┐
              │  原子的结构  │  组成：带正电的原子核(质子和中子)与带负电的电子  │
              ├─────────────┼──────────────────────────────────────────────────┤
              │  核外电子的  │  能量量子化、波粒二象性、遵循海森堡测不准原理    │
              │  运动特征    │                                                  │
              ├─────────────┼──────────────────────────────────────────────────┤
```

原子的结构 组成：带正电的原子核(质子和中子)与带负电的电子

核外电子的运动特征 能量量子化、波粒二象性、遵循海森堡测不准原理

核外电子运动状态的描述
四个量子数：n、l、m、m_s
电子云的概念、波函数和电子云的空间图像
多电子原子轨道能级：屏蔽效应、钻穿效应、鲍林近似能级图
核外电子排布规则：能量最低原理、泡利不相容原理和洪特规则

原子结构

元素周期表的构成
周期：表中横行，电子排布从 ns^1 开始到 np^6 结束
族：表中纵列，共 7 个主族、8 个副族、1 个零族
区：按元素最后填充电子的轨道划分，有 s、p、d、ds、f 五个区

元素性质周期性变化规律
原子半径：主族元素从左至右半径逐渐减小，从上至下逐渐增大；副族元素从左至右总是减小的，但第五周期与第六周期半径由于镧系收缩而相近或相等
电离能：主族元素从左至右，I_1 逐渐增大，从上至下，I_1 逐渐减小，副族元素从上至下的变化趋势总体上与主族相似，但变化的规律性不强
电子亲和能：变化规律与电离能类似
电负性：主族元素从左至右电负性逐渐增大，从上至下逐渐减小；副族元素的变化规律性不强，这与镧系收缩有关

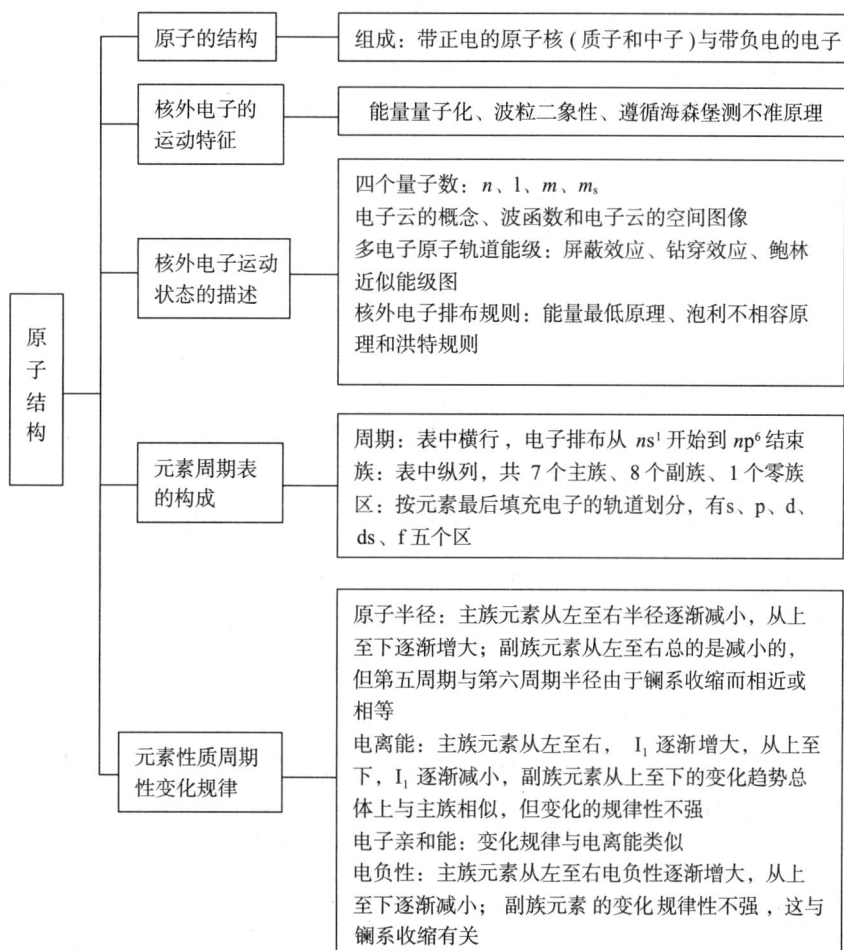

二、 重难点解析

1. 核外电子的运动特征：能量量子化、波粒二象性、遵循海森堡测不准原理。

解析：(1)能量量子化 研究表明微观粒子运动时能量不能连续变化，而是以一个最小单位 ε 的整数倍变化，$E = n\varepsilon = nh\nu$，因此称为量子化。n 称为量子数，只能取 1，2，3……的正整数。

(2)波粒二象性 德布罗意预言：实物粒子具有波粒二象性，其关系式与光的类似，用下描述

$$\lambda = \frac{h}{p} = \frac{h}{mv}$$

电子衍射照片证实了德布罗意的预言。而实物粒子的波动性是大量粒子在统计行为下的概率波。而粒子本身具有质量、运动速度等，所以有粒子性，结合上述的预言，科学家们统一了认识，即微观粒子两种性质都具有，即具有波粒二象性。

（3）海森堡测不准原理 海森堡提出了著名的测不准原理，"在一个量子力学系统中，一个粒子的位置和它的动量不可能被同时确定"。测不准原理反映了微观粒子运动的基本规律。综上所述，可从这几个方面理解核外电子的运动特征。

2. 四个量子数

解析：主量子数 n、角量子数 l 和磁量子数 m 是在解薛定谔方程时必须引入的，其组合是确定的，几个量子数之间相互有制约，当组合一定时可得到一个合理解 ψ 且有确定能量，因此说三个量子数决定一个原子轨道。n 的取值只能是 1，2，3…的正整数，n 的取值大小代表电子层离核远近，能量高低；l 的取值受 n 的限制，只能取 0，1，2…$n-1$，l 的取值与轨道形状有关，0 代表球形的 s 轨道，1 代表无柄哑铃形的 p 轨道，2 代表梅花瓣形的 d 轨道，对多电子原子也表示亚层轨道能量高低；m 的取值为 0，±1，±2…±l，取值的多少代表轨道在空间的取向有多少，如 p 轨道则有三个取值，说明有三个 p 轨道。自旋量子数只能取 +1/2 和 −1/2，代表电子自旋状态，结合前三个量子数可知一个确定轨道中的某一个电子的运动状态。一个给定的原子轨道是否合理就看前三个量子数的取值关系，能量高低则只看前两个量子数的大小。

3. 核外电子的排布

例：请写出下列原子的核外电子排布式：Ca、Br、Co、Ag。

解析：首先要熟知原子在周期表中的位置，判断原子序数是多少，初次做题时可查元素周期表确定原子序数。然后牢记鲍林近似能级图中的顺序，按顺序依次排列。

Ca 属于第四周期ⅡA族原子，在 12 号 Mg 原子的下面，序数应该是 12 + 8 = 20

基态核外电子排布式为：Ca，$1s^2 2s^2 2p^6 3s^2 3p^6 4s^2$，用原子实表示为：$[Ar]4s^2$；

Br 属于第四周期ⅦA族原子，在 17 号 Cl 原子的下面，序数应该是 17 + 18 = 35

基态核外电子排布式为：Br，$1s^2 2s^2 2p^6 3s^2 3p^6 3d^{10} 4s^2 4p^5$，用原子实表示为：$[Ar]3d^{10}4s^2 4p^5$；

Co 属于第四周期Ⅷ族原子，序数应该是 27

基态核外电子排布式为：Co，$1s^2 2s^2 2p^6 3s^2 3p^6 3d^7 4s^2$，用原子实表示为：$[Ar]3d^7 4s^2$；

Ag 属于第五周期ⅠB族原子，在 29 号 Cu 下面，序数应该是 29 + 18 = 47

基态核外电子排布式：Ag，$1s^2 2s^2 2p^6 3s^2 3p^6 3d^{10} 4s^2 4p^6 4d^{10} 5s^1$，或表示为：$[Kr]4d^{10}5s^1$；

4. 核外电子的运动状态的描述

解析：核外电子运动状态是通过波函数描述，波函数是薛定谔方程的系列解，每个解对应一个数学方程和一定能量，一个数学方程也可以通过图像描述。波函数 ψ 是空间坐标 x，y，z 的函数，而把原子核作为原点，考虑核外电子运动状态时需要把 ψ 的坐标系转换成球极坐标系，即表示成 $\psi_{n,l,m}(r,\theta,\varphi)$。而波函数又可以分成两个函数之积，$\psi_{n,l,m}(r,\theta,\varphi) = R_{n,l}(r) \cdot Y_{l,m}(\theta,\varphi)$，这样在三维空间里可分别画出波函数随半径的变化图像（径向分布图），波函数随角度变化的图像（角度分布图）。但到目前为止，波函数的物理意义并不明确，但其角度分布图中的正负号却与分子成键密切相关，我们可以通过图像和能量了解电子的运动状态。

5. 概率与概率密度

在原子结构理论中，概率是代表电子在核外空间某处出现的机会，概率密度代表电子在核外单位体积中出现的机会。

$$概率 = 概率密度 \times 体积$$

而把波函数坐标转换为球极坐标系，电子认为是分层排布，所以在本章中的概率主要考虑原子核外某个单位厚度的电子层中电子出现的概率，因此此概率也称为壳层概率。虽然波函数本身的物理意义不明确，但波函数的平方$|\psi|^2$已被证明代表电子在核外空间某处出现的概率密度。

6. 电子云的概念

电子云是核外电子运动概率密度的形象表示，化学上习惯用原子核边小黑点分布的疏密来表示电子概率密度的分布情况，黑点密的地方概率密度大，黑点疏的地方概率密度小，这种图像就称为电子云。

三、 复习思考题及参考答案

1. 原子光谱为什么是线状光谱？

解： 因为原子核外电子所处的轨道的能量是不连续的，故电子从较高能量的轨道向低能量轨道发生跃迁时发出的原子光谱也就不连续了。

2. 2p 与 3p 原子轨道的角度分布图有区别吗？

解： 没有区别，因为角度分布函数相同，都与半径无关。

3. 为什么所有原子第一层最多只能有两个电子，最外层最多只能有 8 个电子？

解： 因为原子核很小，离核最近的一层空间体积也很小，不可能容纳更多的轨道，所以任何原子第一层仅有 1s 轨道，最多就只能有两个电子，而原子的电子层是按能级组排列的，能级组一般从 ns 轨道开始，到 np 轨道结束，s 轨道有两个电子，p 轨道最多 6 个电子，所以最外层只能有 8 个电子。

4. 原子的主量子数为 n 的电子层中有几种类型的原子轨道？第 n 层中共有多少个原子轨道？角量子数为 l 的亚层中含有几个原子轨道？

解： 有 n 种形状的原子轨道；在 n 层上有 n^2 个轨道；在角量子数为 l 的轨道上共有 $2l+1$ 个轨道。

5. 什么是等价轨道？p、d 轨道的等价轨道是多少？

解： 形状和能量完全相同的轨道，即 n、l 完全相同仅 m 不同的原子轨道称为等价轨道。p 轨道有 3 个等价轨道，d 轨道有 5 个等价轨道。

6. 为什么第四周期副族元素排电子时，先排 4s 轨道上的电子，再排 3d 轨道上的电子，而失电子时，先失 4s 轨道上电子，后失去 3d 轨道上的电子？

解： 在鲍林近似能级图中 4s 轨道能量低于 3d 轨道，所以填充电子时 4s 轨道优先，但一旦 3d 轨道填充电子，则对 4s 轨道的电子有屏蔽作用，使 4s 电子的能量高于 3d 轨道上的电子。而原子失去电子时是优先失去能量较高的电子，此时 4s 电子能量较高，优先失去。

四、 习题及参考答案

1. 填空题

（1）下列各组量子数中，能量最高、最低的分别是_____。

A. (3, 2, 2, +1/2)   B. (3, 1, −1, +1/2)

C. (3, 1, 1, +1/2)   D. (2, 1, −1, +1/2)

(2)下列各组量子数中，不合理的是_____。

A. (3, 2, 1, +1/2)　　　　　　　　B. (3, 1, 0, +1/2)

C. (3, 0, 0, +1/2)　　　　　　　　D. (2, 2, -1, +1/2)

(3)3d 轨道的主量子数是_____，角量子数是_____。

(4)一个原子轨道需要用_____个量子数描述，核外的一个电子需要用_____个量子数描述。

(5)周期表中第五、六周期的 IVB，V B，VIB 族元素的性质非常相似，这是由于_____导致的。

(6)Cu^{2+} 的价电子构型为_____。当基态 Cu 原子的价电子吸收能量跃迁到波函数为 $\Psi_{4,3,0}$ 的轨道上，该轨道的符号是_____。

(7)主量子数为 4，角量子数为 1 的轨道是_____，主量子数为 3，角量子数为 2 的轨道是_____。

(8)第二周期元素的原子电负性变化规律是_____。

参考答案

(1)A、D　(2)D　(3)3、2　(4)3、4　(5)镧系收缩的影响

(6)$3d^9$、4f　(7)4p、3d　(8)从左至右逐渐增大

2. 简答题

(1)$3d_{x^2-y^2}$ 轨道与 $3d_{xy}$ 轨道在能量，角度分布图形状及空间的取向上有区别吗？

解：因为主量子数与角量子数都相同，所以能量相等，这两个轨道的角度分布图形状是相同的，且都在 xy 轴的平面上，但前者 Y 的最大值在 xy 轴上，而后者 Y 的最大值则在两个轴之间，空间取向有 45° 的差异。

(2)请用你所学的知识说明多电子原子轨道能级分裂($E_{4s} < E_{4p} < E_{4d}\cdots$)的原因。

解：在多电子原子中，电子不仅受原子核的吸引，还与其他电子之间存在相互排斥作用。内层电子对外层电子有排斥，同层电子也有排斥，这种排斥可归结于减弱核电荷对外层电子吸引，这种影响称为屏蔽效应。在原子中，对于同一主层的电子，从电子云径向分布图可以看出，角量子数小的电子比角量子数大的电子钻穿能力强，例如 s 电子比 p、d、f 电子在离核较近处出现的概率要多，表明 s 电子有渗入内部空间而靠近核的本领，这就是钻穿效应。对于同层电子，s 电子钻穿能力强于 p 电子，p 电子又强于 d 电子…，而电子钻得越深，受到的屏蔽作用越小，受核的吸引力越大，因此能量越低，故其能量顺序为：$E_{ns} < E_{np} < E_{nd} < E_{nf}$ 即发生能级分裂。

(3)请写出下列原子的电子排布式：

F　　　　Mg　　　　Cu　　　　Ar　　　　Co

解：F：$1s^2 2s^2 2p^5$　　Mg：$1s^2 2s^2 2p^6 3s^2$　　Cu：$1s^2 2s^2 2p^6 3s^2 3p^6 3d^{10} 4s^1$

Ar：$1s^2 2s^2 2p^6 3s^2 3p^6$　　Co：$1s^2 2s^2 2p^6 3s^2 3p^6 3d^7 4s^2$

(4)Na^+ 具有与 Ne 原子相同的电子排布，它们的 2p 轨道能级相同吗？原因是什么？

解：不相同，因为虽然它们核外电子数相同，且排布也相同，但核电荷数不同，前者为 +11，后者为 +10，前者对电子的吸引力大于后者，因此前者的 2p 轨道能量较低。

(5)下列各组电子排布中，哪些属于原子的基态？哪些属于原子的激发态？

①$1s^2 2s^2$　　　　　②$1s^2 2s^1 2p^1$　　　　　③$1s^2 2s^2 2p^5$　　　　　④$1s^2 2s^2 2p^4 3s^1$

解：①和③属于基态，②和④属于激发态，②中有一个 2s 电子激发到 2p 轨道，④中有一个 2p 电子激发到 3s 轨道。

（6）量子数 $n=3$，$l=1$，$m=-1$ 的轨道中允许的电子数最多是多少？

解：这是 3p 轨道中的 1 个，最多可以容纳 2 个电子。

（7）试写出 s 区、p 区、d 区及 ds 区元素的价层电子构型。

解：s 区：$ns^{1\sim2}$、p 区：$ns^2 np^{1\sim6}$、d 区：$(n-1)d^{1\sim9} ns^{1\sim2}$、ds 区：$(n-1)d^{10} ns^{1\sim2}$

（8）根据洪特规则，判断下列原子中的未成对电子数。

Na　　Ag　　Cr　　N　　S

解：因为各原子内层电子都是成对的，所以判断未成对电子数仅需要看价层电子情况就可以了，Na：$3s^1$ 故只有 1 个未成对电子；Ag：$5s^1$，1 个未成对电子；Cr：$3d^5 4s^1$，d 轨道 5 个，按洪特规则，每个轨道放 1 个电子，故总共 6 个未成对电子；N：$2s^2 2p^3$，p 轨道有 3 个，故 3 个未成对电子；S：$3s^2 3p^4$，3 个 p 轨道放 4 个电子，只有 2 个电子未成对。

（9）下列轨道中哪些是简并轨道？

1s　　2s　　3s　　$2p_x$　　$2p_y$　　$2p_z$　　$3p_x$

解：$2p_x$、$2p_y$、$2p_z$ 是简并轨道，因为 n、l 都相同。

（10）指出符号 $3d_{xy}$ 及 4p 所表示的意义及电子的最大容量。

解：$3d_{xy}$ 仅表示 1 个取向的 3d 轨道，因此电子最多容纳 2 个；而 4p 表示第四层的 p 轨道，共有 3 个不同方向的 p 轨道，每个轨道最多容纳 2 个电子，所以 3 个轨道最多容纳 6 个电子。

（11）第二周期元素的第一电离能为什么在 Be 和 B 以及 N 和 O 之间出现转折？

解：由于 Be 失去的是 2s 电子，B 开始失去的是 2p 电子，2p 电子钻穿效应不及 2s 电子，受内层电子屏蔽作用比 2s 电子大，故能量比 2s 高易失去。第二个转折是由于元素 N 的 2p 轨道已半满，从元素 O 开始增加的电子要填入 p 轨道，必然要受到原来已占据该轨道的那个电子的排斥，即要克服电子成对能，因此，这些电子与原子核的吸引力减弱，易失去。另外，出现两个转折还与它们的电子构型有关。B 的价电子构型为 $2s^2 2p^1$，当 2p 电子失去后变成 $2s^2 2p^0$，即达到 2s 全满 2p 全空的稳定结构，故 B 的电离能比 Be 的要低。同样的，O 的价电子构型为 $2s^2 2p^4$，先失去一个 p 电子后就变成 $2s^2 2p^3$，即 p 轨道达到半满稳定结构，故 O 的电离能也比 N 的要低。

（12）请解释下列事实：

①共价半径 Be > B，Be < Mg　　②第一电离能 Be > B，N > O　　③电负性 F > Cl

解：①因为 Be 为 4 号元素，B 为 5 号元素，外层都是第 2 层，随原子序数增加，有效核电荷数增加，核对外层电子吸引力增强，故原子半径是减小的。Be 为 4 号元素，Mg 为 12 号元素，在周期表中是从上至下关系，Mg 的电子层有三层，Be 的电子层只有两层，故 Mg 的半径较 Be 的大。

②虽然原子半径 $r(Be) > r(B)$，但价电子构型分别为 $2s^2$、$2s^2 2p^1$，前者 p 轨道为全空，呈稳定结构，能量更低，失去第一个电子更困难，故电离能比 B 大。N 与 O 也是如此，原子半径 $r(N) > r(O)$，但价电子排布分别为 $2s^2 2p^3$、$2s^2 2p^4$，前者 p 轨道填充为半满，后者却是失去一个为半满，故第一电离能是 N > O。

③电负性是电离能和电子亲和能的综合，F 的电离能较 Cl 大，但电子亲和能却较 Cl 小，不过电离能数值相差较大，而且电负性是指分子中吸引电子的能力，是一个相对值，F 是吸电子能力最强的原子，故电负性有 F > Cl。

（13）给出周期表中符合下列要求的元素的名称和符号：

①电负性最大的元素　　②第一电离能最大的元素　　③最活泼的非金属元素　　④硬度最大的元素
⑤密度最大的元素

解：①氟 F；②氦 He；③氟 F；④铬 Cr；⑤锇 Os。

(14)原子的最外层仅有一个电子，该电子的量子数是 4，0，0，–1/2，试问，符合上述条件的原子有几种？原子序数分别是多少？

解： K、Cr 、Cu 三种，原子序数分别是 19、24 和 29。

五、 补充习题及参考答案

(一)补充习题

1. 判断题

(1)原子的核外电子的波函数，代表了该电子可能存在的运动状态，该运动状态具有确定的能量与之对应。 (   )

(2)基态氢原子核外电子的动量一定时，其位置也就确定。 (   )

(3)每一个原子轨道需要有 3 个量子数才能确定，而每一个电子则需要 4 个量子数才能具体确定。 (   )

(4)5 个 d 轨道的能量，形状、大小都相同，不同的是在空间的取向。 (   )

(5)当 $n = 4$ 时，氢原子和多电子原子一样，其能级顺序为 $E_{4s} < E_{4p} < E_{4d} < E_{4f}$。 (   )

(6) 电子云的黑点表示电子可能出现的位置，疏密程度表示电子出现在该范围的机会大小。 (   )

(7)Cl^- 离子与 Ar 原子具有相同的电子层结构，故其 3p 能级与 Ar 原子的 3p 能级具有相同的能量。 (   )

(8)一个元素的原子，核外电子层数与元素在周期表中所处的周期数相等；最外层电子数与该元素在周期表中所处的族数相等。 (   )

(9)电离能大的元素，其电子亲和能也大。 (   )

(10)电负性反映了化合态原子吸引电子能力的大小。 (   )

2. 单项选择题

(1)根据玻尔理论下列说法错误的是 (   )

A. 因为轨道的能量量子化，所以电子在轨道间跃迁时，发射光的频率也是不连续的

B. 当原子受到激发时，核外电子获得能量，从基态跃迁到激发态而发光

C. 基态氢原子的轨道半径为 52.9pm

D. 电子绕核在固定轨道上运动，既不放出能量也不吸收能量。

E. 氢原子在通常情况下不发光，也不会发生原子自发毁灭的现象

(2)对于 $|\psi|^2$ 的意义，下列说法中错误的是 (   )

A. $|\psi|^2$ 表示电子的概率

B. $|\psi|^2$ 表示电子的概率密度

C. $|\psi|^2$ 在空间分布的形象比喻成图像称为电子云

D. $|\psi|^2$ 的值总是小于 ψ 的值

E. $|\psi|^2$ 的值越大的地方，电子波的强度越强

(3)某原子中的五个电子，分别具有如下量子数，其中能量最高的为 (   )

A. 2，1，1，–1/2   B. 3，2，–2，–1/2

C. 2，0，0，–1/2   D. 3，1，1，+1/2

E. 3, 0, 0, +1/2

(4)下列一套量子数所标记的电子运动状态中,不合理的是 （ ）

A. (1, 0, 0, +1/2)   B. (2, 1, +1, -1/2)

C. (3, 1, -1, -1/2)   D. (2, 2, +1, -1/2)

E. (3, 2, 0, -1/2)

(5)决定氢原子核外电子能量的量子数为 （ ）

A. n, l, m B. n, m C. n, l D. n, l, m, m_s E. n

(6)下面给出了 $_7N$、$_9F$、$_{30}Zn$、$_{13}Al$ 和一未知元素的电子构型,哪个代表那个未知元素 （ ）

A. $1s^2 2s^2 2p^6 3s^2 3p^4$ B. $1s^2 2s^2 2p^3$

C. $1s^2 2s^2 2p^6 3s^2 3p^6 3p^{10} 4s^2$ D. $1s^2 2s^2 2p^6 3s^2 3p^1$

E. $1s^2 2s^2 2p^5$

(7)价电子层构型为 $4d^{10} 5s^1$ 的元素,其原子序数为 （ ）

A. 25   B. 39   C. 41   D. 47   E. 57

(8)如果将基态氮原子的2p轨道的电子运动状态描述为:(2, 1, 0, +1/2)、(2, 1, 0, -1/2)、(2, 1, +1, -1/2)。则违背了 （ ）

A. 能量最低原理   B. 对称性原则   C. 洪特规则

D. 泡利不相容原理   E. 拉乌尔定律

(9)d区元素包括几个纵列 （ ）

A. 2   B. 4   C. 6   D. 8   E. 10

(10)下列元素中电负性最小的是 （ ）

A. H   B. Ca   C. F   D. Cr   E. Cs

(11)可用来描述测不准原理的叙述是 （ ）

A. 微观粒子运动的位置有不准确性,但动量没有不准确性

B. 微观粒子运动的动量有不准确性,但位置没有不准确性

C. 微观粒子运动的位置和动量都没有不准确性

D. 微观粒子的运动不能同时具有确定的位置和确定的动量

E. 微观粒子运动的位置和动量都有不准确性

(12)下列说法中能正确描述核外电子运动状态的是 （ ）

A. 电子在离核一定距离的球面上运动   B. 电子在核外的一个球形空间运动

C. 电子在核外一定的空间范围内运动   D. 电子绕原子核作圆周运动

E. 电子在核外一定形状的固定轨道上运动

(13)下列说法中错误的是 （ ）

A. 只要 n, l 相同,壳层概率分布函数 $D(r)$ 就相同

B. s, p 轨道的角度分布波函数都与角度 θ, φ 有关

C. 只要 l, m 相同,角度波函数 $Y(\theta, \varphi)$ 就相同

D. 波函数的角度分布图形与主量子数无关

E. 氢原子的能量只与主量子数有关

(14)基态原子的第五电子层只有2个电子时,则原子的第四电子层的电子数为 （ ）

A. 8   B. 18   C. 8~18   D. 32   E. 8~32

(15) 4d 轨道的磁量子数可能有 （　　）

A. 0，1，2　　　　B. 1，2，3　　　　C. 0，±1　　　　D. 0，±1，±2

E. $\pm\dfrac{1}{2}$

(16) 当角量子数为 2 时，可能的简并轨道数是 （　　）

A. 1　　　　　　　B. 3　　　　　　　C. 5　　　　　　　D. 7　　　　　　　E. 9

(17) 在所有元素的原子中，电离能、电子亲和能、电负性最大的分别为 （　　）

A. He、F、O　　　B. He、Cl、F　　C. He、Cl、O　　D. He、O、F　　E. He、C、O

(18) 量子力学所说的原子轨道是指 （　　）

A. $\psi_{n,l,m,ms}$　　　　B. $|\psi|^2$　　　　C. r^2R^2　　　　D. ψ　　　　E. Y^2

(19) 下列元素原子电子层结构排布正确的是 （　　）

A. Sc：$[Ar]3d^24s^1$　　　　　　　　　B. Cu：$[Ar]3d^94s^2$

C. Cr：$[Ar]3d^54s^1$　　　　　　　　　D. Fe：$[Ar]3d^74s^1$

E. Ni：$[Ar]3d^74s^2$

(20) 在周期表中，由于镧系收缩，性质相似的是 （　　）

A. Ta－Zr　　　B. Mo－W　　　C. Nb－H$_f$　　　D. Mo－Ta　　　E. Cr－Mo

3. 多项选择题

(1) 波函数 ψ 描述的是 （　　）

A. 核外电子的空间运动状态　　　　　B. 核外电子的运动轨迹

C. 概率密度　　　　　　　　　　　　D. 原子轨道

E. 波动方程的振幅

(2) 电子云图可以描述 （　　）

A. 电子的能量　　　　　　　　　　　B. 电子在某空间出现的概率大小

C. 电子运动的轨道　　　　　　　　　D. 电子在空间某处出现的概率密度大小

E. 电子波函数 ψ 的强弱

(3) 量子数 n，l 和 m 不能决定 （　　）

A. 原子轨道的能量　　　　　　　　　B. 原子轨道的形状

C. 原子轨道在空间的伸展方向　　　　D. 电子的数目

E. 电子的运动状态

(4) 下列对多电子原子轨道能量的描述中，正确的是 （　　）

A. $E_{3s}=E_{3p}=E_{3d}$　　　　　　　　B. $E_{3s}<E_{3p}<E_{3d}$

C. $E_{3s}>E_{3p}>E_{3d}$　　　　　　　　D. K 原子的 $E_{3d}>E_{4s}$

E. Ba 原子的 $E_{6s}<E_{4f}<E_{5d}$

(5) 下列哪些量子数的组合可以用来描述原子序数 21 的元素的价电子 （　　）

A. 2，1，0，-1/2　　　　　　　　　B. 3，2，1，+1/2

C. 4，0，0，-1/2　　　　　　　　　D. 4，0，0，+1/2

E. 4，1，0，+1/2

(6) 在周期表中，由于"对角关系"而引起性质相似的元素是 （　　）

A. Mg 和 Sc   B. Li 和 Mg   C. C 和 P   D. B 和 Si   E. V 和 Mo

(7) 核外电子排布需遵守的原则是   ( )

A. 能量最低原理   B. 原子轨道最大重叠原理

C. 泡利不相容原理   D. 洪特规则

E. 对称性相同原理

(8) 对于第二周期 B、C、N、O、F 来说，它们是   ( )

A. 同一族中原子半径最小的元素

B. 同一族中电负性最大的元素

C. 最外层电子云密度最大的

D. 同一族中元素的第一电离能最小的元素

E. 同一族中元素的第一电子亲和能最大的元素

(9) 基态 C 原子价层结构为 $2s^2 2p^2$，下列各组量子数可用来描述其电子运动状态的是   ( )

A. 2，0，0，$+1/2$ B. 2，0，0，$-1/2$

C. 2，1，0，$+1/2$ D. 2，1，$+1$，$+1/2$

E. 2，1，-1，$-1/2$

(10) 下列原子轨道中，属第四能级组的有   ( )

A. 3p   B. 3d   C. 4s   D. 4p   E. 4d

4. 填空题

(1) 电子衍射实验表明电子具有_____。

(2) 当 $n=4$，$l=2$，其原子轨道符号为_____，电子云形状为_____，该种原子轨道数目为_____个，最多能容纳_____个电子。

(3) 某元素原子的电子排布式为 $1s^2 2s^2 2p^6 3s^2 3p^6 3d^2 4s^2$，该元素的最高氧化态为_____，元素符号是_____。

(4) 近似能级图中，$E_{4s} < E_{3d}$ 是由于 4s 电子的_____大于 3d 之故。

(5) 在基态原子 $_{35}$Br 的电子结构式中，轨道能量最高_____，已填充_____个电子。

(6) IB 族元素的价层电子结构为_____。

(7) 某原子核外电子排布为 $1s^2 2s^2 2p^6 3s^2 3p^6 3d^5 4s^1$，该元素处于_____周期，_____族，____区，有_____个未成对电子，最高氧化数是_____，该元素的符号是_____。

(8) 主族元素的原子半径从左到右_____，从上到下_____。

(9) P 元素原子的核外电子排布式为_____，它的 3 个未成对电子的运动状态可分别用量子数_____表示。

(10) 所有元素的原子中，电负性最大的是_____，第一电离能最大的是_____。

(11) 某元素 M 的基态原子失去 3 个电子后，其 3d 轨道处于半充满状态，它是元素周期表中的第____周期，属_____族元素。

(12) 在多电子原子核外的原子轨道中，量子数 $n=4$，$l=1$ 的轨道共有_____条，这些简并轨道最多总共能容纳_____个电子。

5. 简答题

(1) 请简述玻尔理论的要点。

（2）简述原子核外电子排布的原则。

（3）请写出第一过渡系列元素的符号、名称、价电子排布式。

（4）28 号元素的基态原子核外电子层排布式为 $[Ar]3d^84s^2$，其中有多少个单电子？写出最外层电子的量子数、次外层电子的角量子数、磁量子数。

（5）如果只考虑屏蔽效应，请计算氢原子 1s 轨道的能量，氯原子 1s，2s，2p 轨道能量，计算结果说明什么？

（6）请解释 Be 的核电荷大于 Li，但电子亲和能却较小。

（二）补充习题参考答案

1. 判断题

（1）~（5）√×√×× （6）~（10）√×××√

2. 单项选择题

（1）~（5）BABDE （6）~（10）ADCDE （11）~（15）DCBCD

（16）~（20）CBDCB

3. 多项选择题

（1）~（5）ADE DE DE BDE BCD （6）~（10）BCD ACD ABC ABCDE BCD

4. 填空题

（1）波动性 （2）4d，梅花瓣形，5，10 （3）+4，Ti （4）钻穿效应 （5）4p，5 （6）$(n-1)d^{10}ns^1$ （7）第四，ⅥB，d，6，+6，Cr （8）逐渐减小，逐渐增大 （9）$1s^22s^22p^63s^23p^3$；3，1，-1，+1/2；3，1，0，+1/2；3，1，+1，+1/2（或都用 -1/2） （10）F，He （11）第四，Ⅷ 12.3，6

5. 简答题

（1）玻尔理论要点：

A. 氢原子中的电子只能在某些特定的圆形轨道（稳定轨道）上运动，其条件是这些轨道的角动量 P 必须是 h/2π 的整数倍，电子在这些特定轨道上运动时既不放出能量，也不吸收能量，处于"稳定状态"。各种轨道的能量与能层的关系服从下式

$$E = -\frac{13.6}{n^2}(eV) = -\frac{2.18 \times 10^{-18}}{n^2}(J)$$

B. 电子在离核越近的轨道上运动，原子所具有的能量越低，越远则越高。当原子所含电子都处于离核最近的轨道上运动时，原子的能量最低，此时原子的状态称为基态。当原子从外界获得能量，电子被激发到离核较远能量较高的轨道上时，原子不稳定，叫激发态。

C. 当电子从激发态回到基态，原子放出能量，该能量为辐射能，两状态的能量差遵循普朗克公式：

$$\Delta E = E_2 - E_1 = h\nu$$

玻尔理论成功地解释了氢原子光谱，还引入了主量子数 n 的概念，阐明了原子体系某些物理量（如电子的能量）的量子化特征。

（2）**解**：①泡利不相容原理：在同一原子中，不能存在四个量子数完全相同的电子。②能量最低原理：在不违反泡利不相容原理的前提下，电子总是优先占据能量最低的原子轨道，然后依次分布到能量较高的轨道。③洪特规则：在同一亚层的等价轨道上，电子总是尽可能以自旋相同的方式占据不同的轨道。

（3）解：

Sc	Ti	V	Cr	Mn	Fe	Co	Ni	Cu	Zn
钪	钛	钒	铬	锰	铁	钴	镍	铜	锌
$3d^14s^2$	$3d^24s^2$	$3d^34s^2$	$3d^54s^1$	$3d^54s^2$	$3d^64s^2$	$3d^74s^2$	$3d^84s^2$	$3d^{10}4s^1$	$3d^{10}4s^2$

（4）解：未成对电子数为 2；最外层电子的量子数为 4，0，0，$+\frac{1}{2}$ 和 4，0，0，$-\frac{1}{2}$；次外层电子的角量子数 $l=2$，磁量子数分别为 0，±1，±2。

（5）解：根据斯莱特规则计算氟原子各层电子的屏蔽常数

对于 1s 电子：$\sigma_{1s}=0.30$，$Z^*=9-0.30=8.70$，

对于 2s、2p 电子：$\sigma_{2s}=\sigma_{2p}=0.35\times6+0.85\times2=3.8$，$Z^*=9-3.8=5.2$，

氢原子 1s 轨道 $E_{1s}=-2.18\times10^{-18}\dfrac{(Z^*)^2}{n^2}=-2.18\times10^{-18}$（J）

氟原子 2s、2p 轨道 $E_{1s}=-2.18\times10^{-18}\dfrac{(8.7)^2}{1^2}=-165\times10^{-18}$（J）

$E_{2s}=E_{2p}=-2.18\times10^{-18}\dfrac{(5.2)^2}{2^2}=-14.7\times10^{-18}$（J）

计算结果说明，如果原子不同，核电荷数不同，即便是相同的轨道，能量却不同，核电荷数越大，核对电子吸引力越强，能量越低。而同一原子，电子层不同，能量不同，离核越近轨道能量越低，而实际上氟的 2s、2p 轨道并不相同，此题计算时仅考虑了屏蔽效应，斯莱特规则也只是半定量近似计算。此时也未考虑钻穿效应，因此仅通过这个计算是不能正确说明轨道的能量高低的，应该通过量子力学的方法进行计算。

（6）解：虽然 Be 的核电荷大于 Li，核电荷对电子的吸引力更强，但是 Li 的价电子层结构为 $2s^1$，倾向于获得一个电子变成全充满的稳定结构，Be 的价轨道为 $2s^2$，已经具有全充满的稳定结构，故 Li 较 Be 具有较大的电子亲和能。

第八章　分子结构与化学键

一、　知识导航

```
                    ┌─ 共价键 ─┬─ 价键理论 ──────────── 共价键的形成、特征、类型
                    │          ├─ 杂化轨道理论 ──────── 理论要点，各种类型的杂化轨道
                    │          ├─ 价层电子对互斥理论 ── 要点，分子空间构型的判断
                    │          └─ 分子轨道理论 ──────── 要点，组合原则，轨道能级图，电子排布
                    │
                    ├─ 分子的极性与磁性 ─┬─ 非极性键和极性键 ── 非极性键和极性键定义，键矩
          分子结构 ─┤                    └─ 分子的极性 ──────── 分子的极性的定义，偶极矩，磁性
                    │
                    ├─ 分子间作用力 ─┬─ 范德华力 ── 取向力、诱导力、色散力 ─┐
                    │                │                                    ├─ 影响物理性质
                    │                └─ 氢键 ────── 分子间氢键与分子内氢键 ─┘
                    │
                    └─ 离子键 ─┬─ 离子键形成与特征 ── 无饱和性、无方向性
                               └─ 离子的极化 ─┬─ 离子的极化作用与变形性、相互极化
                                              └─ 离子极化对化合物结构和性质的影响
```

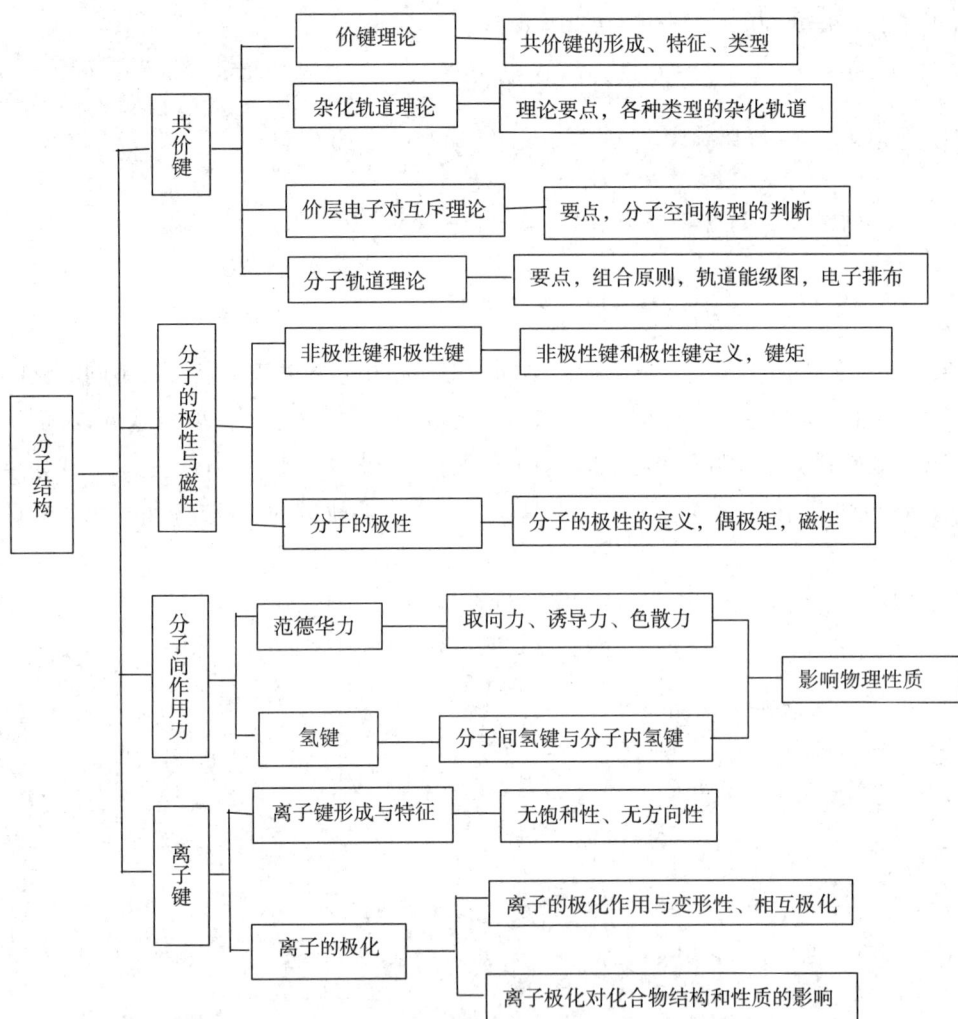

二、　重难点解析

1. BCl_3 的几何构型为平面三角形，而 NCl_3 却是三角锥形，试用杂化轨道理论加以说明。

解：B 原子是 BCl_3 分子的中心原子，其价电子层构型为 $2s^2 2p^1$。当它与 Cl 原子化合形成 BCl_3 时，1 个 2s 电子被激发到 2p 轨道中，并经过 sp^2 等性杂化形成 3 个能量相等的 sp^2 杂化轨道。每个杂化轨道中排布一个电子，杂化轨道之间的夹角为 120°。B 原子用 3 个各排布一个电子的 sp^2 等性杂化轨道分别

与 3 个 Cl 原子中自旋量子数不同，且有未成对电子的 2p 轨道以"头碰头"的方式重叠而形成 3 个 sp^2 – p σ 键，键角为 120°。所以，BCl_3 的几何构型为平面三角形。

N 原子是 NCl_3 分子的中心原子，其价电子层构型为 $2s^2 2p^3$。当它与 Cl 原子化合形成 NCl_3 时，经 sp^3 不等性杂化而形成 4 个 sp^3 不等性杂化轨道，其中有一个杂化轨道能量稍低，排布 1 对孤对电子。另外 3 个杂化轨道能量稍高，每个轨道中仅排布一个单电子。N 原子用这 3 个能量相等，各排布一个单电子的 sp^3 杂化轨道分别与 3 个 Cl 原子的含有与其自旋相反的未成对电子的 2p 轨道以"头碰头"的方式重叠形成 3 个 sp^3 – p σ 键。由于 sp^3 不等性杂化轨道在空间的分布不均衡，含 1 对孤对电子的轨道能量较低，离核稍近，致使 sp^3 – p σ 键间的夹角小于 109°28′（实为 102°30′）。所以，NCl_3 的几何构型为三角锥形。

2. 根据价层电子对互斥理论推断下列分子或离子的几何构型。

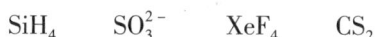

$$SiH_4 \qquad SO_3^{2-} \qquad XeF_4 \qquad CS_2$$

解： 在分子中 SiH_4，Si 是中心原子，H 是配位原子，根据价层电子对互斥理论可推知，SiH_4 的几何构型为正四面体形。Si 原子位于正四面体的中心，4 个 H 原子分别位于正四面体的 4 个顶点上。

在 SO_3^{2-} 离子中，S 原子是中心原子，其价电子层中有 4 对电子（其中 2 个是从外界获得的），据此可知，SO_3^{2-} 离子的几何构型为三角锥形，S 原子位于锥顶，3 个 O 原子分别位于锥底三角形的三个角上。由于孤对效应，夹角小于 109°28′。

在 XeF_4 分子中，Xe 原子是中心原子，其价电子层中有 6 对电子（4 个键对，2 个孤对）。根据价层电子对互斥理论可推知，XeF_4 分子的几何构型为正方形。

在 CS_2 分子中，C 是中心原子，S 是配位原子，C 的价电子为 4 个，S 作为配位原子不提供电子，其价电子层中有 2 对电子，分子空间构型为直线型。

3. 以 O_2 和 N_2 分子结构为例，说明两种共价键理论的主要论点，比较 O_2 和 N_2 分子的稳定性和磁性。

解： O_2 中 O $1s^2 2s^2 2p^4 2p_x^1 2p_z^1 2p_y^2$

VB 法：两个 O 各以一个 $2p_x$ 电子（自旋反向）配对形成 σ 键（头碰头重叠），然后各以一个垂直于 σ 键轴的 $2p_z$ 电子"肩并肩"地重叠形成一个 π 键，O_2 中无未成对电子存在，抗磁性。

MO 法：$O_2 \left[KK (\sigma_{2s})^2 (\sigma_{2s}^*)^2 (\sigma_{2p_x})^2 (\pi_{2p_y})^2 (\pi_{2p_z})^2 (\pi_{2p_y}^*)^1 (\pi_{2p_z}^*)^1 \right]$

故有一个 σ 键 $(\sigma_{2p_x})^2$ 和两个三电子 π 键 $\left[(\pi_{2p_y})^2 (\pi_{2p_y}^*)^1 \text{ 与 } (\pi_{2p_z})^2 (\pi_{2p_z}^*)^1 \text{ 分别形成} \right]$，O $\overset{\cdot\ \cdot\ \cdot}{\underset{\cdot\ \cdot\ \cdot}{\rule{1cm}{0pt}}}$ O。O_2 的键级为 2，有磁性。

N_2：N $1s^2 2s^2 2p_x^1 2p_y^1 2p_z^1$

VB 法：N_2 中两个 N 各以一个 $2p_x$ 电子（头碰头重叠，自旋反向）形成一个 σ 键，然后分别各以一个 $2p_y$ 和各以一个 $2p_z$ 电子形成两个 π 键，N_2 中无未成对电子存在，抗磁性。

MO 法：$N_2 \left[KK (\sigma_{2s})^2 (\sigma_{2s}^*)^2 (\pi_{2p_y})^2 (\pi_{2p_z})^2 (\sigma_{2p_x})^2 \right]$，故 N_2 有一个 σ 键 $(\sigma 2p_x)$ 和两个 π 键 $\left[(\pi_{2p_y}) (\pi_{2p_z}) \right]$。$N_2$ 的键级为 3，无磁性。

由键级的大小可知：N_2 比 O_2 稳定。

4. 指出下列分子是极性分子还是非极性分子，为什么？

$$CCl_4 \qquad CHCl_3 \qquad BF_3 \qquad NCl_3 \qquad H_2S \qquad HgCl_2$$

解： CCl_4 的空间构型为正四面体，结构对称，为非极性分子。

BF_3 的空间构型为平面正三角形，结构对称，为非极性分子。

NCl_3 的空间构型为三角锥形，结构不对称，为极性分子。

$CHCl_3$ 的空间构型为四面体，结构不对称，为极性分子。

H_2S 的空间构型为角形，结构不对称，为极性分子。

$HgCl_2$ 的空间构型为直线形，结构对称，为非极性分子。

5. 解释为什么 CCl_4 是液体，CH_4 和 CF_4 是气体，而 CI_4 是固体。

答：CH_4、CF_4、CCl_4、CI_4 均为正四面体结构的非极性分子，在通常情况下，它们的聚集状态按照它们的分子间作用力的强弱，分别表现为气体、液体、固体。由于非极性分子之间的范德华力主要是色散力，分子量越大，色散力越大。CH_4、CF_4、CCl_4、CI_4 的分子量分别为 16、88、154 、520，色散力依次增大，其中 CH_4、CF_4 的分子量较小，表现为气体，CCl_4 的分子量较大，表现为液体，CI_4 的分子量大，表现为固体。

6. 举例说明离子键与共价键的区别、σ 键和 π 键的区别。

答：离子键的本质是静电吸引作用，由于离子的电荷分布是球形对称的，可在任意方向上同等程度地与带相反电荷的离子相互吸引，因此离子键没有方向性。同时在离子晶体中，每一个离子可以同时与多个带相反电荷的离子互相吸引，而且相互吸引的带相反电荷的离子数目不受离子的电荷数的限制，所以离子键也没有饱和性。共价键是由成键原子的最外层原子轨道相互重叠而形成的。原子轨道在空间是有一定伸展方向的，除了 s 轨道呈球形对称外，p、d、f 轨道都有一定的空间伸展方向。为了形成稳定的共价键，原子轨道只有沿着某一特定方向才能达到最大程度的重叠，即共价键只能沿着某一特定的方向形成。因此共价键具有方向性。根据泡里不相容原理，一个轨道中最多容纳两个自旋方向相反的电子。因此，一个原子中有几个未成对电子，就可以与几个自旋方向相反的未成对电子配对成键，因此，共价键具有饱和性。

σ 键是两个原子的成键轨道沿键轴以"头碰头"的方式重叠形成的共价键；π 键是两个原子的成键轨道沿键轴以"肩并肩"的方式重叠形成的共价键。σ 键的原子轨道重叠程度大，故键能较高，稳定性好。而 π 键的原子轨道重叠程度较小，因此 π 键的键能低于 σ 键的键能。

三、 复习思考题及参考答案

1. 共价键具有什么特点？具有此特点的原因分别是什么，请用现代价键理论解释之。

解：共价键具有的特点是饱和性和方向性。按照价键理论：

(1) 成键原子必须提供自旋反向的未成对电子相互配对（即原子轨道重叠），形成共价键，如果成键原子各有一个未成对电子，则形成共价单键，如果有 2 个或 3 个未成对电子，则形成共价双键或叁键。所以共价键具有饱和性。

(2) 成键电子的原子轨道重叠程度越大，两核间电子概率密度越大，形成的共价键越牢固。这也称为原子轨道最大重叠原理。所以共价键具有方向性。

2. 原子轨道杂化前与杂化后哪些发生了变化，哪些没有变化？

解：原子轨道杂化前与杂化后原子轨道的数目不变，即参加杂化的原子轨道的数目与形成的杂化轨道的数目相等：这是因为杂化前后可容纳的电子总数不变，因而杂化前后轨道的总数也应当不变，这也是满足泡利不相容原理的必然结果。

杂化轨道在空间的取向不同于原来的原子轨道：因为不同的原子轨道以不同比例组合时，得到的杂化轨道的最大值方向不同。几条杂化轨道在空间采取某些对称性分布，使成键电子对以及孤电子对在空间分布均匀，距离较远，以保持体系能量较低。杂化轨道的空间取向可以较好地说明成键方向和分子的几何构型；

另外杂化前后轨道的形状不一样，杂化后轨道的形状变得一端更肥大更突出，更有利于成键。

3. 如何用分子轨道理论来比较不同分子，离子之间的稳定性？

解：分子轨道理论通过键级比较同周期同区元素组成的双原子分子的稳定性，键级越大，分子越稳定。键级 $= \dfrac{\text{成键轨道电子数} - \text{反键轨道电子数}}{2}$

4. 请说明键能，键长与键级之间的联系。

解：按照分子轨道理论，通常键长越短，键级越大，分子越稳定，即键能也越大。

5. 分子的极性与分子的空间构型有何关系？

解：对于双原子分子来说，分子的极性与分子的空间构型无关，共价键的极性就是分子的极性。如 O_2、F_2、H_2、Cl_2 等都是非极性分子；HCl、HBr、CO、NO 等都是极性分子。

对于多原子分子来说，分子的极性不仅与化学键的极性有关，还与分子的空间构型有关。所以多原子分子的极性与键的极性不一定相同。如果分子中化学键是极性键，但分子的空间构型是完全对称的，则正、负电荷重心重合，为非极性分子。例如 BF_3，分子中的 B—F 键是极性共价键，但由于分子呈平面三角形，整个分子的正、负电荷重心重合在一起，键的极性相互抵消，故 BF_3 分子为非极性分子。如果分子中的化学键为极性键，且分子的空间构型不对称，则正、负电荷重心不重合，为极性分子。例如，NH_3 分子中的 N—H 键为极性键，但在呈三角锥形的 NH_3 分子中，正、负电荷重心不重合，键的极性不能抵消，因此，NH_3 分子是极性分子。如果分子中的化学键都是非极性键，不管分子在空间的几何构型是否对称，均为非极性分子。

6. 分子间作用力包括哪些力？它们如何影响物质的性质？

解：分子间作用力包括取向力、诱导力、色散力。分子间作用力越大，熔沸点越高。对于结构相似的分子，分子间作用力主要由色散力决定，分子质量越大，色散力越大，熔沸点越高。对于分子质量相同的分子，由于极性分子还存在诱导力和取向力，所以极性分子的熔沸点往往高于非极性分子。另外分子间作用力还影响到溶解性，可以解释相似相溶规则，即极性分子易溶于极性溶剂中，非极性分子易溶于非极性溶剂中。

7. 分子间氢键和分子内氢键对分子的熔点、沸点影响相同吗？举例说明，并解释原因。

解：分子间氢键的形成使化合物的熔沸点升高，因为使晶体熔化或液体气化，需要破坏分子间的氢键，需要较多的能量。如 H_2O 的熔沸点比 H_2S，H_2Se 的熔沸点都高。

分子内氢键的形成，加强了分子的稳定性，使分子间的结合力减弱，所以熔沸点也有所降低。如邻硝基苯酚的分子中具有分子内氢键，所以其熔沸点比间硝基苯酚和对硝基苯酚的熔沸点都低。

8. 请结合 NaCl 和 H_2 的形成，说明离子键和共价键的形成条件分别是什么？

解：Na 电负性小，具有很强的金属性，容易失去一个电子形成带正电的离子，Cl 电负性比较大，容易得到一个电子形成带负电的离子，正负离子靠静电引力吸引相互靠近，紧密堆积，过程中放出能量，所以形成离子键的条件是元素的电负性差比较大，能形成稳定的离子且形成过程中放出能量。

两个 H 原子之所以能够形成稳定的 H_2 分子，是由于自旋反向的未成对电子轨道互相重叠，使两核间电子云密度增大，电子云密集区同时将两个带正电的原子核牢固地吸引在一起，所以共价键的形成条件是成键原子双方各提供一个自旋反向的未成对电子互相配对形成稳定的化学键。

四、 习题及参考答案

1. 原子轨道有效组合成分子轨道需满足哪些条件?

解: 需要满足以下条件:

(1)能量相近: 是指只有能量相近的原子轨道才能有效地组成分子轨道, 而且能量越接近越好。

(2)对称性匹配: 是指两个原子轨道以两个原子核连线为轴旋转180°时, 原子轨道的角度分布图中的正、负号都改变或都不变, 即为对称性相同或对称性匹配。只有对称性匹配的原子轨道才能组成分子轨道。

(3)轨道最大重叠: 与价键理论相同, 是指在对称性匹配的条件下, 两个原子轨道的重叠程度越大, 形成的分子轨道能量越低, 形成的化学键越牢固。

在上述三个组合原则中, 对称性原则是首要原则, 它决定原子轨道是否能组合成分子轨道, 而能量相近与轨道最大重叠原则决定组合效率。

2. 由杂化轨道理论可知, CH_4、PCl_3、H_2O 分子中, C、P、O 均采用 sp^3 杂化, 为什么实验测得 PCl_3 的键角为 101°, H_2O 的键角为 104°45′, 均小于 CH_4 的键角 109°28′?

解: CH_4 采用 sp^3 等性杂化, PCl_3、H_2O 采用 sp^3 不等性杂化, 杂化轨道上存在孤对电子, 孤对电子对成键电子对的斥力大于成键电子对间的斥力, 使键角被压缩, 故而键角小于 109°28′。

3. 下列轨道沿 x 轴方向分别形成何种共价键?

$(1)p_y - p_y$; $(2)O_2^{2-}$; $(3)s - p_x$; $(4)p_z - p_z$; $(5)s - s$

解: $(1)\pi$ 键; $(2)\sigma$ 键; $(3)\sigma$ 键; $(4)\pi$ 键; $(5)\sigma$ 键。

4. 请指出下列分子中, 每个 N 原子或 C 原子所采取的杂化类型:

$(1)NO_2^+$; $(2)NO_2$; $(3)NO_2^-$; $(4)CH \equiv CH$; $(5)\ CH_2 = CH - CH_3$

解: $(1)sp$ 杂化; $(2)sp^2$ 杂化; $(3)sp^2$ 杂化; $(4)sp$ 杂化; (5)从左到右 sp^2 杂化, sp^2 杂化, sp^3 杂化。

5. 试用分子轨道理论预言: O_2^+ 的键长与 O_2 的键长哪个较短? N_2^+ 的键长与 N_2 的键长哪个较短? 为什么?

解: $(1)O_2^+$ 的分子轨道排布式为 $[KK(\sigma_{2s})^2(\sigma_{2s}^*)^2(\sigma_{2p})^2(\pi_{2p})^4(\pi_{2p}^*)^1]$, 从分子轨道排布式可以看出键级为 2.5; O_2 的分子轨道排布式为 $[KK(\sigma_{2s})^2(\sigma_{2s}^*)^2(\sigma_{2p})^2(\pi_{2p})^4(\pi_{2p}^*)^2]$, 键级为 2; 键级越大分子越稳定, 键长越短, 故 O_2^+ 键长较短。

$(2)N_2$ 的分子轨道排布式为 $[KK(\sigma_{2s})^2(\sigma_{2s}^*)^2(\sigma_{2p})^2(\pi_{2p})^4(\sigma_{2p})^2]$, 键级为 3; N^+ 的分子轨道排布式为 $[KK(\sigma_{2s})^2(\sigma_{2s}^*)^2(\pi_{2p})^4(\sigma_{2p})^2(\pi_{2p}^*)^1]$, 键级为 2.5。键级越大分子越稳定键长越短, 故 N_2 的键长较短。

6. 写出 O_2、O_2^+、O_2^-、O_2^{2-}、N_2、N_2^+、N_2^{2+} 分子或离子的分子轨道式, 计算它们的键级, 比较它们的相对稳定性, 并指出它们是顺磁性还是反磁性?

解: $(1)O_2$ 的分子轨道排布式为 $[KK(\sigma_{2s})^2(\sigma_{2s}^*)^2(\sigma_{2p})^2(\pi_{2p})^4(\pi_{2p}^*)^2]$, 其为顺磁性, 键级为 2。

O_2^+ 的分子轨道排布式为 $[KK(\sigma_{2s})^2(\sigma_{2s}^*)^2(\sigma_{2p})^2(\pi_{2p})^4(\pi_{2p}^*)^1]$, 从分子轨道排布式可以看出其为顺磁性, 键级为 2.5。

O_2^- 的分子轨道排布式为 $[KK(\sigma_{2s})^2(\sigma_{2s}^*)^2(\sigma_{2p})^2(\pi_{2p})^4(\pi_{2p}^*)^3]$, 其为顺磁性, 键级为 1.5; O_2^{2-}

的分子轨道排布式为$[KK(\sigma_{2s})^2(\sigma_{2s}^*)^2(\sigma_{2p})^2(\pi_{2p})^4(\pi_{2p}^*)^4]$，其为抗磁性，键级为 1；键级越大越稳定，所以稳定性是 $O_2^+ > O_2 > O_2^- > O_2^{2-}$。

(2) N_2 的分子轨道排布式为$[KK(\sigma_{2s})^2(\sigma_{2s}^*)^2(\sigma_{2p})^2(\pi_{2p})^4(\sigma_{2p})^2]$，其为抗磁性，键级为 3；

N_2^- 的分子轨道排布式为$[KK(\sigma_{2s})^2(\sigma_{2s}^*)^2(\pi_{2p})^4(\sigma_{2p})^2(\pi_{2p}^*)^1]$，为顺磁性，键级为 2.5；

N_2^{2+} 的分子轨道排布式为$[KK(\sigma_{2s})^2(\sigma_{2s}^*)^2(\pi_{2p})^4]$，从中可以看出，无未成对电子存在，其为抗磁性，键级为 2。

键级越大分子越稳定，所以稳定性是 $N_2 > N_2^- > N_2^{2+}$。

7. 请用分子轨道理论解释下列现象：

(1) He_2 分子不存在；

(2) O_2 分子为顺磁性；

(3) N_2 分子比 N_2^{2-} 离子稳定。

解：(1) He_2 分子的分子轨道排布式为：$(\sigma_{1s})^2(\sigma_{1s}^*)^2$，其键级为 0，所以不能稳定存在。

(2) O_2 分子的分子轨道排布式为：$[KK(\sigma_{2s})^2(\sigma_{2s}^*)^2(\sigma_{2p})^2(\pi_{2p})^4(\pi_{2p}^*)^2]$，$\pi_{2p}^*$ 轨道上有两个未成对电子，所以是顺磁性的。

(3) N_2 的分子轨道排布式为$[KK(\sigma_{2s})^2(\sigma_{2s}^*)^2(\pi_{2p})^4(\sigma_{2p})^2]$，键级为 3，$N_2^{2-}$ 的分子轨道排布式为$[KK(\sigma_{2s})^2(\sigma_{2s}^*)^2(\pi_{2p})^4(\sigma_{2p})^2(\pi_{2p}^*)^2]$，键级为 2，键级越大分子越稳定，所以 N_2 分子比 N_2^{2-} 离子稳定。

8. 判断下列哪些化合物的分子能形成氢键？其中哪些分子形成分子间氢键，哪些分子能形成分子内氢键？

NH_3；H_2CO_3；HNO_3；CH_3COOH；$C_2H_5OC_2H_5$；HCl

解：分子间氢键：NH_3；CH_3COOH；分子内氢键：HNO_3；其余不存在氢键。

9. 在下列各对化合物中，哪一个化合物中的键角大？说明原因。

(a) CH_4 和 NH_3 (b) OF_2 和 Cl_2O

(c) NH_3 和 NF_3 (d) PH_3 和 NH_3

解：(a) $CH_4 > NH_3$，(b) $OF_2 < Cl_2O$，(c) $NH_3 > NF_3$，(d) $PH_3 < NH_3$。原因：(a) 键角 $CH_4 > NH_3$ CH_4 分子的中心原子采取 sp^3 等性杂化，键角为 109°28′，而 NH_3 分子的中心原子为 sp^3 不等性杂化，有两对孤对电子，孤对电子的能量较低，距原子核较近，因而孤对电子对成键电子的斥力较大，使 NH_3 分子键角变小，为 107°18′。(b) 键角 $Cl_2O > OF_2$ Cl_2O 和 OF_2 分子的中心原子氧均为 sp^3 不等性杂化，有两对孤对电子，分子构型为 V 形。但配位原子 F 的电负性远大于 Cl 的电负性，OF_2 分子中成键电子对偏向配位原子 F，Cl_2O 分子中成键电子对偏向中心原子 O，在 OF_2 分子中两成键电子对间的斥力小而 Cl_2O 分子中两成键电子对斥力大，因而 Cl_2O 分子的键角大于 OF_2 分子的键角。(c) 键角 $NH_3 > NF_3$ NH_3 和 NF_3 分子中，H 和 F 的半径都较小，分子中 H 与 H 及 F 与 F 间斥力可忽略。决定键角大小的主要因素是孤对电子对成键电子对的斥力大小。NF_3 分子中成键电子对偏向 F 原子，则 N 上的孤对电子更靠近原子核，能量更低，因此孤对电子对成键电子对的斥力更大。在 NH_3 分子中，成键电子对偏向 N 原子，孤对电子间的斥力增大，同时 N 上的孤对电子受核的引力不如 NF_3 分子中大。(d) 键角 $NH_3 > PH_3$ NH_3 分子和 PH_3 分子的构型均为三角锥型。配体相同，但中心原子不同。N 的电负性大而半径小，P 的电负性小而半径大。半径小而电负性大的 N 原子周围的孤对电子和成键电子对间尽量保持最大角度才能保持斥力均衡，因而 NH_3 分子中的键角接近 109°28′。此外，PH_3 键角接近 90°(实际为 93°18′)也可能与 P 有与 sp^3 轨道能量相近的 3d 轨道有关，如 AsH_3，PH_3，PF_3 及 H_2S 等键角都接近 90°。

10. 排列并解释异核双原子分子 HF、HCl、HBr 和 HI 的极性大小。

解：HF > HCl > HBr > HI；由电负性差值来计算。

11. 试比较下列物质溶解度的大小

(1)邻硝基苯酚和对硝基苯酚；(2)AgCl、AgBr、AgI；(3)CuCl、NaCl。

解：(1)邻硝基苯酚存在分子内氢键，分子极性减弱，使其溶解度降低，故邻硝基苯酚 < 对硝基苯酚；(2)半径越大，在 Ag^+ 的极化作用下，半径越大的离子越容易变形，键的极性越小，溶解度降低，由于 I^- 半径大于 Br^- 大于 Cl^-，故溶解度的大小顺序为：AgCl > AgBr > AgI；(3)Cu^+ 是 18 电子构型，极化能力比 Na^+ 的 8 电子构型要强，导致离子键向共价键过渡，溶解度降低，故 CuCl < NaCl。

12. 解释下列实验现象

(1)沸点：HF > HI > HCl，BiH_3 > NH_3 > PH_3；

(2)$SiCl_4$ 比 CCl_4 易水解。

解：(1)分子半径 HI > HCl > HF，色散力 HI > HCl > HF，但 HF 分子间形成最强的氢键，结果使 HF 的沸点高于 HI。但在氮族元素的氢化物中，NH_3 分子间氢键较弱，沸点顺序不是 NH_3 > BiH_3 > PH_3，而是 BiH_3 > NH_3 > PH_3。

(2)在 $SiCl_4$ 分子中，中心原子 Si 有和 3s，3p 轨道能量相近的 3d 空轨道，该 3d 空轨道可接受水分子中 O 所提供的电子对，因而 $SiCl_4$ 易水解。在 CCl_4 分子中，中心原子 C 的价层无空的轨道，2s 和 2p 轨道都已用来成键，不能接受水分子中 O 原子提供的电子对，因此，$SiCl_4$ 比 CCl_4 易水解。

13. 请指出下列分子间存在的作用力。

(1)CH_3CH_2OH 和 H_2O；(2)C_6H_6 和 H_2O；(3)C_6H_6 和 CCl_4；

(4)HBr 和 HI；(5)HF 和水；(6)CO_2 和 CH_4

解：(1)取向力，诱导力，色散力，氢键；(2)诱导力，色散力；(3)色散力；(4)取向力，诱导力，色散力；(5)取向力，诱导力，色散力，氢键；(6)色散力。

14. 下列说法是否正确？举例说明。

(1)非极性分子中只有非极性共价键；

(2)共价分子中的化学键都有极性；

(3)相对分子质量越大，分子间力越大；

(4)色散力只存在于非极性分子之间；

(5)σ 键一定比 π 键的键能大；

解：(1)不正确，如 CH_4；(2)不正确，如 H_2；(3)不正确，如分子间力(范德华力和氢键)HF > HI > HCl；(4)不正确，色散力存在于一切分子之间；(5)不正确，如苯环中的芳香大 π 键比 σ 键的键能大。

15. 请指出下列物质中是否存在氢键？如果存在氢键，请指出氢键的类型。

(1)HF；(2)CH_3COOH；(3)HNO_3；(4)邻硝基苯酚；(5)CH_3Cl；(6)N_2H_4。

解：(1)存在氢键，分子间氢键；(2)存在氢键，分子间氢键；(3)存在氢键，分子内氢键；(4)存在氢键，分子内氢键；(5)不存在氢键；(6)存在氢键，分子间氢键。

16. 对于大多数分子晶体来说，其熔点、沸点随分子相对分子质量的变化关系如何，为什么？

解：对大多数分子晶体来说，它们的熔点和沸点都随着相对分子质量的增大而升高。分子间作用力大小由色散力决定，分子的相对分子质量越大，分子的变形性越大，分子间的色散力也越大。

17. 下图中第 2 周期元素的 3 个化合物（NH_3，H_2O 和 HF）的沸点远远偏高于正常趋势，请解释原因。

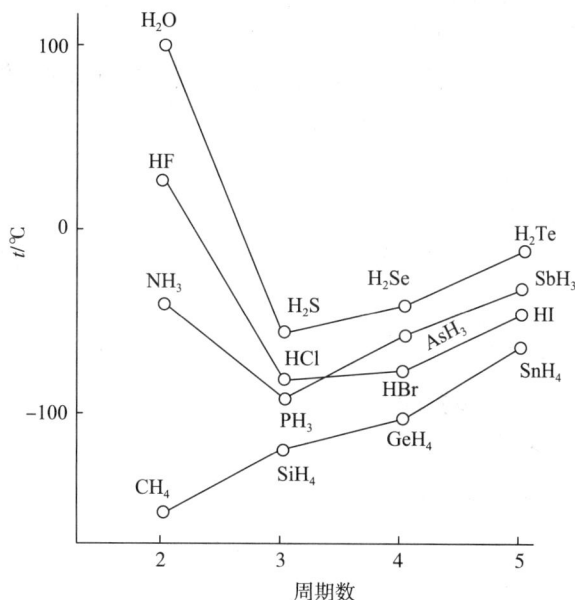

解：分子间氢键的形成会使物质的熔点和沸点显著升高。H_2O 的沸点显著高于氧族其他氢化物，这是因为 H_2O 汽化时，除了克服范德华力外，还要破坏氢键，需要消耗较多的能量，所以导致 H_2O 的沸点显著高于氧族其他氢化物。同样 HF 和 NH_3 的沸点与同族其他元素氢化物相比较异常偏高也是由于这个原因。

18. 试用离子极化的观点，解释下列现象：

（1）AgF 易溶于水，AgCl、AgBr、AgI 难溶于水，且溶解度依次减小。

（2）AgCl、AgBr、AgI 的颜色依次加深。

解：F 离子半径最小，AgF 离子键成分高，易溶于水，由 Cl^- 到 I^-，离子半径依次增大，半径越大，变形性越大，由离子键向共价键过渡，溶解度降低，所以 AgCl、AgBr、AgI 的溶解度依次下降；在卤化银中，阴离子变形性越大，电子活动范围越大，卤化银的颜色越深，所以 AgCl、AgBr、AgI 颜色依次加深。

五、 补充习题及参考答案

（一）补充习题

1. 单选题

（1）下列说法正确的是 （ ）

A. NaCl 是食盐的分子式　　　　　　　B. 共价键仅存在于共价型化合物中

C. 凡是盐都是离子型化合物　　　　　　D. 离子晶体一般都有较高的熔点和沸点

（2）下列说法错误的是 （ ）

A. 化学键中，没有百分之百的离子键

B. 原子间电子云密度大的区域对两核吸引所形成的化学键叫共价键

C. 离子键有方向性和饱和性

D. CO_2 分子的正负电荷重心重合是一个非极性分子

(3)非极性分子与非极性分子之间存在 （　　）

A. 取向力　　　　　B. 诱导力　　　　　C. 色散力　　　　　D. 氢键

(4)NH_3 中氮原子采取的杂化方式是 （　　）

A. sp^2 杂化　　　B. sp^3 等性杂化　　C. sp^3 不等性杂化　D. sp^3d 杂化

(5)HF 的沸点比 HCl 高，主要是由于前者 （　　）

A. 共价键牢固　　　B. 分子量小　　　　C. 有色散力　　　　D. 分子间有氢键

(6)下列各化学键中，极性最小的是 （　　）

A. O—F　　　　　　B. H—F　　　　　　C. C—F　　　　　　D. Na—F

(7)下列分子中偶极矩等于零的是 （　　）

A. $CHCl_3$　　　　B. H_2S　　　　　C. NH_3　　　　　D. CCl_4

(8)下列化合物中，存在分子间氢键的是 （　　）

A. HF　　　　　　　B. HCl　　　　　　C. HBr　　　　　　D. HI

(9)在下列各组分子中，分子之间只存在色散力的是 （　　）

A. C_6H_6 和 CCl_4　B. HCl 和 N_2　　C. NH_3 和 H_2O　　D. HCl 和 HF

(10)下列分子中，具有直线形结构的是 （　　）

A. H_2O　　　　　B. NH_3　　　　　C. $BeCl_2$　　　　D. C_2H_4

(11)BF_3 分子的空间构型是 （　　）

A. 四面体形　　　　B. 三角锥形　　　　C. 三角双锥形　　　D. 平面三角形

(12)液态水中，水分子之间存在 （　　）

A. 取向力和诱导力　B. 诱导力和色散力　C. 取向力和氢键　　D. 四种力都存在

(13)下列分子的中心原子采用 sp^3 等性杂化的是 （　　）

A. CH_4　　　　　B. H_2O　　　　　C. H_2S　　　　　D. NH_3

(14)下列分子中，偶极矩最大的是 （　　）

A. HCl　　　　　　B. HBr　　　　　　C. HF　　　　　　　D. HI

(15)水的反常熔、沸点归因于 （　　）

A. 范德华力　　　　B. 配位键　　　　　C. 离子键　　　　　D. 氢键

(16)下列分子中，其形状不是直线形的是 （　　）

A. CO　　　　　　　B. CO_2　　　　　C. $HgCl_2$　　　　D. NH_3

(17)下列分子或离子具有顺磁性的是 （　　）

A. N_2　　　　　　B. O_2　　　　　　C. F_2　　　　　　D. O_2^{2-}

(18)从键级大小来看，下列分子或离子中最稳定的是 （　　）

A. H_2　　　　　　B. O_2　　　　　　C. O_2^-　　　　　D. N_2

(19)下列分子或离子中，具有反磁性的是 （　　）

A. B_2　　　　　　B. O_2　　　　　　C. H_2^+　　　　　D. N_2

(20)按分子轨道理论，下列分子或离子中，键级最大的是 （　　）

A. O_2^+　　　　　B. O_2^{2+}　　　　C. O_2　　　　　　D. O_2^-

2. 判断题

(1)凡是中心原子采用 sp^3 杂化轨道成键的分子，其空间构型必定是四面体。 （　　）

(2)原子轨道之所以要杂化，是因为可以增加成键能力。 （　　）

(3)CH_4 中，C－H 键为极性键，故 CH_4 分子为极性分子。　　　　　　　　（　）

(4)在 Na^+、Ca^{2+}、Zn^{2+} 等阳离子中，极化能力最大的是 Na^+，极化能力最小的是 Zn^{2+}。（　）

(5)正离子的半径小于相应原子半径。　　　　　　　　　　　　　　　　　　（　）

(6)所有正四面体的分子都是非极性分子。　　　　　　　　　　　　　　　　（　）

(7)一般来说，σ 键比 π 键的键能大。　　　　　　　　　　　　　　　　　（　）

(8)非极性分子中一定不含极性键。　　　　　　　　　　　　　　　　　　　（　）

(9)根据价键理论，原子中有几个未成对电子，就只能形成几个共价键。　　　（　）

(10)分子型物质的分子量越大，范德华力也越大，则沸点越高。　　　　　　（　）

3. 填空题

(1)σ 键形成时，原子轨道_____重叠，重叠部分对键轴具有_____对称。

(2)π 键形成时，原子轨道是_____重叠，重叠部分对键轴所在的一个平面具有_____对称。

(3)两原子之间形成配位共价键的条件是：一个原子_____，另一个原子_____。

(4)正、负电荷中心重合的分子是_____分子；正、负电荷中心不重合的分子是_____分子。

(5)极性分子的偶极矩_____零，非极性分子的偶极矩_____零。

(6)杂化轨道比未杂化前轨道的成键能力_____。

(7)HC≡CH 分子中存在_____个 σ 键，_____个 π 键。

(8)p 轨道肩并肩异号重叠，则是对称性_____，组合成的分子轨道为_____。

(9)由于极化作用使化学键由_____向_____过渡，化合物溶解度_____，稳定性和熔点_____。

(10)NH_3 的中心原子是_____，其价层电子对数是_____对，孤对电子为_____对，电子对在空间的构型为_____形，由此可判断出中心原子采用_____杂化。

4. 简答题

(1)在 BF_3 和 NF_3 分子中，中心原子的氧化数和配体数都相同，为什么二者的中心原子采取的杂化类型、分子构型却不同?

(2)试判断下列各对物质中哪个熔点较高，并说明原因。

Na_2SO_4 和 K_2SO_4；$NaCl$ 和 MgO；MgO 和 BaO；CaF_2 和 $CaCl_2$

(3)请指出下列分子中哪些是极性分子，哪些是非极性分子。

NO_2；$CHCl_3$；NCl_3；SO_3；SCl_2；$COCl_2$

(二)参考答案

1. 单选题

(1)~(5) DCCCD　　(6)~(10) ADAAC　　(11)~(15) DDACD

(16)~(20) DBDDB

2. 是非题

(1)×　(2)√　(3)×　(4)×　(5)√　(6)×　(7)√

(8)×　(9)√　(10)×

3. 填空题

(1)头碰头；圆柱形

（2）肩并肩；反

（3）有未共用的电子对（孤电子对）；价层有空轨道

（4）非极性；极性

（5）大于；等于

（6）强

（7）3 个；2 个

（8）匹配；反键分子轨道

（9）离子键；共价键；减小；降低

（10）N；4；1；四面体形；sp^3 不等性杂化。

4. 简答题

（1）答：在 BF_3 分子中，中心原子 B 的一个 2s 电子激发到 2p 轨道上，采取 sp^2 杂化方式成键，分子构型为平面三角形。根据杂化轨道理论，参与杂化的轨道数越多，杂化轨道上填充的电子越多，则分子越稳定。在 NF_3 分子中，N 含有孤对电子，采用 sp^3 不等性杂化，分子构型为三角锥形。因此，虽然 BF_3 和 NF_3 中心原子的氧化数和配体数都相同，但二者的中心原子采取的杂化类型、分子构型却不同。

（2）答：Na_2SO_4 的熔点比 K_2SO_4 的高，因为两种物质都是离子键结合，电荷相等，Na^+ 离子的半径比 K^+ 半径小，与 SO_4^{2-} 结合的静电引力较大，因此熔点也就较高。

MgO 的熔点比 $NaCl$ 的熔点高。因为两种物质都是离子键结合，而 Mg^{2+} 比 Na^+ 电荷多，O^{2-} 比 Cl^- 的电荷多。电荷越多，离子结合越牢固，熔点也越高。

MgO 的熔点比 BaO 的熔点高。电荷相等，但 Ba^{2+} 的半径比 Mg^{2+} 的半径大，Ba^{2+} 的电场力比 Mg^{2+} 弱。

CaF_2 的熔点比 $CaCl_2$ 高。阳离子相同，阴离子所带电荷虽相同，但 F^- 离子的半径比 Cl^- 半径小，与 Ca^{2+} 的静电引力较大，因此熔点也就较高。

（3）答：判断分子的极性，不仅要判断键的极性，还要分析整个分子的结构（对称性）以及成键原子周围的环境。即使同种元素的原子成键，周围环境不同，也可能形成极性键。

	NO_2	$CHCl_3$	NCl_3	SO_3	SCl_2	$COCl_2$
分子结构	V 形	四面体	三角锥	三角形	V 形	三角形
分子极性	有	有	有	无	有	有

第九章　配位化合物

一、　知识导航

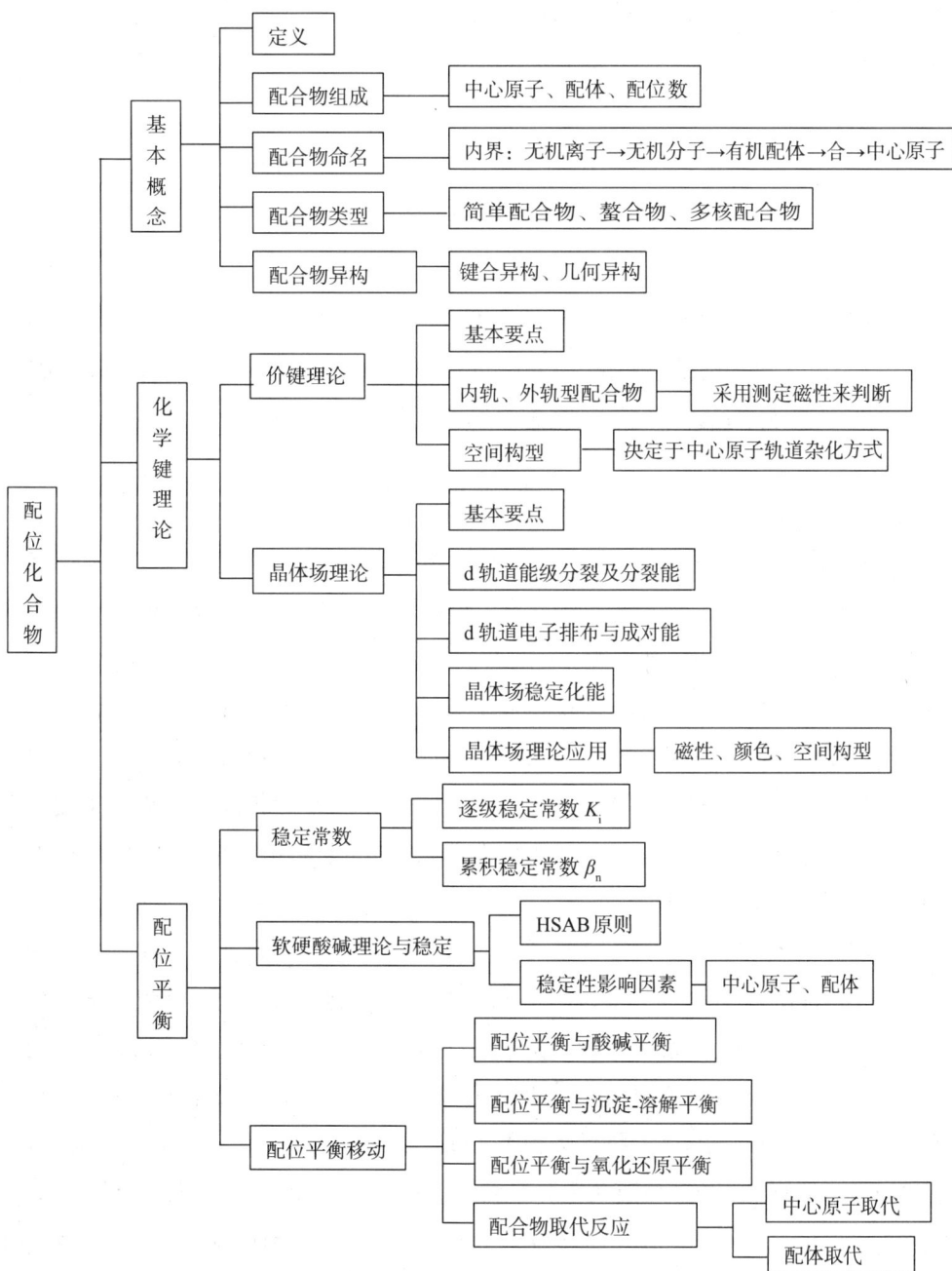

二、 重难点解析

1. 如何利用价键理论讨论配合物结构?

价键理论讨论配合物结构的基本思路:由实验测得的磁矩计算出中心原子的未成对电子数,推测中心离子的价电子分布情况和杂化方式;并确定配合物是内轨型还是外轨型,以解释配合物的相对稳定性。以 $[Co(NH_3)_6]^{2+}$ 和 $[Co(NH_3)_6]^{3+}$ 为例讨论配合物结构:

配离子	实测实验(B.M.)	未成对电子数	$(n-1)d$ 轨道电子排布	杂化类型	配合物类型	相对稳定性
$[Co(NH_3)_6]^{2+}$	3.88	3	Co^{2+} ↑↓ ↑↓ ↑ ↑ ↑	sp^3d^2	外轨型	低
$[Co(NH_3)_6]^{3+}$	0	0	Co^{3+} ↑↓ ↑↓ ↑↓ __ __	d^2sp^3	内轨型	高

2. 如何判断内轨型和外轨型配合物?

配合物价键理论中将配合物分为内轨型和外轨型,内轨型是指中心离子采用内层的 $(n-1)d$, ns, np 空轨道参与杂化,而外轨型则是中心离子仅用了外层的 ns, np, nd 空轨道杂化接受配体的孤对电子。通常内轨型比外轨型能量低较稳定。一个配合物究竟是内轨型还是外轨型,可根据中心离子的外层电子考虑。

(1) 中心原子为 $d^{1~3}$ 电子,由于 d 有五个轨道,内层肯定有空轨道,因此形成内轨型配合物。

(2) 中心原子为 $d^{8~10}$ 电子,d 轨道上都排了电子,除非极强的配体外,一般都是外轨型配合物。

(3) 中心原子为 $d^{4~7}$ 电子时,则两种可能都有。中心原子电荷高,可吸引配体靠近,而配位原子为电负性小的元素(如 C、N),给电子能力强,则在靠近时强烈地排斥 d 轨道上的电子,使其原来独占的轨道让一部分出来,形成内轨型配合物。若配位原子为电负性大的元素(如 F、O),由于本身不易给出电子,对中心离子 d 轨道上的电子排斥力就不太大,因此内层轨道不能空出来,只能用外层轨道杂化,从而形成外轨型配合物。在这种情况下内轨型配合物因内层电子被强行配对,因此未成对电子少,因而磁矩较小,称低自旋配合物;而外轨型则因内层电子未配对,因而磁矩较大,也称高自旋配合物。

3. 如何理解配合物的晶体场理论?

首先要理解什么是晶体场,中心离子与配体之间是通过什么力结合?在晶体场理论中,中心原子往往是正离子,配体是负离子或极性分子(有偶极),受中心体的影响,配位体负离子或分子的负极朝着中心离子,它们之间的作用力是静电引力。由于正(中心体)、负(配体负极)相吸引,配体逐渐靠近中心体,形成了一个包围中心离子的负电场,即晶体场。这时中心离子 d 轨道上的电子受到影响了,电子与配体间是相互排斥的,靠得越近排斥力越大。而中心离子的价电子一般都在 d 轨道上,d 轨道在空间有五种伸展方向(见第七章原子轨道角度分布图),有两个轨道的角度最大分布处在 ±x、±y、±z 轴的方向,即 $d_{x^2-y^2}$、d_{z^2},另外三个处在这些轴向的45°夹角方向,因此配位数不同、空间位置不同,形成的场就不同,因此就有八面体场(6个配位数)、四面体场(4个配位原子在立方体四个顶角)、四方形场(4个配位原子在平面四方形的四个顶点),再分析配体与这些轨道间的距离远近就可理解中心离子的 d 轨道为何要发生分裂了。而分裂后能量不同，故电子要重新排布，仍然遵循原子轨道中电子排布的三个原则，从而可以计算出晶体场稳定化能。

4. 如何利用晶体场理论讨论配合物结构？

晶体场理论讨论配合物结构的基本思路：比较晶体场中分裂能和成对能的相对大小，判断晶体场的相对强弱；确定中心原子 d 电子在分裂后轨道中的排布和配合物的高、低自旋状态；估算配合物的磁矩，计算晶体场稳定能，以说明晶体场的稳定性。如利用晶体场理论解释 $[CoF_6]^{3-}$ 和 $[Co(CN)_6]^{3-}$ 的结构。

配离子	P 和 Δ_o 的相对大小	配合物类型	d 轨道电子排布	未成对电子数	磁性	计算磁矩	晶体场稳定化能	相对稳定性
$[CoF_6]^{3-}$	$P > \Delta_o$（弱场）	高自旋	$d_\varepsilon^4 d_\gamma^2$	4	顺磁性	4.90	$-4Dq$	低
$[Co(CN)_6]^{3-}$	$P < \Delta_o$（强场）	低自旋	$d_\varepsilon^6 d_\gamma^0$	0	反磁性	0	$-24Dq + 2P$	高

三、 复习思考题及参考答案

1. $PtCl_4$ 和氨水反应，生成物的分子式为 $Pt(NH_3)_4Cl_4$。用 $AgNO_3$ 处理 1mol 该化合物，得到 2mol 的 $AgCl$。试推断该配合物的结构式并指出铂的配位数和配离子的电荷数。

解：结构式为 $[PtCl_2(NH_3)_4]Cl_2$，Pt 的配位数为 6，配离子的电荷数为 +2。

2. 已知 $[Fe(H_2O)_6]^{2+}$ 是外轨型配合物，$[Fe(CN)_6]^{4-}$ 是内轨型配合物，画出它们的价层电子分布情况，并指出各以何种杂化轨道成键？

解：

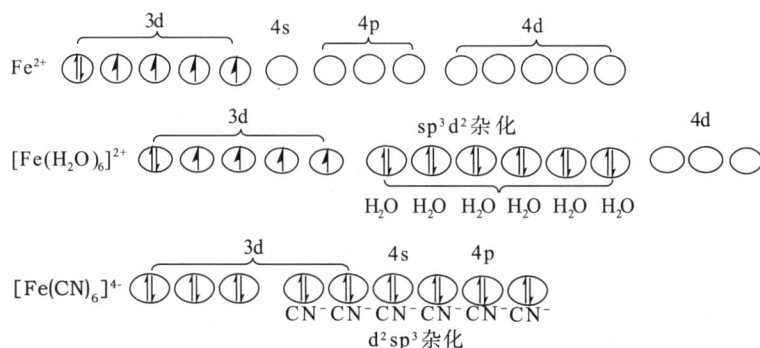

3. 何谓螯合物和螯合效应？在下列化合物中哪些可能作为有效的螯合剂？

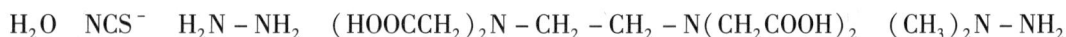

H_2O NCS^- H_2N-NH_2 $(HOOCCH_2)_2N-CH_2-CH_2-N(CH_2COOH)_2$ $(CH_3)_2N-NH_2$

解：中心原子与多齿配体形成的具有环状结构的配合物称螯合物。多齿配体与中心原子的成环作用使螯合物比组成和结构相近的非螯合物稳定得多，这种现象称为螯合效应。题中仅 $(HOOCCH_2)_2N-CH_2-CH_2-N(CH_2COOH)_2$ 可作螯合剂。

4. 下列说法哪些错误？并说明理由。

（1）配合物必须同时具有内界和外界；

（2）只有金属离子才能作为配合物形成体；

（3）形成体的配位数即是配位体的数目；

（4）配离子的电荷数等于中心离子的电荷数；

（5）配离子的几何构型取决于中心离子所采用的杂化轨道类型。

解：（1）错误。有些配合物不存在外界，只有内界。如 $[Ni(NH_3)_2(C_2O_4)]$；$[P_tCl_2(NH_3)_2]$。

（2）错误。一些具有高氧化态的非金属元素也能作为形成体，如 $Na_2[SiF_6]$ 中的 Si(Ⅳ)、$Na[BF_4]$ 中的 B(Ⅲ) 和 $NH_4[PF_6]$ 中的 P(Ⅴ)；此外极少数的阴离子，如在 $HCo(CO)_4$ 中的 Co(-1)。

（3）错误。当配体为单齿配体时：配位数 = 配体数；配体为多齿配体时：配位数 = 齿数 × 配体数。

（4）错误。配离子的电荷数等于形成体和配体电荷的代数和。

（5）正确。

四、 习题及参考答案

1. 下列化合物中哪些是配合物？哪些是螯合物？哪些是复盐？哪些是简单盐？

（1）$CaSO_4 \cdot 5H_2O$

（2）$(NH_4)_2[Fe(Br)_5(H_2O)]$

（3）$[Ni(en)_2]Cl_2$

（4）$[Cu(NH_2CH_2COOH)_2]SO_4$

（5）$KCl \cdot MgCl_2 \cdot 6H_2O$

（6）$(NH_4)_2SO_4 \cdot FeSO_4 \cdot 6H_2O$

（7）$[Pt(NH_3)_2(OH)_2]Cl_2$

（8）$KAl(SO_4)_2 \cdot 12H_2O$

解：（2）、（3）、（4）、（7）是配合物；（3）是螯合物；（5）、（6）、（8）是复盐；（1）是简单盐。

2. 命名下列配合物，并指出中心离子、配体、配位原子、配位数、配位离子电荷。

（1）$H_2[SiF_6]$

（2）$[Ag(NH_3)_2]OH$

（3）$(NH_4)_2[Zn(OH)_4]$

（4）$K_3[Ag(S_2O_3)_2]$

（5）$[CoCl(NH_3)_5]CO_3$

（6）$[Cu(en)_2]Br_2$

（7）$[Pt(NH_2)(NO_2)(NH_3)_2]$

（8）$[Ni(NH_3)_2(C_2O_4)]$

解： 解题见下表：

题号	配合物名称	中心离子	配体	配位原子	配位数	配离子电荷
（1）	六氟合硅（Ⅳ）酸	Si^{4+}	F^-	F	6	-2
（2）	氢氧化二氨合银（Ⅰ）	Ag^+	NH_3	N	2	$+1$
（3）	四羟基合锌（Ⅱ）酸铵	Zn^{2+}	OH^-	O	4	-2
（4）	二硫代硫酸根合银（Ⅰ）酸钾	Ag^+	$S_2O_3^{2-}$	O	2	-3
（5）	碳酸一氯·五氨合钴（Ⅲ）	Co^{3+}	Cl^-，NH_3	Cl，N	6	$+2$
（6）	二溴化二乙二胺合铜（Ⅱ）	Cu^{2+}	en	N	4	$+2$
（7）	氨基·硝基·二氨合铂（Ⅱ）	Pt^{2+}	NH_2^-，NO_2^-，NH_3	N，N，N	4	0
（8）	二氨·一草酸根合镍（Ⅱ）	Ni^{2+}	NH_3，$C_2O_4^{2-}$	N，O	4	0

3. 写出下列配合物的化学式：

（1）三溴化六氨合钴（Ⅲ）

（2）六硫氰酸根合钴（Ⅲ）酸钾

（3）二氯·二乙二胺合镍（Ⅱ）

（4）硫酸亚硝酸·五氨合钴（Ⅲ）

(5) 二氯·二氨合铂（Ⅱ） (6) 五溴·一水合铁（Ⅲ）酸铵

解：（1）$[Co(NH_3)_6]Br_3$ (2) $K_3[Co(SCN)_6]$

（3）$[Ni(en)_2]Cl_2$ (4) $[Co(ONO)(NH_3)_5]SO_4$

（5）$[PtCl_2(NH_3)_2]$ (6) $(NH_4)_2[Fe(Br)_5(H_2O)]$

4. 根据实验测得的磁矩确定下列配合物的几何构型，并指出是内轨型还是外轨型。

（1）$[Co(NH_3)_6]^{2+}$，$\mu=3.88$ B.M (2) $[Co(NH_3)_6]^{3+}$，$\mu=0$ B.M

（3）$[FeF_6]^{3-}$，$\mu=5.88$ B.M (4) $[Fe(CN)_6]^{4-}$，$\mu=0$ B.M

（5）$[Ni(NH_3)_4]^{2+}$，$\mu=3.0$ B.M (6) $[Ni(CN)_4]^{2-}$，$\mu=0$ B.M

解：

题号	配合物	μ/B.M	未成对电子数 n	杂化类型	几何构型	轨型
(1)	$[Co(NH_3)_6]^{2+}$	3.88	3	sp^3d^2	正八面体	外轨
(2)	$[Co(NH_3)_6]^{3+}$	0	0	d^2sp^3	正八面体	内轨
(3)	$[FeF_6]^{3-}$	5.88	5	sp^3d^2	正八面体	外轨
(4)	$[Fe(CN)_6]^{4-}$	0	0	d^2sp^3	正八面体	内轨
(5)	$[Ni(NH_3)_4]^{2+}$	3.0	2	sp^3	正四面体	外轨
(6)	$[Ni(CN)_4]^{2-}$	0	0	dsp^2	平面正方形	内轨

5. 根据软硬酸碱原则，比较下列各组所形成的两种配离子之间的稳定性相对大小。

（1）Cl^-，I^- 与 Hg^{2+} 配合 (2) SCN^-，ROH 与 Pd^{2+} 配合

（3）CN^-，NH_3 与 Cd^{2+} 配合 (4) NH_2CH_2COOH，CH_3COOH 与 Cu^{2+} 配合

解： 根据软硬酸碱原则，硬酸倾向于与硬碱结合，软酸倾向于与软碱结合。

（1）Hg^{2+} 为软酸，与较软的碱 I^- 生成较稳定的配合物。

（2）Pd^{2+} 为软酸，SCN^- 为软碱，ROH 为硬碱，Pd^{2+} 与 SCN^- 配合形成的配离子稳定性大于 Pd^{2+} 与 ROH 配合所形成的配离子。

（3）Cd^{2+} 为软酸，与软碱 CN^- 生成稳定配合物。

（4）Cu^{2+} 为交界酸，NH_2CH_2COOH 为硬碱且又是螯合剂，可与 Cu^{2+} 形成螯合物；CH_3COOH 为硬碱，故 Cu^{2+} 与 NH_2CH_2COOH 形成的螯合物稳定性大于其与 CH_3COOH 配合所形成的配离子。

6. 已知下列配合物的分裂能 Δ_o 和电子成对能 P 之间的关系如下：

（1）$[Co(NH_3)_6]^{2+}$ $P>\Delta_o$ (2) $[Co(NH_3)_6]^{3+}$ $P<\Delta_o$

（3）$[Fe(H_2O)_6]^{2+}$ $P>\Delta_o$

试判断这些配合物中哪些为高自旋，哪些为低自旋；指出各中心离子的未成对电子数及 d_ε 和 d_γ 轨道的电子数目；计算各配合物的磁矩 μ(B.M.)。

解：（1）$[Co(NH_3)_6]^{2+}$：Co^{2+}，$3d^7$，因为 $P>\Delta_o$，所以为高自旋，为八面体弱场 $d\varepsilon^5d\gamma^2$，未成对电子 $n=3$，$\mu=\sqrt{n(n+2)}=3.87$(B.M.)

（2）$[Co(NH_3)_6]^{3+}$：Co^{3+}，$3d^6$，因为 $P<\Delta_o$，所以低自旋，为八面体强场 $d\varepsilon^6$，未成对电子 $n=0$，$\mu=\sqrt{n(n+2)}=0$(B.M.)

（3）$[Fe(H_2O)_6]^{2+}$：$3d^6$，因为 $P>\Delta_o$，所以高自旋，为八面体弱场 $d\varepsilon^4d\gamma^2$，未成对电子 $n=4$，$\mu=$

$\sqrt{n(n+2)} = 4.9 (\text{B. M.})$

7. 计算下列配离子的晶体场稳定化能

(1) $[FeF_6]^{3-}$　(2) $[Fe(CN)_6]^{3-}$　(3) $[CoF_6]^{3-}$　(4) $[Co(NH_3)_6]^{3+}$

解: 计算晶体场稳定化能,应先确定中心离子的 d 电子排布

(1) $[FeF_6]^{3-}$: Fe^{3+}, $3d^5$ 八面体弱场, $d\varepsilon^3 d\gamma^2$, $CFSE = 3 \times (-4Dq) + 2 \times 6Dq = 0Dq$

(2) $[Fe(CN)_6]^{3-}$: Fe^{3+}, $3d^5$ 八面体强场 $d\varepsilon^5$, $CFSE = 5 \times (-4Dq) + 2P = -20Dq + 2P$

(3) $[CoF_6]^{3-}$: Co^{3+}, $3d^6$ 八面体弱场, $d\varepsilon^4 d\gamma^2$, $CFSE = 4 \times (-4Dq) + 2 \times 6Dq = -2Dq$

(4) $[Co(NH_3)_6]^{3+}$: Co^{3+}, $3d^6$ 八面体强场 $d\varepsilon^6$, $CFSE = 6 \times (-4Dq) + 2P = -24Dq + 2P$

8. 往含有 0.1mol/L 的 $[Cu(NH_3)_4]^{2+}$ 配离子溶液中,加入氨水,使溶液中 NH_3 浓度为 1.0mol/L,请计算达到平衡时溶液中 Cu^{2+} 离子浓度为多少? 已知 $[Cu(NH_3)_4]^{2+}$ 的 $K_s^{\ominus} = 2.1 \times 10^{13}$

解:
$$[Cu(NH_3)_4]^{2+} \rightleftharpoons Cu^{2+} + 4NH_3$$
平衡浓度 mol/L　　　　　　　$0.1-x$　　　x　　$1.0+4x$

$$K_s^{\ominus} = \frac{[Cu(NH_3)_4^{2+}]}{[Cu^{2+}][NH_3]^4} = \frac{0.1-x}{x(1.0+4x)^4} = 2.1 \times 10^{13}$$

由于氨水过量,$[Cu(NH_3)_4]^{2+}$ 的解离受抑制,则 $0.1-x \approx 0.1$　$1.0+4x \approx 1.0$

解得 $x = [Cu^{2+}] \approx 4.8 \times 10^{-15}$ mol/L

9. 请通过计算下列溶液中 Ag^+ 浓度来判断 $[Ag(NH_3)_2]^+$ 和 $[Ag(S_2O_3)_2]^{3-}$ 两种配离子的稳定性大小。

(1) 0.1mol/L $[Ag(NH_3)_2]^+$ 溶液中含有 0.1mol/L 氨水,$[Ag(NH_3)_2]^+$ 的 $K_s^{\ominus} = 1.12 \times 10^7$;

(2) 在 0.1mol/L $[Ag(S_2O_3)_2]^{3-}$ 溶液中含有 0.1mol/L $S_2O_3^{2-}$ 离子,$[Ag(S_2O_3)_2]^{3-}$ 的 $K_s^{\ominus} = 2.9 \times 10^{13}$。

解: (1) 设达平衡时 $[Ag(NH_3)_2]^+$ 溶液中 Ag^+ 浓度为 x mol/L

$$Ag^+ + 2NH_3 \rightleftharpoons [Ag(NH_3)_2]^+$$
平衡浓度 mol/L　　　x　　$0.1+2x$　$0.1-x$

$$K_s^{\ominus} = \frac{[Ag(NH_3)_2^+]}{[Ag^+][NH_3]^2} = \frac{0.1-x}{x(0.1+2x)^2} = 1.1 \times 10^7$$

由于氨水过量,所以 $[Ag(NH_3)_2]^+$ 的解离受抑制,则 $0.1-x \approx 0.1$　$0.1+2x \approx 0.1$　则 $x = [Ag^+] \approx 9.1 \times 10^{-7}$ mol/L

(2) 设达平衡时 $[Ag(S_2O_3)_2]^{3-}$ 溶液中 Ag^+ 浓度为 y mol/L

$$Ag^+ + 2S_2O_3^{2-} \rightleftharpoons [Ag(S_2O_3)_2]^{3-}$$
平衡浓度 mol/L　　　y　　0.1+2y　　0.1-y

$$\therefore K_s^{\ominus} = \frac{[Ag(S_2O_3)_2]^{3-}}{[Ag^+][S_2O_3^{2-}]^2} = \frac{0.1-y}{y(0.1+2y)^2} = 2.9 \times 10^{13}$$

由于 $S_2O_3^{2-}$ 过量,所以 $[Ag(S_2O_3)_2]^{3-}$ 的解离受抑制,则 $0.1-y \approx 0.1$

$0.1+2y \approx 0.1$　则 y = $[Ag^+] \approx 3.5 \times 10^{-13}$ mol/L

由以上计算结果表明,在相同浓度条件下,$[Ag(NH_3)_2]^+$ 溶液中 Ag^+ 浓度远远大于 $[Ag(S_2O_3)_2]^{3-}$ 溶液中 Ag^+ 浓度,所以在水溶液中 $[Ag(S_2O_3)_2]^{3-}$ 较 $[Ag(NH_3)_2]^+$ 难解离,稳定性好。

10. 欲使 0.10mol AgCl 溶于 1L 氨水中,所需氨水的最低浓度为多少? 已知: AgCl 的 $K_{sp}^{\ominus} = 1.77 \times 10^{-10}$,$[Ag(NH_3)_2]^+$ 的 $K_s^{\ominus} = 1.12 \times 10^7$。

解： 设 0.10mol AgCl 溶解度达平衡时氨水的浓度为 x mol/L

$$AgCl(s) + 2NH_3 \Longrightarrow [Ag(NH_3)_2^+] + Cl^-$$

平衡浓度 mol/L　　　　　　　　　　　　x　　　　0.10　　　0.10

$$\because K = \frac{[Ag(NH_3)_2^+][Cl^-]}{[NH_3]} \times \frac{[Ag^+]}{[Ag^+]}$$

$$= K_{sp}^{\ominus} \cdot K_s = 1.77 \times 10^{-10} \times 1.12 \times 10^7$$

$$= 1.98 \times 10^{-3}$$

$$\therefore \frac{0.10 \times 0.10}{x^2} = 1.98 \times 10^{-3} \qquad x = [NH_3] = 2.2 \text{ mol/L}$$

由反应式可知，溶解 0.10mol AgCl 必定消耗 0.20mol 氨水，故所需氨水的最低浓度：$c(NH_3) = 2.2 + 0.20 = 2.4$mol/L

11. 将 1mol KBr 固体加入到 1L 0.2mol/L AgNO$_3$ 溶液中，若欲阻止 AgBr 沉淀产生，至少应加入多少摩尔 KCN 固体？已知 AgBr 的 $K_{sp}^{\ominus} = 5.35 \times 10^{-13}$，$[Ag(CN)_2]^-$ 的 $K_s = 1.3 \times 10^{21}$。

解： 若不析出 AgBr 沉淀，根据 $[Ag^+] \cdot [Cl^-] = K_{sp}^{\ominus}$

$$则 [Ag^+] \leqslant \frac{K_{sp}^{\ominus}}{[Br^-]} = \frac{5.35 \times 10^{-13}}{1} = 5.35 \times 10^{-13} \text{mol/L}$$

设达平衡时溶液中 CN$^-$ 的浓度为 x

$$Ag^+ + 2CN^- \Longrightarrow Ag(CN)_2^-$$

平衡浓度 mol/L　　　　5.35×10^{-13}　　x　　　0.2

$$\because K_s^{\ominus}[Ag(CN)_2^-] = \frac{[Ag(CN)_2^-]}{[Ag^+][CN^-]^2} = \frac{0.2}{5.35 \times 10^{-13} \times x^2} = 1.26 \times 10^{21}$$

$$x = \sqrt{\frac{0.2}{1.26 \times 10^{21} \times 5.35 \times 10^{-13}}} = 1.72 \times 10^{-5} \text{mol/L}$$

所需要加入的 KCN 固体的物质的量至少为 $0.2 \times 2 + 1.72 \times 10^{-5} \approx 0.4$（mol）

12. 计算下列各反应在 298K 时的标准平衡常数 $K^{\ominus}$，并判断反应能否正向自发进行。

(1) $[Ag(S_2O_3)_2]^{3-} + 2CN^- \Longrightarrow [Ag(CN)_2]^- + 2S_2O_3^{2-}$

已知：$E^{\ominus}\{[Ag(CN)_2]^-/Ag\} = -0.4495V$，$E^{\ominus}\{[Ag(S_2O_3)_2]^{3-}/Ag\} = +0.0054V$

(2) $2[Fe(CN)_6]^{3-} + 2I^- \Longrightarrow 2[Fe(CN)_6]^{4-} + I_2$

已知：$\lg K_s^{\ominus}\{[Fe(CN)_6]^{3-}\} = 42$，$\lg K_s^{\ominus}\{[Fe(CN)_6]^{4-}\} = 35$，$E^{\ominus}(I_2/I^-) = 0.536V$，$E^{\ominus}([Fe(CN)_6]^{3-}/[Fe(CN)_6]^{4-}) = 0.361V$

解： (1) $[Ag(S_2O_3)_2]^{3-} + Ag + 2CN^- \Longrightarrow [Ag(CN)_2]^- + 2S_2O_3^{2-} + Ag$

$$\lg K^{\ominus} = \frac{nE_{MF}^{\ominus}}{0.0592} = \frac{(E_+^{\ominus} - E_-^{\ominus})}{0.0592} = \frac{0.0054 - (-0.4495)}{0.0592} = 7.68$$

$$K^{\ominus} = 10^{7.68} = 4.79 \times 10^7$$

从平衡常数看，反应自发向右，且进行得比较彻底。

(2) $2[Fe(CN)_6]^{3-} + 2I^- \Longrightarrow 2[Fe(CN)_6]^{4-} + I_2$

$$E^{\ominus}([Fe(CN)_6]^{3-}/[Fe(CN)_6]^{4-}) = E^{\ominus}(Fe^{3+}/Fe^{2+}) + 0.0592 \lg \frac{K_s[Fe(CN)_6^{4-}]}{K_s[Fe(CN)_6^{3-}]}$$

$$= 0.771 + 0.0592 \times (35 - 42) = 0.357V$$

$$E_{MF}^{\ominus} = E^{\ominus}([Fe(CN)_6^{3-}]/[Fe(CN)_6^{4-}]) - E^{\ominus}(I_2/I^-)$$
$$= 0.357 - 0.536 = -0.179V$$

$$lgK^{\ominus} = \frac{nE_{MF}^{\ominus}}{0.0592} = \frac{2 \times (-0.179)}{0.0592} = -6.05$$

$$K^{\ominus} = 10^{-6.05} = 8.91 \times 10^{-7}$$

从平衡常数看，$K^{\ominus} = 8.91 \times 10^{-7} \ll 1$，反应不能自发向右进行。

13. 请计算下列电对在 298K 时的标准电极电势 $E^{\ominus}$

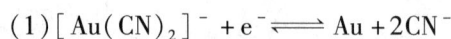

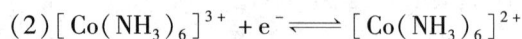

(1) $[Au(CN)_2]^- + e^- \rightleftharpoons Au + 2CN^-$

(2) $[Co(NH_3)_6]^{3+} + e^- \rightleftharpoons [Co(NH_3)_6]^{2+}$

解：(1) 查附录表可知：$lgK_s^{\ominus}[Au(CN)_2^-] = 38.3$，$E^{\ominus}(Au^+/Au) = 1.68V$ 由式 $E^{\ominus}\{[Au(CN)_2]^-/Au\} = E^{\ominus}(Au^{2+}/Au) - \frac{0.0592}{1}lgK_s^{\ominus}[Au(CN)_2^-]$

$$= 1.68 - \frac{0.0592}{1} \times 38.3 = -0.59V$$

(2) 查附录表可知：

$lgK_s^{\ominus}[Co(NH_3)_6^{3+}] = 35.2$，$lgK_s^{\ominus}[Co(NH_3)_6^{2+}] = 5.11$，$E^{\ominus}(Co^{3+}/Co^{2+}) = 1.92V$

$$E^{\ominus}[Co(NH_3)_6^{3+}/Co(NH_3)_6^{2+}] = E^{\ominus}(Co^{3+}/Co^{2+}) + \frac{0.0592}{1}lg\frac{K_s^{\ominus}[Co(NH_3)_6^{2+}]}{K_s^{\ominus}[Co(NH_3)_6^{3+}]}$$

$$= 1.92 + \frac{0.0592}{1}(5.1 - 35.2) = 0.14V$$

14. 根据下列已知条件计算配合物在 298K 时的稳定常数 $K_s^{\ominus}$。

(1) 已知 $E^{\ominus}(Zn^{2+}/Zn) = -0.7618V$，$E^{\ominus}\{[Zn(CN)_4]^{2-}/Zn\} = -1.26V$，求 $[Zn(CN)_4]^{2-}$ 的 $K_s^{\ominus}$。

(2) 已知 $E^{\ominus}(Fe^{3+}/Fe^{2+}) = 0.771V$，$E^{\ominus}\{[Fe(CN)_6]^{3-}/[Fe(CN)_6]^{4-}\} = 0.361V$，$[Fe(CN)_6]^{3-}$ 的 $K_s^{\ominus} = 1.0 \times 10^{-42}$，求 $[Fe(CN)_6]^{4-}$ 的 $K_s^{\ominus}$。

解：(1) $E^{\ominus}\{[Zn(CN)_4^{2-}]/Zn\} = E^{\ominus}(Zn^{2+}/Zn) - \frac{0.0592}{2}lgK_s^{\ominus}([Zn(CN)_4^{2-}])$

$$-1.26 = -0.7618 - \frac{0.0592}{2}lgK_s^{\ominus}$$

$$K_s^{\ominus} = 6.8 \times 10^{16}$$

(2) $E^{\ominus}([Fe(CN)_6]^{3-}/[Fe(CN)_6]^{4-}) = E^{\ominus}(Fe^{3+}/Fe^{2+}) + 0.0592lg\frac{K_s^{\ominus}[Fe(CN)_6^{4-}]}{K_s^{\ominus}[Fe(CN)_6^{3-}]}$

$$= 0.771 + 0.0592lg\frac{K_s^{\ominus}[Fe(CN)_6^{4-}]}{1 \times 10^{42}}$$

$$= 0.361V$$

$$\therefore K_s^{\ominus}[Fe(CN)_6^{4-}] = 1.17 \times 10^{35}$$

15. 通过计算比较 $[Ag(NH_3)_2]^+$ 和 $[Ag(CN)_2]^-$ 氧化能力的相对大小。已知

$E^{\ominus}(Ag^+/Ag) = 0.7996V$，$K_s^{\ominus}[Ag(NH_3)_2^+] = 1.1 \times 10^7$，$K_s^{\ominus}[Ag(CN)_2^-] = 1.3 \times 10^{21}$。

解：$E^{\ominus}\{[Ag(NH_3)_2^+]/Ag\} = E^{\ominus}(Ag^+/Ag) - \frac{0.0592}{1}lgK_s^{\ominus}[Ag(NH_3)_2^+]$

$$= 0.7996 - \frac{0.0592}{1} \times lg(1.1 \times 10^7) = 0.38V$$

$$E^\ominus\{[Ag(CN)_2]^-/Ag\} = E^\ominus(Ag^+/Ag) - \frac{0.0592}{1}\lg K_s^\ominus[Ag(CN)_2^-]$$

$$= 0.7996 - \frac{0.0592}{1} \times \lg(1.3 \times 10^{21}) = -0.45V$$

$\therefore E^\ominus\{[Ag(NH_3)_2]^+/Ag\} > E^\ominus\{[Ag(CN)_2]^-/Ag\}$，$[Ag(NH_3)_2]^+$氧化能力大于$[Ag(CN)_2]^-$。

16. 请通过电极电势解释，为什么Co^{3+}在水溶液中会将水氧化而放出氧气，而$[Co(NH_3)_6]^{3+}$则在水中能稳定存在，不与水发生氧化还原反应？已知：

$K_s^\ominus[C_o(NH_3)_6^{3+}] = 1.58 \times 10^{35}$；$K_s^\ominus[C_o(NH_3)_6^{2+}] = 1.29 \times 10^5$；

$K_b^\ominus(NH_3 \cdot H_2O) = 1.74 \times 10^{-5}$；$E^\ominus(Co^{3+}/Co^{2+}) = 1.92V$；

$E^\ominus(O_2/H_2O) = 1.229V$；$E^\ominus(O_2/OH^-) = 0.401V$。

解：$\because E^\ominus(Co^{3+}/Co^{2+}) > E^\ominus(O_2/H_2O)$

$\therefore Co^{3+}$能氧化水，而在$[Co(NH_3)_6]^{3+}$溶液中$[Co(NH_3)_6]^{3+}$与氨水平衡共存。

设此时$p(O_2) = 100kPa$，$c(NH_3 \cdot H_2O) = 1mol/L$

在碱性溶液中：

$$[OH^-] = \sqrt{1.0 \times 1.74 \times 10^{-5}} = 4.2 \times 10^{-3}mol/L$$

$$O_2 + 2H_2O + 4e^- \rightleftharpoons 4OH^-$$

$$E(O_2/OH^-) = E^\ominus(O_2/OH^-) + \frac{0.0592}{4}\lg\frac{p(O_2)/p^\ominus}{[OH^-]^4}$$

$$= 0.401 + \frac{0.0592}{4}\lg\frac{1}{(4.2 \times 10^{-3})^4} = 0.54V$$

而 $E\{[Co(NH_3)_6]^{3+}/[Co(NH_3)_6]^{2+}\} = E^\ominus(Co^{3+}/Co^{2+}) + \frac{0.0592}{1}\lg\frac{K_s^\ominus[Co(NH_3)_6^{2+}]}{K_s^\ominus[Co(NH_3)_6^{3+}]}$

$$= 1.92 + \frac{0.0592}{1}\lg\frac{1.29 \times 10^5}{1.58 \times 10^{35}} = 0.14V$$

$E^\ominus\{[Co(NH_3)_6]^{3+}/[Co(NH_3)_6]^{2+}\} < E(O_2/OH^-)$，因此，$[Co(NH_3)_6]^{3+}$不能氧化水。

17. 往含有$[Zn(NH_3)_4]^{2+}$的溶液中加入过量的KCN固体，问$[Zn(NH_3)_4]^{2+}$会自发反应生成$[Zn(CN)_4]^{2-}$吗？已知$K_s^\ominus[Zn(CN)_4^{2-}] = 5.01 \times 10^{16}$。$K_s^\ominus[Zn(NH_3)_4^{2+}] = 2.88 \times 10^9$。

解：设$[Zn(NH_3)_4]^{2+}$会自发反应生成$[Zn(CN)_4]^{2+}$，则反应如下：

$$[Zn(NH_3)_4]^{2+} + 4CN^- = [Zn(CN)_4]^{2-} + 4NH_3$$

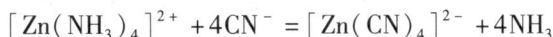

根据多重平衡原理，反应的平衡常数

$$K^\ominus = \frac{[Zn(CN)_4^{2-}][NH_3]^4[Zn^{2+}]}{[Zn(NH_3)_4^{2+}][CN^-]^4[Zn^{2+}]}$$

$$K^\ominus = \frac{K_s^\ominus[Zn(CN_4)^{2-}]}{K_s^\ominus[Zn(NH_3)_4^{2+}]} = \frac{5.01 \times 10^{16}}{2.88 \times 10^9} = 1.74 \times 10^7$$

平衡常数$K^\ominus$值很大，说明$[Zn(NH_3)_4]^{2+}$能自发转化成$[Zn(CN)_4]^{2-}$，且转化得很完全。

五、 补充习题及参考答案

(一)补充习题

1. 单项选择题

(1)下列说法正确的是　　　　　　　　　　　　　　　　　　　　　　　　　　　　　（　　）

A. 配合物的内界与外界之间主要以共价键结合

B. 内界中有配键，也可能形成共价键

C. 由多齿配体形成的配合物，可称为螯合物

D. 在螯合物中没有离子键

(2)价键理论认为，配合物的空间构型主要决定因素是 （ ）

A. 配体对中心原子的影响　　　　B. 中心原子对配体的影响

C. 配位原子对中心原子的影响　　D. 中心原子的原子轨道的杂化方式

(3)$[Ni(en)_3]^{2+}$ 离子中镍的价态是 （ ）

A. 0　　　　B. +1　　　　C. +2　　　　D. +3

(4)在 $[Co(C_2O_4)_2(en)]^-$ 配离子中，中心离子的配位数为 （ ）

A. 3　　　　B. 4　　　　C. 5　　　　D. 6

(5)下列说法中错误的是 （ ）

A. 一般说来内轨型配合物较外轨型配合物稳定

B. ⅡB 元素形成的四配位离子几乎都是四面体形

C. CN^- 和 CO 作为配体时一般形成内轨型配合物

D. 金属原子不能作配合物的形成体

(6)配合物的磁矩主要取决于中心原子的 （ ）

A. 原子序数　　B. 未成对电子数　　C. 成对电子数　　D. 核电荷数

(7)中心离子的 d 轨道在晶体场的影响下会发生 （ ）

A. 重排　　　　B. 能级分裂　　　　C. 杂化　　　　D. 能级交错

(8)Fe^{3+} 具有 d^5 价电子构型，在八面体场中要使配合物为高自旋态，则分裂能△和电子成对能 P 所要满足的条件是 （ ）

A. △和 P 越大越好　　B. △>P　　　　C. △<P　　　　D. △=P

(9)已知某金属离子配合物的磁矩为 4.90 B.M.，而同一氧化态的该金属离子形成的另一配合物，其磁矩为零，则此金属离子可能为 （ ）

A. Cr(Ⅲ)　　　　B. Mn(Ⅱ)　　　　C. Fe(Ⅱ)　　　　D. Mn(Ⅲ)

(10)Fe 的原子序数为 26，化合物 $K_3[FeF_6]$ 的磁矩为 5.9B.M.，而化合物 $K_3[Fe(CN)_6]$ 的磁矩为 2.4B.M.，这种差别的原因是 （ ）

A. 铁在这两种配合物中有不同的氧化数　B. CN^- 比 F^- 引起的晶体场分裂能更大

C. F 比 C 或 N 具有更大的电负性　　D. $K_3[FeF_6]$ 不是配位化合物

(11)内轨型配离子 $[Co(NH_3)_6]^{3+}$ 的 Co^{3+} 未成对电子数和杂化轨道类型是 （ ）

A. 4，sp^3d^2　　B. 0，sp^3d^2　　C. 4，d^2sp^3　　D. 0，d^2sp^3

(12)$[Fe(H_2O)_6]^{2+}$ 的晶体场稳定化能（CFSE）是 （ ）

A. -4 Dq　　　B. -12 Dq　　　C. -6 Dq　　　D. -8 Dq

(13)根据晶体场理论，在八面体场中，由于场强的不同，有可能产生高自旋和低自旋的电子构型是 （ ）

A. d^1　　　　B. d^3　　　　C. d^5　　　　D. d^8

(14)下列配离子中，不存在空间几何异构体的是 （ ）

A. $[PtCl_2(NH_3)_4]^{2+}$　　　　B. $[PtCl_3(NH_3)_3]^+$

C. $[PtCl(NO_2)(NH_3)_4]^{2+}$ D. $[PtCl(NH_3)_5]^{3+}$

(15)下列配合物的稳定性从大到小的顺序，正确的是   ( )

A. $[HgI_4]^{2-} > [HgCl_4]^{2-} > [Hg(CN)_4]^{2-}$

B. $[Co(NH_3)_6]^{3+} > [Co(SCN)_4]^{2-} > [Co(CN)_6]^{3-}$

C. $[Ni(en)_3]^{2+} > [Ni(NH_3)_6]^{2+} > [Ni(H_2O)_6]^{2+}$

D. $[Fe(SCN)_6]^{3-} > [Fe(CN)_6]^{3-} > [Fe(CN)_6]^{4-}$

(16)Mn(Ⅱ)的正八面体配合物有很微弱的颜色，其原因是   ( )

A. Mn(Ⅱ)的高能 d 轨道都充满了电子

B. d – d 跃迁是禁阻的

C. 分裂能太大，吸收不在可见光范围内

D. d^5 构型的离子 d 能级不分裂

(17)在配体 NH_3、H_2O、SCN^-、CN^- 中，通常配位能力最强的是   ( )

A. SCN^- B. NH_3 C. H_2O D. CN^-

(18)下述配合物高自旋或低自旋的判断错误的是   ( )

A. $[Fe(H_2O)_6]^{3+}$ 高自旋   B. $[Ni(CN)_4]^{2-}$ 低自旋

C. $[Fe(CN)_6]^{4-}$ 低自旋   D. $[Co(NH_3)_6]^{3+}$ 高自旋

(19)由下列数据可确定 $[Ag(S_2O_3)_2]^{3-}$ 的稳定常数 K_s 等于   ( )

① $Ag^+ + e^- \rightleftharpoons Ag$ $E^\ominus = 0.799$ V

② $[Ag(S_2O_3)_2]^{3-} + e^- \rightleftharpoons Ag + 2S_2O_3^{2-}$ $E^\ominus = 0.017$V

A. 1.6×10^{13} B. 3.4×10^{15} C. 4.2×10^{18} D. 8.7×10^{21}

(20)在 $[Fe(CN)_6]^{3-}$ 配离子中，Fe^{3+} 所采用的杂化轨道是   ( )

A. dsp^2 B. sp^3d^2 C. sp^3d D. d^2sp^3

(21)$[Ni(CN)_4]^{2-}$ 的空间构型是   ( )

A. 正四面体   B. 四方锥形   C. 平面四方形   D. 变形四面体

(22)解释在 $FeCl_3$ 溶液中滴加 KSCN 试剂，溶液变红的原因是   ( )

A. $FeCl_3$ 溶液被稀释   B. 生成了 $[Fe(SCN)_6]^{3-}$

C. 没有反应   D. 生成了 $Fe(SCN)_3$ 沉淀

(23)下列试剂能溶解 $Zn(OH)_2$、AgBr、$Cr(OH)_3$ 和 $Fe(OH)_3$ 四种沉淀的是   ( )

A. 氨水   B. 氰化钾溶液   C. 硝酸   D. 盐酸

(24)Co^{3+} 与 $[Co(CN)_6]^{3-}$ 的氧化能力的关系是   ( )

A. $Co^{3+} = [Co(CN)_6]^{3-}$ B. $Co^{3+} > [Co(CN)_6]^{3-}$

C. $Co^{3+} < [Co(CN)6]^{3-}$ D. 以上说法都不正确

(25)已知 AgI 的 $K_{sp}^\ominus = K_1$，$[Ag(CN)_2]^-$ 的 $K_s^\ominus = K_2$，反应 $AgI(s) + 2CN^- \rightleftharpoons [Ag(CN)_2]^- + I^-$ 的平衡常数 K 为   ( )

A. K_1K_2 B. K_2/K_1 C. K_1/K_2 D. $K_1 + K_2$

2. 多项选择题

(1)下列化合物中，可作有效螯合剂的是   ( )

A. HO – OH   B. $H_2N-(CH_2)_3-NH_2$ C. $(CH_3)_2N-NH_2$

D. CH_3COO^- E. $H_2N(CH_2)_4COOH$

(2)下列配合物中，属于螯合物的是   (   )

A. $[Ni(en)_2]Cl_2$ B. $K_2[PtCl_6]$ C. $(NH_4)[Cr(NH_3)_2(SCN)_4]$

D. $Li[AlH_4]$ E. $[Fe(edta)]^{2-}$

(3)下列各组配离子中，属于内轨型的是   (   )

A. $[FeF_6]^{3-}$ B. $[Co(CN)_6]^{3-}$ C. $[Co(NH_3)_6]^{2+}$

D. $[Cr(CN)_6]^{3-}$ E. $[CrF_6]^{3-}$

(4)已知下列配离子的实测磁矩数值，其中属于低自旋配合物的是   (   )

A. $[Mn(CN)_6]^{4-}$，1.8 B.M.   B. $[Mn(CN)_6]^{3-}$，3.2 B.M.

C. $[Fe(CN)_6]^{3-}$，1.7 B.M.   D. $[FeF_6]^{3-}$，5.9 B.M.

E. $[Co(NO_2)_6]^{4-}$，1.8 B.M.

(5)向$[Cu(NH_3)_4]^{2+}$水溶液中通入氨气，则下列说法正确的是   (   )

A. $[Cu(NH_3)_4]^{2+}$的$K_s^{\ominus}$增大

B. $[Cu(NH_3)_4]^{2+}$的$K_s^{\ominus}$减小

C. $[Cu(NH_3)_4]^{2+}$的$K_s^{\ominus}$不变

D. $[Cu^{2+}]$减小

E. $[Cu^{2+}]$增大

3. 填空题

(1)$[Co(NH_3)_3(H_2O)Cl_2]Cl$的中心离子是＿＿＿＿＿配位体是＿＿＿＿＿；
配位原子是＿＿＿＿＿；配位数是＿＿＿＿＿；内界为：＿＿＿＿＿；该配合物的系统命名为＿＿＿＿＿
＿＿＿＿＿＿＿＿＿＿＿＿。

(2)命名下列配合物：

①$NH_4[Cr(NCS)_4(NH_3)_2]$＿＿＿＿＿＿＿＿＿＿＿＿＿＿＿＿＿＿＿＿＿＿＿＿＿＿；

②$[Pt(NO_2)(NH_3)(NH_2OH)(Py)]Cl$＿＿＿＿＿＿＿＿＿＿＿＿＿＿＿＿＿＿＿＿＿；

③$[Ru(N_2)(NH_3)_5]Cl_2$＿＿＿＿＿＿＿＿＿＿＿＿＿＿＿＿＿＿＿＿＿＿＿＿＿＿＿＿；

④$K[PtCl_3(C_2H_4)]$＿＿＿＿＿＿＿＿＿＿＿＿＿＿＿＿＿＿＿＿＿＿＿＿＿＿＿＿＿；

(3)写出下列配合物的结构简式：

五氰·一羰基合铁(Ⅱ)配离子＿＿＿＿＿＿＿＿＿＿＿＿＿＿＿＿＿＿＿＿＿＿＿＿＿＿；

二氯·二羟基·二氨合铂(Ⅳ)＿＿＿＿＿＿＿＿＿＿＿＿＿＿＿＿＿＿＿＿＿＿＿＿＿＿；

四硫氰根·二氨合铬(Ⅲ)酸铵＿＿＿＿＿＿＿＿＿＿＿＿＿＿＿＿＿＿＿＿＿＿＿＿＿＿；

一溴化二溴·四水合铬(Ⅲ)＿＿＿＿＿＿＿＿＿＿＿＿＿＿＿＿＿＿＿＿＿＿＿＿＿＿＿；

(4)过渡元素作为中心原子所形成的八面体型配合物中，有高、低自旋之分的配合物的中心原子 d 轨道电子构型应为＿＿＿＿＿；没有高、低自旋之分的配合物的中心原子 d 轨道电子构型＿＿＿＿＿。

(5)按晶体场理论，$[Co(NO_2)_6]^{4-}$和$[Co(H_2O)_6]^{2+}$两种配离子中，d 电子排布式
分别为＿＿＿＿＿和＿＿＿＿＿；晶体场稳定化能分别为＿＿＿＿＿Dq 和＿＿＿＿＿Dq；磁矩较大的
是＿＿＿＿＿＿＿＿＿＿。

(6)已知$[Ni(NH_3)_4]^{2+}$的磁矩为 3.2 B.M.，根据价键理论，中心原子的杂化轨道为＿＿＿＿＿，
空间构型为＿＿＿＿＿，中心原子的配位数为＿＿＿＿＿。而根据晶体场理论，中心原子的 d 电子排

布为_____，未成对电子数为_____。

(7)$[Fe(CN)_6]^{4-}$ 中 Fe^{2+} 以_____杂化轨道与 CN^- 成键，属于_____型配合物；$[FeCl_6]^{3-}$ 中 Fe^{3+} 以_____杂化轨道与 Cl^- 成键，属于_____型配合物；配离子的稳定性大小比较：$[Fe(CN)_6]^{4-}$_____$[FeCl_6]^{3-}$。

(8)已知 $[Cu(NH_3)_4]^{2+}$ 和 $[Zn(NH_3)_4]^{2+}$ 的 $K_s^{\ominus}$ 分别为 $2.1×10^{13}$ 和 $2.9×10^9$，由此可知反应 $[Cu(NH_3)_4]^{2+}+Zn^{2+}\rightleftharpoons[Zn(NH_3)_4]^{2+}+Cu^{2+}$ 进行的方向_____，反应的平衡常数 K 为_____。

(9)已知 $K_s^{\ominus}[Au(SCN)_2]^-=1.0×10^{18}$，$Au^++e^-=Au$ 的 $E^{\ominus}=1.68V$，则 $[Au(SCN)_2]^-+e^-\rightleftharpoons Au+2SCN^-$ 的 $E^{\ominus}=$_____。

(10)往 $HgCl_2$ 溶液中逐滴加入 KI，先有_____生成；继续滴加 KI，则_____。

4. 简答题

(1)何谓螯合物和螯合效应？

(2)何谓内轨配合物和外轨配合物？

(3)无水 $CrCl_3$ 和氨作用能形成两种配合物 A 和 B，组成分别为 $CrCl_3·6NH_3$ 和 $CrCl_3·5NH_3$。加入 $AgNO_3$，A 溶液中几乎全部氯沉淀为 AgCl，而 B 溶液中只有 2/3 的氯沉淀出来。加入 NaOH 并加热，两种溶液均无氨味。试写出这两种配合物的化学式并命名。

(4)已知 $[MnF_6]^{4-}$ 是外轨型配合物，$[Mn(CN)_6]^{4-}$ 是内轨型配合物，画出它们中心原子价电子分布情况，并指出各以何种杂化轨道成键？

(5)试用价键理论说明下列配离子的类型、空间构型和磁性。

①$[CoF_6]^{3-}$ 和 $[Co(CN)_6]^{3-}$　　②$[Ni(NH_3)_4]^{2+}$ 和 $[Ni(CN)_4]^{2-}$

(6)为何大多数过渡元素的配离子是有色的，而大多数 Zn(Ⅱ)的配离子为无色的？

(7)根据软硬酸碱原则，比较下列各组所形成的两种配离子之间的稳定性相对大小。

① Ag^+ 与 $S_2O_3^{2-}$ 或 Br^- 配合　　② Fe^{3+} 与 F^- 或 CN^- 配合

③ Cu^{2+} 与 NH_2CH_2COOH 或 CH_3COOH 配合

5. 计算题

(1)计算在 1L 0.01mol/L KCN 溶液中，可溶解多少 AgCl 固体？已知 $K_{sp}^{\ominus}(AgCl)=1.8×10^{-10}$，$K_s^{\ominus}[Ag(CN)_2]^-=1.26×10^{21}$。

(2)将 0.20 mol/L 的 $AgNO_3$ 溶液与 0.60mol/L 的 KCN 溶液等体积混合后，加入固体 KI(忽略体积的变化)，使 I^- 浓度为 0.10mol/L，问能否产生 AgI 沉淀？溶液中 CN^- 浓度低于多少时才可出现 AgI 沉淀？已知 $K_{sp}^{\ominus}(AgI)=8.52×10^{-17}$，$K_s^{\ominus}[Ag(CN)_2]^-=1.26×10^{21}$。

(3)试比较浓度为 0.10 mol/L 的 $[Cu(NH_3)_4]^{2+}$ 和 $[Ag(S_2O_3)_2]^{3-}$ 的稳定性。已知 $[Cu(NH_3)_4]^{2+}$ 的 $K_s^{\ominus}=2.09×10^{13}$，$[Ag(S_2O_3)_2]^{3-}$ 的 $K_s^{\ominus}=2.88×10^{13}$。

(4)分别判断在标准状态下，下列两个歧化反应能否发生？其中，$E^{\ominus}(Cu^{2+}/Cu^+)=0.159V$；$E^{\ominus}(Cu^+/Cu)=0.521V$，已知 $[Cu(NH_3)_4]^{2+}$ 的 $K_s^{\ominus}=2.09×10^{13}$；$[Cu(NH_3)_2]^+$ 的 $K_s^{\ominus}=7.2×10^{10}$，

① $2Cu^+\rightleftharpoons Cu+Cu^{2+}$；② $2[Cu(NH_3)_2]^+\rightleftharpoons Cu+[Cu(NH_3)_4]^{2+}$

（二）补充习题参考答案

1. 单项选择题

(1) ~ (5)BDCDD   (6) ~ (10)BBCCB   (11) ~ (15)DACDC

(16) ~ (20)BDDAD   (21) ~ (25)CBBBA

2. 多项选择题

(1) ~ (5)BE   AE   BDE   ABC   CD

3. 填空题

(1)Co^{3+}；NH_3、H_2O、Cl^-；N、O、Cl；6；$[Co(NH_3)_3(H_2O)Cl_2]^+$；一氯化二氯·三氨·一水合钴(Ⅲ)

(2)四异硫氰·二氨合铬(Ⅲ)酸铵；氯化硝基·氨·羟胺·吡啶合铂(Ⅱ)；二氯化双氮·五氨合钌(Ⅱ)；三氯·乙烯合铂(Ⅱ)酸钾

(3)$[Fe(CN)_5CO]^{3-}$；$[PtCl_2(OH)_2(NH_3)_2]$；$NH_4[Cr(SCN)_4(NH_3)_2]$；$[Cr(H_2O)_4Br_2]Br$

(4)$d^4 \sim d^7$；$d^1 \sim d^3$，$d^8 \sim d^{10}$

(5)$d_\varepsilon^6 d_\gamma^1$；$d_\varepsilon^5 d_\gamma^2$；$-18$；$-8$；$[Co(H_2O)_6]^{2+}$

(6)sp^3；四面体形；4；$d_\varepsilon^4 d_\gamma^4$；2。

(7)d^2sp^3；内轨；sp^3d^2；外轨；$>$

(8)从右向左；$K = \dfrac{K_s\{[Cu(NH_3)_4]^{2+}\}}{K_s\{[Zn(NH_3)_4]^{2+}\}} = 7.24 \times 10^3$

(9)0.62V

(10)红色沉淀HgI_2，沉淀溶解为无色溶液$[HgI_4]^{2-}$。

4. 简答题

(1)答：中心原子与多齿配体形成的具有环状结构的配合物称螯合物。多齿配体与中心原子的成环作用使螯合物比组成和结构相近的非螯合物稳定得多，此现象称为螯合效应。

(2)答：中心原子仅提供外层空轨道(如 $ns\ np\ nd$)杂化和配体结合形成的配合物为外轨型配合物；而中心原子提供内层 $(n-1)d$ 与外层 ($ns\ np$) 空轨道杂化和配体结合形成的配合物为内轨型配合物。

(3)答：因加入$AgNO_3$，A溶液中几乎全部氯沉淀为$AgCl$，可知A中的三个Cl^-全部为外界离子，B溶液中只有2/3的氯沉淀出来，说明B中有两个Cl^-为外界，一个Cl^-属内界。加入$NaOH$，两种溶液无氨味，可知氨为内界。故A、B的化学式和命名分别为：

A. $[Cr(NH_3)_6]Cl_3$ 三氯化六氨合铬(Ⅲ)

B. $[Cr(NH_3)_5Cl]Cl_2$ 二氯化一氯·五氨合铬(Ⅲ)

(4)答：

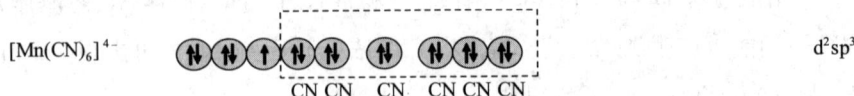

$[Mn(CN)_6]^{4-}$ CN CN   CN   CN CN CN d^2sp^3

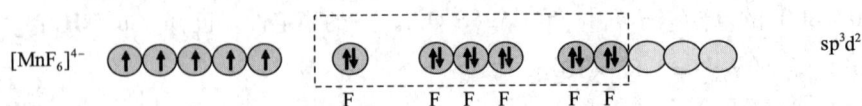

$[MnF_6]^{4-}$ F   F F F   F F sp^3d^2

(5)答：①CoF_6^{3-} 和 $Co(CN)_6^{3-}$ CoF_6^{3-} 为外轨型，空间构型为正八面体，顺磁性，磁矩 $= \sqrt{4(4+2)} = 4.90\mu_B$；$Co(CN)_6^{3-}$ 为内轨型，空间构型为正八面体，反磁性，磁矩为零。

②$Ni(NH_3)_4^{2+}$ 和 $Ni(CN)_4^{2-}$ $Ni(NH_3)_4^{2+}$ 为外轨型，正四面体型，顺磁性，磁矩 $= \sqrt{2(2+2)} = 2.83\mu_B$；$Ni(CN)_4^{2-}$ 为内轨型，平面正方型，反磁性，磁矩为零。

（6）答：由于大多数过渡金属离子的d轨道未充满，当吸收一定光能后，就可产生从低能级的d轨道向高能级电子跃迁，选择性地吸收某种颜色的光，从而使配合物呈现被吸收光的补色光的颜色；而Zn(II)离子的d轨道是全充满的，不能发生d - d跃迁，因而无色。

（7）答：根据软硬酸碱原则，硬酸倾向于与硬碱结合，软酸倾向于与软碱结合。

① Ag^+为软酸，$S_2O_3^{2-}$为软碱，Br^-为交界碱，Ag^+与$S_2O_3^{2-}$配合形成的配离子稳定性大于Ag^+与Br^-配合所形成的配离子。

② Fe^{3+}为硬酸，F^-为硬碱，CN^-为软碱，Fe^{3+}与F^-配合形成的配离子稳定性大于Fe^{3+}与CN^-配合所形成的配离子。

③ Cu^{2+}为交界酸，NH_2CH_2COOH为硬碱且又是螯合剂，可与Cu^{2+}形成螯合物；CH_3COOH为硬碱，故Cu^{2+}与NH_2CH_2COOH形成的螯合物稳定性大于其与CH_3COOH配合所形成的配离子。

5. 计算题

（1）解：
$$AgCl + 2CN^- \rightleftharpoons [Ag(CN)_2]^- + Cl^-$$
$$K = \frac{[Ag(CN)_2^-][Cl^-]}{[CN^-]} = \frac{[Ag(CN)_2^-][Cl^-][Ag^+]}{[CN^-][Ag^+]}$$
$$= K_s^\ominus[Ag(CN)_2^-] \cdot K_{sp}^\ominus(AgCl)$$
$$= 1.26 \times 10^{21} \times 1.8 \times 10^{-10}$$
$$= 2.3 \times 10^{11}$$

$$AgCl + 2CN^- \rightleftharpoons [Ag(CN)_2]^- + Cl^-$$
平衡（mol/L）　　　　　　0.01 - 2x　　　x　　　　x
$$K = x^2/(0.01 - 2x)^2 = 2.3 \times 10^{11}$$

K值很大，反应进行得很完全，$[Ag(CN)_2]^-$解离极少，

解得 $x = 0.005mol/L$ ∴溶液中可溶解AgCl 0.005mol
$$m(AgCl) = 0.005\ mol \times 143.5g/moL = 0.72g$$

（2）解：若$AgNO_3$与KCN不发生反应，则混合后的浓度将减半，即

$[Ag^+] = 0.20 \times 1/2 = 0.10\ mol/L$　　$[CN^-] = 0.60 \times 1/2 = 0.30\ mol/L$

实际上Ag^+和CN^-在溶液中将按下式进行反应

$$Ag^+ + 2CN^- \rightleftharpoons [Ag(CN)_2]^-$$
反应前的浓度　　　　0.10　　　0.30　　　　0
平衡时浓度　　　　　x　　（0.30 - 0.20 + 2x）　（0.10 - x）
　　　　　　　　　　　　　≈ 0.10　　　　　≈ 0.10

利用平衡常数表示式计算溶液中Ag^+浓度
$$[Ag^+] = \frac{[Ag(CN)_2^-]}{K_s^\ominus\{[Ag(CN)_2]^-\}[CN^-]^2} = \frac{0.1}{1.26 \times 10^{21} \times 0.10^2} = 7.69 \times 10^{-21}$$

$Q = [Ag^+][I^-] = 7.69 \times 10^{-21} \times 0.10 = 7.69 \times 10^{-22} < K_{sp}(AgI) = 8.52 \times 10^{-17}$

离子积小于溶度积，无AgI沉淀生成。

若要在$[I^-] = 0.10\ mol/L$的条件下形成AgI沉淀，则溶液中Ag^+浓度为：
$$[Ag^+] > \frac{K_{sp}^\ominus}{[I^-]} = \frac{8.52 \times 10^{-17}}{0.10} = 8.52 \times 10^{-16}$$

由稳定常数$K_s^\ominus$求出CN^-的浓度：

$$[CN^-] = \sqrt{\frac{[Ag(CN)_2^-]}{[Ag^+] \times K_s^{\ominus}}} = \sqrt{\frac{0.10}{8.52 \times 10^{-16} \times 1.26 \times 10^{21}}} = 3.0 \times 10^{-4} mol/L$$

由计算可知,要使上述溶液生成 AgI 沉淀,必须使 CN^- 的浓度小于 3.0×10^{-4}。

(3) **解:** 因为它们的类型不同,所以要先计算出中心离子解离的浓度。

设平衡时 $[Cu^{2+}] = x$, $[Ag^+] = y$

则有 $[Cu(NH_3)_4]^{2+} \rightleftharpoons Cu^{2+} + 4NH_3$

初始   0.10   0   0

平衡时   0.10 − x   x   4x

$$K_s^{\ominus} = \frac{0.10 - x}{x(4x)^4} = 2.09 \times 10^{13} \qquad x = 4.5 \times 10^{-4} mol/L$$

$$[Ag(S_2O_3)_2]^{3-} \rightleftharpoons Ag^+ + 2S_2O_3^{2-}$$

$$\qquad 0.10 \qquad\qquad 0 \qquad 0$$

$$\qquad 0.10 - y \qquad\quad y \qquad 2y$$

$$K_s^{\ominus} = \frac{0.10 - y}{y(2x)^2} = 2.88 \times 10^{13} \qquad y = 9.5 \times 10^{-6} mol/L$$

比较后可知,$[Ag(S_2O_3)_2]^{3-}$ 溶液中心离子离解浓度较小,所以 $[Ag(S_2O_3)_2]^{3-}$ 更稳定。

(4) **解:** ① $2Cu^+ \rightleftharpoons Cu + Cu^{2+}$

由题意 $E_{MF}^{\ominus} = E_+^{\ominus} - E_-^{\ominus} = E^{\ominus}(Cu^+/Cu) - E^{\ominus}(Cu^{2+}/Cu^+)$

$$= 0.521 - 0.159 = 0.362V > 0$$

反应正向进行,歧化反应能发生。

② $2[Cu(NH_3)_2]^+ \rightleftharpoons Cu + [Cu(NH_3)_4]^{2+}$

$E_{MF}^{\ominus} = E_+^{\ominus} - E_-^{\ominus} = E^{\ominus}\{[Cu(NH_3)_2^+]/Cu\} - E^{\ominus}\{[Cu(NH_3)_4^{2+}]/[Cu(NH_3)_2^+]\}$

$$= E^{\ominus}(Cu^+/Cu) - 0.0592lgK_s^{\ominus}[Cu(NH_3)_2^+] - \left\{E^{\ominus}(Cu^{2+}/Cu^+) - 0.0592lg\frac{K_s^{\ominus}[Cu(NH_3)_2^+]}{K_s^{\ominus}[Cu(NH_3)_4^{2+}]}\right\}$$

$$= 0.521 - 0.0592 lg7.20 \times 10^{10} - \left\{0.159 - 0.0592 lg\frac{7.20 \times 10^{10}}{2.09 \times 10^{13}}\right\}$$

$$= -0.135V < 0$$

因此,反应逆向进行,歧化反应不能发生。

第十章 主族元素

一、 知识导航

```
                        ┌─── 碱金属、碱土金属通性：金属单质活泼性
            s区元素 ─────┤
                        └─── 碱金属、碱土金属化合物性质：三种类型氧化物
                             与水、与 CO₂ 反应；其氢氧化物的强碱性

                        ┌─── 卤族元素 ──┬── 卤化氢、氢卤酸性质：热稳
                        │               │    定性，酸性，还原性
主                      │               └── 卤素含氧酸及其盐性质：
族                      │                    酸性，还原性
元 ─────┤               │
素                      │               ┌── 过氧化氢性质：不稳定性，
                        │               │    氧化还原性，酸性
                        │               │
                        │   氧族元素 ───┤── 硫化氢：弱酸性，还原性，不稳定性
                        │               │    金属硫化物：水解性，难溶性
                        │               │
                        │               └── 硫的多种含氧酸及其盐性质：高氧
            p 区元素 ───┤                    化值含氧酸具有强氧化性
                        │               ┌── 氨：弱碱性，还原性
                        │               │    铵盐：水解性，固体铵盐加热分解
                        │               │
                        │   氮族元素 ───┤── 磷酸及其盐：非氧化性酸，配制缓
                        │               │    冲溶液常用试剂
                        │               │
                        │               └── 砷的化合物性质：马氏试砷法
                        │
                        │               ┌── 碳酸及其盐性质：二元弱酸，易水解
                        │               │
                        │   碳族元素 ───┤── 硅酸及其盐性质：弱酸性，水玻璃
                        │               │
                        │               └── 二氯化锡：易水解，还原性
                        │                    铅丹（主要成分为 Pb₃O₄ 或 Pb₂O₃）
                        │
                        └── 硼族元素 ───── 乙硼烷，硼酸，硼砂性质
```

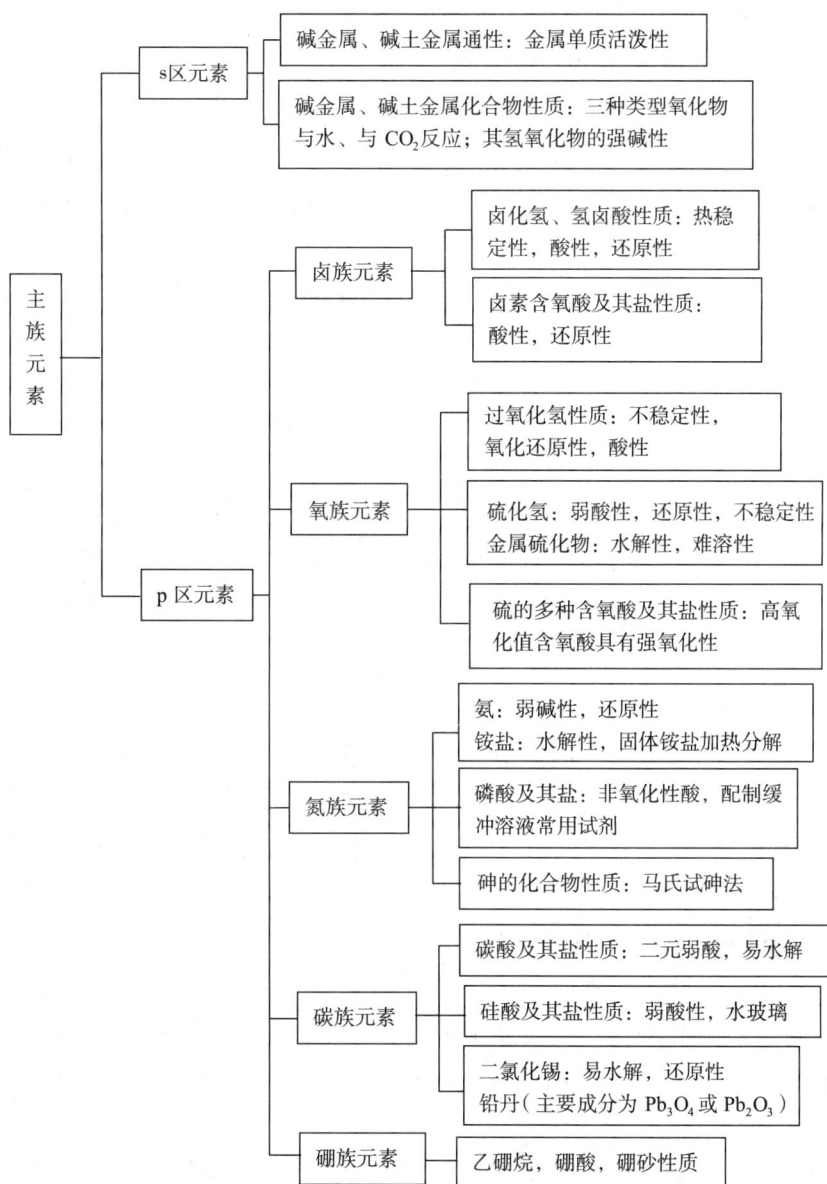

二、 重难点解析

1. 试讨论随卤素种类及氧化值的不同，卤素含氧酸的酸性规律性变化如何？

解： 卤素的含氧酸(H_mXO_n)中，可离解的质子均与氧原子相连（X—O—H 键），氧原子的电子密度决定含氧酸的酸性强弱，而中心原子（X）的电负性、原子半径以及氧化值等因素会影响氧原子的电子密度。

（1）相同中心原子不同氧化值的含氧酸　高氧化值的含氧酸的酸性一般比低氧化值的强。中心原子氧化值越高，其正电性越强，对氧原子上的电子吸引力越强，使得与氧原子相连的质子易电离，酸性增强。如：$HClO_4 > HClO_3 > HClO_2 > HClO$。

（2）不同中心原子的含氧酸　当氧化值相同，酸性和中心原子的电负性及半径有关。中心原子的电负性越大，半径越小，氧原子的电子密度越小，O—H 键减弱，酸性越强。如：$HClO > HBrO > HIO$。

当氧化值不同时，中心原子电荷、半径及电负性与酸性有关，例如同一周期不同元素最高氧化值含氧酸的酸性变化规律为：$HClO_4 > H_2SO_4 > H_3PO_4 > H_4SiO_4$。

2. 卤素含氧酸的氧化性与卤素氧化值高低有何关系？

解： 含氧酸的氧化还原性比较复杂，目前还没有一个统一的解释。这里列出一般变化规律：相同中心原子的含氧酸，低氧化值含氧酸的氧化性较强，如 $HClO > HClO_3 > HClO_4$；$HNO_2 > HNO_3$（稀）。可以认为含氧酸被还原的过程有中心原子和氧原子间键的断裂，X—O 键越强，或者需要断裂的 X—O 键越多，含氧酸越稳定，氧化性越弱。

含氧酸的氧化性强于含氧酸盐，含氧酸根在酸性介质中的氧化性强于在碱性介质中。

3. 硫酸分子采取什么杂化方式？结构具有什么特点？

解： 硫酸分子结构如图：

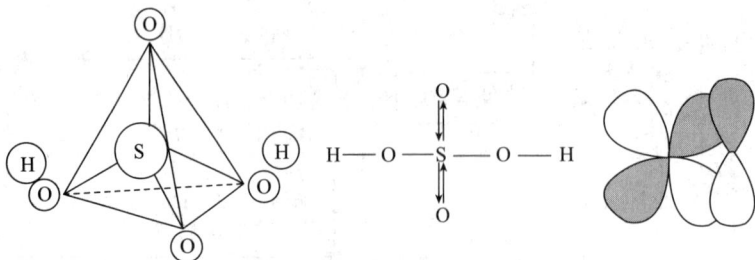

中心原子 S 采用不等性 sp^3 杂化，与两个羟基氧原子分别形成 σ 键，而硫原子与两个非羟基氧原子的键合方式是以两对电子分别与两个氧原子（将氧两个不成对电子挤进同一个轨道，空出一个轨道）形成 S→O 的 σ 配键，这四个 σ 键构成硫酸分子的四面体骨架。同时，非羟基氧原子中含孤电子对的 p_y 和 p_z 轨道与硫原子空的 d 轨道重叠形成两个 O→S 的 p~dπ 配键。它连同原子间的 σ 键统称 σ ~π 配键，具有双键的性质。

4. 硝酸、硝酸根的结构与性质有何关系？

解： 硝酸分子是平面型结构（如图），其中 N 原子采取 sp^2 杂化，它的三个杂化轨道分别与氧原子形成三个 σ 键，构成一个平面三角形，氮原子上垂直于 sp^2 杂化平面的 2p 轨道与两个非羟基氧原子的 p 轨道连贯重叠形成一个三中心四电子离域 π 键（π_3^4），羟基的 H 和非羟基氧之间还存在一个分子内氢键。

NO_3^- 离子结构是平面三角形，N 原子 p_z 轨道上的一对电子与三个氧原子 p_z 轨道上的未成对电子，再加上形成离子外来的电子，形成了一个四中心六电子离域 π 键（π_4^6）。

NO_3^- 离子中三个 N—O 键几乎相等，具有很好的对称性，因而硝酸盐在正常状况下是足够稳定的，氧化性弱，HNO_3 分子对称性较低，不如 NO_3^- 稳定，氧化性较强。

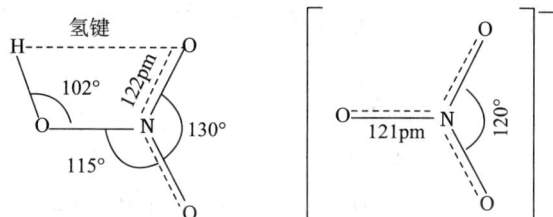

硝酸分子和硝酸根离子的结构

5. H_3BO_3 和 H_3PO_3 化学式相似，为什么 H_3BO_3 为一元酸而 H_3PO_3 为二元酸？

解：H_3BO_3 为缺电子化合物，硼酸的酸性并不是它本身能给出质子，而是由于硼酸硼原子空的价层轨道接受 H_2O 分子电离出的 OH^-，H_2O 分子释放出一个 H^+ 离子。由于水的电离很弱，因此 H_3BO_3 是一元弱酸。

$$H_3BO_3 + H_2O = B(OH)_4^- + H^+$$

H_3PO_3 的结构式为：

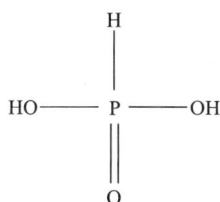

在水中二个羟基（—OH）氢可以电离或被置换，而与中心原子 P 以共价键相连的 H 不能解离或被置换，因而 H_3PO_3 为二元酸。

6. 为什么常温下铝在酸性碱性条件下都可置换出氢气，而在水中不溶解，但却易溶于浓 NH_4Cl 或浓 Na_2CO_3 溶液中？

解：由电极电势数值：$E^{\ominus}(H^+/H_2) = 0V$ $\qquad$ $E^{\ominus}(H_2O/H_2) = -0.827V$

$$E^{\ominus}(Al^{3+}/Al) = -1.676V \qquad E^{\ominus}(AlO_2^-/Al) = -2.328\ V$$

可知 Al 在酸性碱性条件下都可置换出氢气。而 Al 在空气中迅速形成致密的氧化膜，因而在水中不溶，而在浓 NH_4Cl 中或浓 Na_2CO_3 中，致密的氧化膜 Al_2O_3 因发生下列反应而溶解从而使反应进行下去。

$$Al_2O_3 + 6NH_4Cl \Longrightarrow 6NH_3\uparrow + 2AlCl_3 + 3H_2O$$

$$Al_2O_3 + 2Na_2CO_3 + H_2O \Longrightarrow 2NaAlO_2 + 2NaHCO_3$$

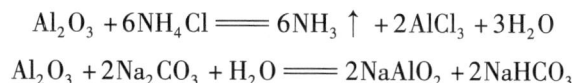

三、 复习思考题及参考答案

1. 试说明碱土金属碳酸盐的热稳定性变化规律。

解：碱土金属碳酸盐的热稳定性变化规律可以用离子极化理论来说明：CO_3^{2-} 较大，正离子极化力愈大，即 Z/r 值愈大，愈容易从 CO_3^{2-} 中夺取 O^{2-} 成为氧化物，同时放出 CO_2，则碳酸盐热稳定性愈差。碱土金属按 Be，Mg，Ca，Sr，Ba 的次序 M^{2+} 半径递增（电荷相同），极化力递减，因此碳酸盐的热稳定性依次增强。

2. 临床上为什么可用大苏打治疗卤素及重金属中毒？

解：大苏打 $Na_2S_2O_3$ 中，$S_2O_3^{2-}$ 离子有非常强的配合能力，和一些金属离子生成稳定的配离子，同时还是一个中等强度的还原剂，遇 Cl_2、Br_2 等强氧化剂可被氧化为硫酸，与较弱的氧化剂碘反应生成连四硫酸钠。

$$2S_2O_3^{2-} + AgBr \Longrightarrow \left[Ag(S_2O_3)_2\right]^{3-} + Br^-$$

$$Na_2S_2O_3 + I_2 \Longrightarrow Na_2S_4O_6 + 2NaI$$

$$Na_2S_2O_3 + 4Cl_2 + 5H_2O \Longrightarrow 2H_2SO_4 + 2NaCl + 6HCl$$

因此医药上根据 $Na_2S_2O_3$ 的还原性和配合能力的性质，常用作卤素及重金属离子的解毒剂。

3. 铵盐与钾盐的晶型相同，溶解度相近，但它们也有不同的性质，试说明之。

解： 主要有下面的不同性质

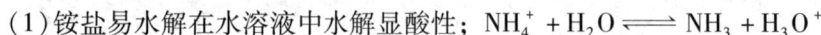

(1)铵盐易水解在水溶液中水解显酸性；$NH_4^+ + H_2O \Longrightarrow NH_3 + H_3O^+$

(2)铵盐受热易分解：$NH_4Cl \Longrightarrow NH_3\uparrow + HCl\uparrow$

$NH_4HCO_3 \Longrightarrow NH_3\uparrow + CO_2\uparrow + H_2O$

(3)铵盐具有还原性 $NH_4NO_3 \Longrightarrow N_2O\uparrow + 2H_2O$

4. 根据硝酸的分子结构，说明硝酸为什么是一低沸点的强酸。

解： 硝酸分子是平面型结构(如图)，羟基的 H 和非羟基氧之间存在一个分子内氢键。所以硝酸的沸点低。

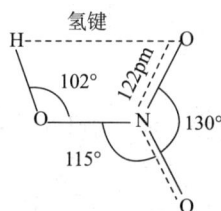

5. 虽然 $E^{\ominus}(Li^+/Li) < E^{\ominus}(Na^+/Na)$，为什么金属锂与水反应还不如金属钠与水反应激烈。

解： 虽然 $E^{\ominus}(Li^+/Li) < E^{\ominus}(Na^+/Na)$，但锂的熔点高，升华热大，不易活化；同时锂与水反应生成的氢氧化锂的溶解度小，覆盖在金属表面，从而减缓了反应速率。因此，金属锂与水反应还不如金属钠与水反应激烈。

6. 写出氢氟酸腐蚀玻璃的反应方程式，并说明为什么不能用玻璃容器盛放 NH_4F 溶液？

解： 因为氢氟酸能与玻璃中的主要成分 SiO_2 反应生成气态 SiF_4 而腐蚀玻璃。

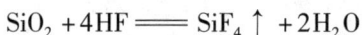

$$SiO_2 + 4HF \Longrightarrow SiF_4\uparrow + 2H_2O$$

NH_4F 溶液易水解生成 HF 呈酸性，所以也不宜贮存于玻璃器皿中。

四、习题及参考答案

1. 为什么不能用浓 H_2SO_4 同卤化物作用来制备 HBr 和 HI，写出有关反应方程式。

解： 由于 HBr 和 HI 具有较强的还原性，故不能用浓 H_2SO_4 同卤化物作用制备 HBr 和 HI。有关反应式如下：

$$H_2SO_4(浓) + KBr \Longrightarrow HBr\uparrow + KHSO_4$$

$$H_2SO_4(浓) + 2HBr \Longrightarrow Br_2 + SO_2\uparrow + 2H_2O$$

$$H_2SO_4(浓) + KI \Longrightarrow HI\uparrow + KHSO_4$$

$$H_2SO_4(浓) + 8HI \Longrightarrow 4I_2 + H_2S\uparrow + 4H_2O$$

2. 为什么不能长期保存 H_2S 溶液，长期放置的 Na_2S 为什么颜色会变深？

解：H_2S、Na_2S 溶液具有相当强的还原性，在常温下容易被空气中的 O_2 氧化，析出单质硫，使溶液失去还原性，Na_2S 溶液与析出的硫会进一步形成多硫化物（含 S^{2-}），使溶液颜色变深。

$$2H_2S + O_2 =\!=\!= 2S\downarrow + 2H_2O$$

$$S^{2-} + O_2 =\!=\!= S\downarrow + O_2^{2-}$$

$$Na_2S + (x-1)S =\!=\!= Na_2S_x$$

因此这些试剂的溶液不能在空气中长期放置，在使用时应临时配制。

3. 用马氏试砷法检验 As_2O_3，写出有关反应方程式。

解：马氏试砷法是检验砷的灵敏方法。将锌、盐酸和试样混在一起，反应生成的气体导入热玻璃管中。如试样中有 As_2O_3 则因氢气的还原而生成胂，胂在玻璃管的受热部位分解，砷积聚而成亮黑色的"砷镜"。有关反应如下：

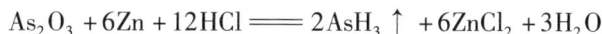

$$As_2O_3 + 6Zn + 12HCl =\!=\!= 2AsH_3\uparrow + 6ZnCl_2 + 3H_2O$$

$$2AsH_3 \xlongequal{\triangle} 2As\downarrow + 3H_2\uparrow$$

4. 为什么不能用 HNO_3 与 FeS 作用制备 H_2S？

解：HNO_3 具有氧化性，FeS 具有还原性，它们在一起反应时发生的是氧化还原反应：

$$FeS + 4HNO_3 =\!=\!= Fe(NO_3)_3 + S\downarrow + NO\uparrow + 2H_2O$$

因此不能生成 H_2S。

5. 如何配制 $SnCl_2$ 溶液？

解：$SnCl_2$ 易水解生成碱式盐沉淀：

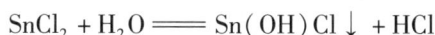

$$SnCl_2 + H_2O =\!=\!= Sn(OH)Cl\downarrow + HCl$$

在配制 $SnCl_2$ 溶液时，需要加入盐酸抑制水解反应的发生。另外，$SnCl_2$ 有较强的还原性，可被空气中的氧气氧化，所以 $SnCl_2$ 溶液中须加入锡粒，防止其氧化。

$$2Sn^{2+} + O_2 + 4H^+ =\!=\!= 2Sn^{4+} + 2H_2O$$

$$Sn + Sn^{4+} =\!=\!= 2Sn^{2+}$$

6. 试用一种试剂将硫化物、亚硫酸盐、硫酸盐及硫代硫酸盐区分开来。

解：用盐酸来区分。硫化物溶于盐酸有 H_2S 气体放出，H_2S 气体可用醋酸铅试纸检验：

$$Na_2S + 2HCl =\!=\!= 2NaCl + H_2S\uparrow$$

亚硫酸盐与酸作用放出 SO_2 气体：

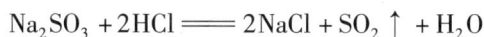

$$Na_2SO_3 + 2HCl =\!=\!= 2NaCl + SO_2\uparrow + H_2O$$

硫代硫酸盐遇酸分解生成 SO_2 气体并有单质 S 析出：

$$Na_2S_2O_3 + 2HCl =\!=\!= 2NaCl + S\downarrow + SO_2\uparrow + H_2O$$

不与盐酸作用的是硫酸盐。

7. 已知 $HClO \underline{1.61V} Cl_2 \underline{1.36V} Cl^-$（$E_A^{\ominus}$）和 $ClO^- \underline{0.42V} Cl_2 \underline{1.36V} Cl^-$（$E_B^{\ominus}$）。问（1）在酸性还是碱性介质中 Cl_2 将发生歧化反应？（2）歧化反应的平衡常数值有多大？

解：（1）在碱性介质中 $E_{右}^{\ominus} > E_{左}^{\ominus}$，歧化反应发生

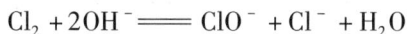

$$Cl_2 + 2OH^- =\!=\!= ClO^- + Cl^- + H_2O$$

$$(2)\lg K^{\ominus} = \frac{nE_{MF}^{\ominus}}{0.0592} = \frac{(1.36 - 0.42)}{0.0592} = 15.88$$

$$K^{\ominus} = 7.6 \times 10^{15}$$

8. 解释下列事实

(1)用浓氨水检查氯气管道的漏气。(2)I_2 易溶于 CCl_4 和 KI 溶液。

(3)氢氟酸是弱酸($K_a^{\ominus} = 6.61 \times 10^{-4}$)。(4)硼砂的水溶液是缓冲溶液。

解：(1)用浓氨水检查氯气管道的漏气的反应方程如下：

$2NH_3 + 3Cl_2 =\!\!= N_2 + 6HCl\uparrow$ （管道漏出少量 Cl_2）

$NH_3 + HCl =\!\!= NH_4Cl(s)$ （白色烟雾状）

若有白雾产生，可判断管道漏气。

(2) I_2 是非极性分子，故易溶于 CCl_4，不溶于水，但在碘化钾溶液中由于下列反应增大了溶解度。

$$KI + I_2 =\!\!= KI_3$$

(3)氢氟酸 F 的半径是同族元素中最小的，因而 H – F 键具有特别大的键能而呈现弱酸性（$K_a^{\ominus} = 6.61 \times 10^{-4}$）。

(4)硼砂易溶于水，易水解，其水解产物为硼酸和硼酸的盐：

$$B_4O_5(OH)_4^{2-} + 5H_2O =\!\!= 2H_3BO_3 + 2B(OH)_4^-$$

故硼砂的水溶液具有缓冲作用。

9. 完成下列反应方程式

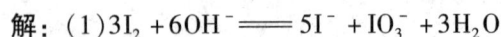

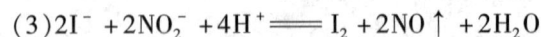

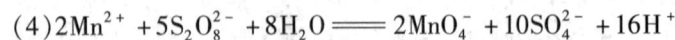

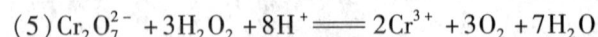

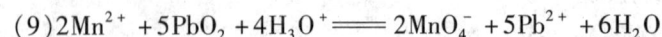

(1) $I_2 + OH^- \rightarrow$

(2) $CrO_2^- + H_2O_2 + OH^- \rightarrow$

(3) $I^- + NO_2^- + H^+ \rightarrow$

(4) $Mn^{2+} + S_2O_8^{2-} + H_2O \rightarrow$

(5) $Cr_2O_7^{2-} + H_2O_2 + H^+ \rightarrow$

(6) $Na_2SiO_3 + H_2O \rightarrow$

   $NaH_3SiO_4 \rightarrow$

(7) $Cu^{2+} + CO_3^{2-} + H_2O \rightarrow$

(8) $PbO_2 + HCl(浓) \rightarrow$

(9) $Mn^{2+} + PbO_2 + H_3O^+ \rightarrow$

(10) $NaBiO_3 + Mn^{2+} + H^+ \rightarrow$

解：(1) $3I_2 + 6OH^- =\!\!= 5I^- + IO_3^- + 3H_2O$

(2) $2CrO_2^- + 3H_2O_2 + 2OH^- =\!\!= 2CrO_4^{2-} + 4H_2O$

(3) $2I^- + 2NO_2^- + 4H^+ =\!\!= I_2 + 2NO\uparrow + 2H_2O$

(4) $2Mn^{2+} + 5S_2O_8^{2-} + 8H_2O =\!\!= 2MnO_4^- + 10SO_4^{2-} + 16H^+$

(5) $Cr_2O_7^{2-} + 3H_2O_2 + 8H^+ =\!\!= 2Cr^{3+} + 3O_2 + 7H_2O$

(6) $Na_2SiO_3 + 2H_2O =\!\!= NaOH + NaH_3SiO_4$；$2NaH_3SiO_4 = Na_2H_4Si_2O_7 + H_2O$

(7) $2Cu^{2+} + 2CO_3^{2-} + H_2O =\!\!= Cu_2(OH)_2CO_3\downarrow + CO_2\uparrow$

(8) $PbO_2 + 4HCl(浓) =\!\!= PbCl_2 + 2H_2O + Cl_2\uparrow$

(9) $2Mn^{2+} + 5PbO_2 + 4H_3O^+ =\!\!= 2MnO_4^- + 5Pb^{2+} + 6H_2O$

(10) $5NaBiO_3 + 2Mn^{2+} + 14H^+ =\!\!= 5Na^+ + 5Bi^{3+} + 2MnO_4^- + 7H_2O$

五、 补充习题及参考答案

（一）补充习题

1. 是非题

（1）BF_3 中的 B 是以 sp^2 杂化轨道成键的，当 BF_3 用 B 的空轨道接受 NH_3 成 $BF_3 \cdot NH_3$ 时，其中的 B 也是以 sp^2 杂化轨道成键的。 （　　）

（2）在含有 Fe^{3+} 的溶液中加入 H_2S，可生成 Fe_2S_3 沉淀。 （　　）

（3）$BeCl_2$、$CaCl_2$ 是离子键结合。 （　　）

（4）H_2O_2 中的 O 原子采取不等性 sp^3 杂化。 （　　）

（5）浓、稀硝酸作为氧化剂时，它们的还原产物分别为 NO_2 和 NO，可见一个浓硝酸分子还原时得一个电子，一个稀硝酸分子却得三个电子，因此浓硝酸的氧化能力比稀硝酸的弱。 （　　）

2. 选择题

（1）H_3BO_3 是 （　　）

A. 一元酸 　　　　　 B. 二元酸 　　　　　 C. 三元酸 　　　　　 D. 不是酸

（2）烧石膏的化学成分是 （　　）

A. Na_2SO_4 　　　 B. $CaSO_4$ 　　　 C. $2CaSO_4 \cdot H_2O$ 　　 D. $Na_2SO_4 \cdot 10H_2O$

（3）下列叙述中错误的是 （　　）

A. H_2O_2 分子构型为直线形 　　　　 B. H_2O_2 既有氧化性又有还原性

C. H_2O_2 是弱酸 　　　　　　　　　 D. H_2O_2 在酸性介质中能使 $KMnO_4$ 溶液褪色

（4）在实验室中配制 $SnCl_2$ 溶液时，常在溶液中放入少量固体 Sn 粒，其理由是 （　　）

A. 防止 Sn^{2+} 水解 　　　　　　　 B. 防止 $SnCl_2$ 溶液产生沉淀

C. 防止 $SnCl_2$ 溶液挥发 　　　　　 D. 防止 Sn^{2+} 被氧化

（5）下列物质中关于热稳定性判断正确的是 （　　）

A. $HF < HCl < HBr < HI$ 　　　　　 B. $HF > HCl > HBr > HI$

C. $HClO > HClO_2 > HClO_3 > HClO_4$ 　 D. $HCl > HClO_4 > HBrO_4 > HIO_4$

3. 填空题

（1）Pb_3O_4 呈_____颜色，俗称_____。

（2）照相底片定影时使用的海波是利用了其_____性，化学反应式为_____。

（3）常温下 I_2 与 NaOH 溶液反应的主要产物是_____。

（4）导致氢氟酸的酸性与其他氢卤酸明显不同的主要因素_____。

（5）氧化性 $HClO_3$ _____$HClO$，酸性 $HClO_3$ _____$HClO$。

（6）碱金属元素与氧气反应，可生成_____、_____和_____。

（7）将 $LiNO_3$ 加热到 773K 时，其分解产物为_____、_____和_____。

（8）铋的主要氧化值是_____，铋酸盐有强氧化性，在硝酸溶液中可以将 Mn^{2+} 氧化为_____，这是检出 Mn^{2+} 的一种反应。

（9）（I_2 是不能明显氧化 Fe^{2+}，当有过量 F^- 存在时，I_2 却能氧化 Fe^{2+}，这是因为）_____。

（10）配制 $SnCl_2$ 溶液时加入盐酸和锡粒的目的是＿＿＿＿＿和＿＿＿＿＿。

4. 简答

（1）实验室中如何保存碱金属 Li、Na、K？

（2）Li 和 Mg 属于对角线元素，它们有什么相似性质？

（3）加热条件下为什么 Si 易溶于 NaOH 溶液和 HF 溶液而难溶于 HNO_3 溶液？

（4）ⅠA、ⅡA 族元素的氢氧化物自上而下，从左到右碱性递变规律如何？为什么？

（5）应用分子轨道理论描述下列每种物质的键级和磁性：O_2，O_2^-，O_2^{2-}。

（6）炭火烧得炽热时，泼少量水的瞬间炉火烧得更旺，为什么？

（7）为什么 CCl_4 遇水不水解，而 $SiCl_4$，BCl_3，NCl_3 却易水解？

（8）为什么漂白粉长期暴露于空气中会失效？

（9）现有五瓶无色溶液分别是 Na_2S，Na_2SO_3，$Na_2S_2O_3$，Na_2SO_4，$Na_2S_2O_8$，试加以确认并写出有关的反应方程式。

（二）参考答案

1. 是非题 （1）×　（2）×　（3）×　（4）√　（5）×

2. 选择题 （1）A　（2）C　（3）A　（4）D　（5）B

3. 填空题

（1）红色，铅丹

（2）配合性，$2S_2O_3^{2-} + AgBr = [Ag(S_2O_3)_2]^{3-} + Br^-$

（3）IO_3^-、I^-

（4）H－F 键键能大

（5）<，>

（6）正常（普通）氧化物，过氧化物，超氧化物

（7）Li_2O，NO_2，O_2

（8）+3、+5；MnO_4^-

（9）F^- 可与 Fe^{3+} 生成稳定的配离子$[FeF_6]^{3-}$，减小了 Fe^{3+} 的浓度，从而减小 Fe^{3+}/Fe^{2+} 电极电位，使 Fe^{3+}/Fe^{2+} 电极电位小于 I_2/I^- 的电极电位。

（10）抑制 Sn^{2+} 水解，防止 Sn^{2+} 氧化

4. 简答题

（1）答：碱金属在室温下能与氧气迅速反应，为了防止碱金属的氧化，将碱金属单质存放在煤油中。锂的密度最小，可浮在煤油上，通常封存在固体石蜡中。

（2）答：锂、镁在过量的氧气中燃烧时并不生成过氧化物，而生成正常氧化物。锂和镁都能与氮和碳直接化合生成氮化物和碳化物。锂和镁与水反应均较缓慢。锂和镁的氢氧化物都是中强碱，溶解度不大，在加热时可分别分解为 Li_2O 和 MgO。锂和镁的某些盐类和氟化物、碳酸盐、磷酸盐难溶于水。它们的碳酸盐在加热下均能分解为相应的氧化物和二氧化碳。

（3）答：
$$Si + 2NaOH + H_2O \Longrightarrow Na_2SiO_3 + 2H_2\uparrow$$
产物 Na_2SiO_3 易溶于 NaOH 溶液，使反应能继续进行下去。
$$Si + 4HF \Longrightarrow SiF_4\uparrow + 2H_2\uparrow$$
SiF_4 气体脱离体系而使反应进行彻底。若 HF 过量时，SiF_4 溶于 HF 溶液生成 H_2SiF_6，而使反应进行下去。不溶于酸的 SiO_2 附在 Si 的表面，因而 Si 不溶于 HNO_3 溶液。

（4）答：ⅠA、ⅡA族元素的氢氧化物自上而下碱性增强，从左到右碱性减弱。

根据离子势（$\phi = Z/r$）大小可判断氢氧化物的碱性强弱，离子势越小碱性越强，ⅠA、ⅡA族元素的氢氧化物自上而下中心金属离子电荷相同，半径增大，离子势减小，所以碱性自上而下增强，从左到右中心金属离子电荷增大，半径减小，离子势增大，所以碱性减弱。

（5）答：$O_2 \left[KK(\sigma_{2s})^2 (\sigma_{2s}^*)^2 (\sigma_{2px})^2 (\pi_{2py})^2 (\pi_{2pz})^2 (\pi_{2py}^*)^1 (\pi_{2pz}^*)^1 \right]$　　　键级：2　顺磁性

O_2^- 分子轨道为：$\left[KK(\sigma_{2s})^2 (\sigma_{2s}^*)^2 (\sigma_{2px})^2 (\pi_{2py})^2 (\pi_{2pz})^2 (\pi_{2py}^*)^2 (\pi_{2pz}^*)^1 \right]$　　键级：3/2　顺磁性

O_2^{2-} 分子轨道为：$\left[KK(\sigma_{2s})^2 (\sigma_{2s}^*)^2 (\sigma_{2px})^2 (\pi_{2py})^2 (\pi_{2pz})^2 (\pi_{2py}^*)^2 (\pi_{2pz}^*)^2 \right]$　　键级：1　逆磁性

（6）答：炭火上泼少量水时，水变成蒸气后与红热的炭发生下列反应：

$$C + H_2O = CO + H_2$$

产生的 H_2，CO 易燃而使炉火更旺。

（7）答：C 为第二周期元素只有 2s2p 轨道可以成键，最大配位数为 4，CCl_4 无空轨道接受水的配位，因而不水解。S 为第三周期元素，形成 $SiCl_4$ 后还有空的 3d 轨道，d 轨道接受水分于中氧原子的孤对电子，形成配位键而发生水解。BCl_3 分子中 B 虽无空的价层 d 轨道，但 B 有空的 p 轨道，可以接受电子对因而易水解，NCl_3 无空的 d 轨道或空的 p 轨道，但分子中 N 原子尚有孤对电子可以向水分子中氢配位而发生水解。

（8）答：漂白粉中的有效成分是 $Ca(ClO)_2$，在空气中易吸收 CO_2 生成 HClO

$$Ca(ClO)_2 + CO_2 + H_2O \xlongequal{} CaCO_3 + 2HClO$$

HClO 不稳定，易分解放出 O_2　　　$2HClO \xlongequal{} 2HCl + O_2 \uparrow$

此外，生成 HCl 与 HClO 作用产生 Cl_2，也消耗漂白粉的有效成分

$$HCl + HClO \xlongequal{} H_2O + Cl_2 \uparrow$$

漂白粉中往往含有 $CaCl_2$ 杂质，吸收 CO_2 的 $Ca(ClO)_2$ 也与 $CaCl_2$ 作用

$$Ca(ClO)_2 + 2CO_2 + CaCl_2 \xlongequal{} 2CaCO_3 + 2Cl_2 \uparrow$$

（9）答：分别取少量溶液加入稀盐酸产生的气体能使 $Pb(Ac)_2$ 试纸变黑的溶液是 Na_2S；产生有刺激性气体，但不使 $Pb(Ac)_2$ 试纸变黑的是 Na_2SO_3；产生刺激性气体同时有乳白色沉淀生成的溶液是 $Na_2S_2O_3$；无任何变化的则是 Na_2SO_4 和 $Na_2S_2O_8$，将这两种溶液酸化加入 KI 溶液，有 I_2 生成的是 $Na_2S_2O_8$ 溶液，另一溶液为 Na_2SO_4。有关反应方程式如下：

$$S^{2-} + 2H^+ \xlongequal{} H_2S \uparrow$$

$$H_2S + Pb^{2+} \xlongequal{} PbS \downarrow （黑） + 2H^+$$

$$SO_3^{2-} + 2H^+ \xlongequal{} SO_2 \uparrow （刺激性气味） + H_2O$$

$$S_2O_3^{2-} + 2H^+ \xlongequal{} SO_2 \uparrow （刺激性气味） + S \downarrow + H_2O$$

$$S_2O_8^{2-} + 2I^- \xlongequal{} 2SO_4^{2-} + I_2$$

第十一章　副族元素

一、知识导航

```
                                          ┌──────────────┐
                                    ┌─────│  原子结构特征  │
                                    │      └──────────────┘
                         ┌─────────┐│      ┌──────────────┐
                         │ 过渡元素 ├┼─────│  多变的氧化态  │
                         │ 的通性  ││      └──────────────┘
                         └─────────┘│      ┌──────────────┐
                               ├─────│  易形成配合物   │
                               │      └──────────────┘
                               │      ┌──────────────┐
                               └─────│  化合物颜色特征  │
                                      └──────────────┘
          ┌──────┐
          │ 副族 │          ┌─────────┐       ┌──────────────┐      ┌──────────────────┐
          │ 元素 ├──────────│ d区元素通性 │      │              ├─────│ 铬的氧化物、含氧酸及其盐 │
          └──────┘          └─────────┘       │              │      └──────────────────┘
                    ┌─────┐ ┌──────────┐      │ d区重要化合物 ├─────│ 锰的各种价态化合物的性质 │
                    │d区元素├─│          │      └──────────────┘
                    └─────┘ └──────────┘      ┌──────────────────┐
                            ┌──────────┐       │ 铁(Ⅱ、Ⅲ)重要化合物的性质 │
                            │ d区元素及化 │     └──────────────────┘
                            │ 合物医药中的应用 │
                            └──────────┘
                                                ┌──────────────────┐
                    ┌──────┐ ┌──────────┐       │ 铜(Ⅰ、Ⅱ)重要化合物的性质 │
                    │ds区元素├─│ds区元素通性│    └──────────────────┘
                    └──────┘ └──────────┘       ┌──────────────────┐
                            ┌──────────┐        │ 银(Ⅰ)重要化合物的性质  │
                            │ds区重要化合物├─────└──────────────────┘
                            └──────────┘        ┌──────────────────┐
                            ┌──────────┐        │ 锌(Ⅱ)重要化合物的性质  │
                            │ds区元素及化 │      └──────────────────┘
                            │合物医药中的应用│    ┌──────────────────┐
                            └──────────┘        │ 汞(Ⅰ、Ⅱ)重要化合物的性质 │
                                                └──────────────────┘
```

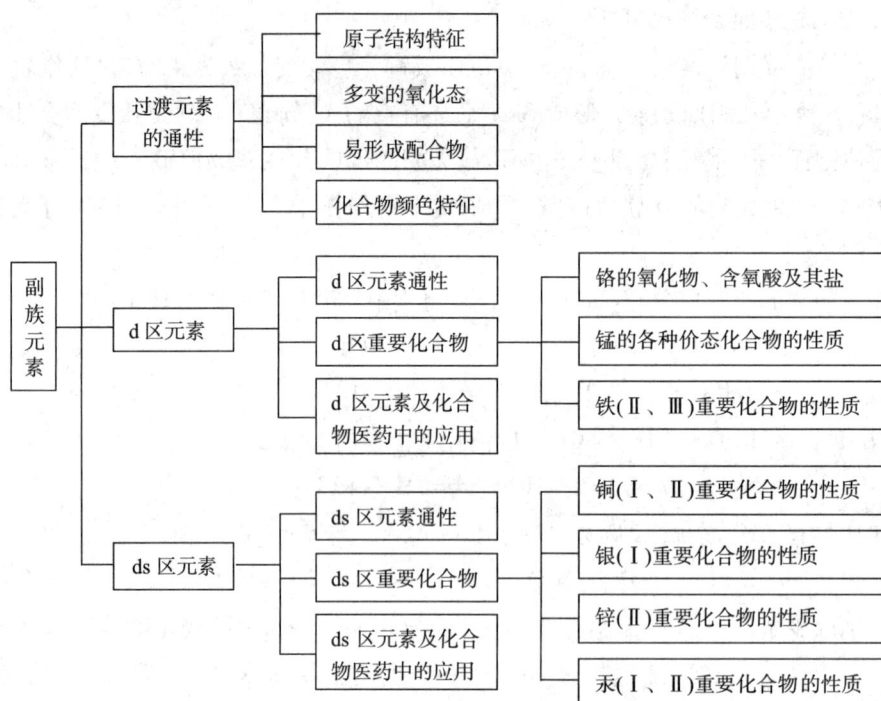

二、重难点解析

1. 说明 Cr(Ⅵ)与 Cr(Ⅲ)的转化，写出相关方程式。

解：在酸性溶液中，Cr(Ⅵ) $Cr_2O_7^{2-}$ 具有强氧化性，可被还原为 Cr^{3+}；在碱性溶液中，Cr(Ⅲ) CrO_2^- 可被氧化为 Cr(Ⅵ) CrO_4^{2-}。

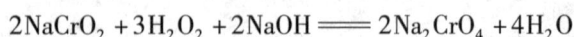

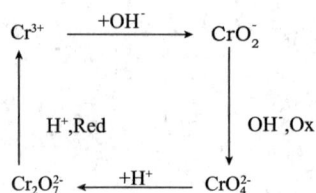

$$Cr_2O_7^{2-} + 6I^- + 14H^+ \Longrightarrow 2Cr^{3+} + 3I_2 + 7H_2O$$

$$2CrO_4^{2-} + 2H^+ \Longrightarrow Cr_2O_7^{2-} + H_2O$$

$$2NaCrO_2 + 3H_2O_2 + 2NaOH \Longrightarrow 2Na_2CrO_4 + 4H_2O$$

$$Cr^{3+} + 4OH^- \Longrightarrow CrO_2^- + 2H_2O$$

$$
\begin{array}{ccc}
Cr^{3+} & \xrightarrow{+OH^-} & CrO_2^- \\
\uparrow H^+,Red & & \downarrow OH^-,Ox \\
Cr_2O_7^{2-} & \xleftarrow{+H^+} & CrO_4^{2-}
\end{array}
$$

2. 比较 Cr^{3+} 与 Al^{3+}、Fe^{3+} 在水溶液中的性质，如何分离？

解：Cr^{3+} 与 Al^{3+}、Fe^{3+} 在水溶液中的性质有不少相似之处，例如：它们都易水解，遇适量碱作用时可生成氢氧化物沉淀等。但三者的性质也存在着许多不同，例如，$Cr(OH)_3$ 和 $Al(OH)_3$ 的两性显著，而 $Fe(OH)_3$ 仅有微弱的两性(酸性极弱)。

又如，$Cr(Ⅲ)$ 在碱性溶液中具有还原性，遇过硫酸铵、高锰酸钾等氧化剂能被氧化成为 $Cr(Ⅵ)$ 的化合物，而 $Fe(Ⅲ)$ 的还原性很弱，$Al(Ⅲ)$ 则不能形成更高氧化数的化合物；再如，Cr^{3+} 能与浓氨水（加适量 NH_4Cl）作用，生成紫红色的 $[Cr(NH_3)_4(OH)_2]^+$，而 Al^{3+} 和 Fe^{3+} 不能与 NH_3 在溶液中形成稳定的配合物；利用这些性质上的差异可对以上三种离子进行分离或鉴定。

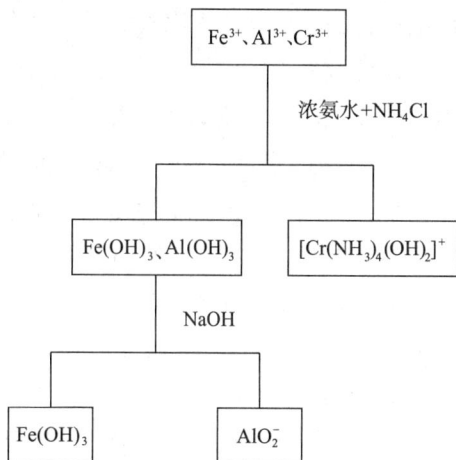

3. 为什么在溶液中 $Cu(Ⅱ)$ 比 $Cu(Ⅰ)$ 稳定？

解：从结构上看 $Cu(Ⅰ)$ 为 $3d^{10}$、$Cu(Ⅱ)$ 为 $3d^9$，$Cu(Ⅰ)$ 应该比 $Cu(Ⅱ)$ 更稳定，但实际上如果是在溶液中，由于 $Cu(Ⅱ)$ 的电荷高，半径小，其水合热为 2121 kJ/mol，比 $Cu(Ⅰ)$ 的水合热 582 kJ/mol 大得多，因此 $Cu(Ⅰ)$ 在溶液中不稳定，很容易歧化为 $Cu(Ⅱ)$ 和 Cu。

4. 如何鉴别溶液中的 Ag^+？试写出相关反应方程式。

解：向含有 Ag^+ 的溶液中滴加 Cl^-，边滴加边振摇，观察到溶液中有白色凝乳状的 AgCl 沉淀生成，加入氨水沉淀溶解，加硝酸溶液后沉淀再次生成。相关反应方程式如下：

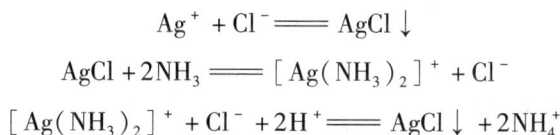

$$Ag^+ + Cl^- \xlongequal{} AgCl \downarrow$$
$$AgCl + 2NH_3 \xlongequal{} [Ag(NH_3)_2]^+ + Cl^-$$
$$[Ag(NH_3)_2]^+ + Cl^- + 2H^+ \xlongequal{} AgCl \downarrow + 2NH_4^+$$

5. 向含 Hg^{2+} 溶液中逐滴滴加 KI 溶液，先是观察到有橙红色沉淀生成，继续滴加 KI 溶液，橙红色沉淀消失，溶液变为无色。试解释其中的原因。

解：Hg^{2+} 与适量 I^- 作用生成橙红色 HgI_2 沉淀，继续滴加 KI 溶液，HgI_2 与过量的 I^- 作用生成无色的 $[HgI_4]^{2-}$。相关反应方程式如下：

$$Hg^{2+} + 2I^- \xlongequal{} HgI_2 \downarrow （橙红）$$
$$HgI_2 + 2I^- \xlongequal{} [HgI_4]^{2-} （无色）$$

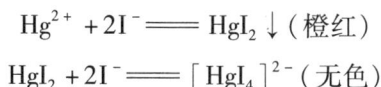

三、 复习思考题及参考答案

1. 为什么同周期过渡元素性质相似？

解：同周期过渡元素的最后一个电子填充在次外层（主族元素填充在最外层），因而屏蔽作用较大，有效核电荷增加得不多，性质变化规律不同于主族元素，表现出同周期元素性质比较接近，呈现出一定的水平相似性。

2. d 区元素的原子和离子为什么都易于形成配合物？

解：d 区元素原子的价层电子结构为 $(n-1)d^{1-9}ns^{1-2}np^0nd^0$，它们通常具有较多能级相近的空轨道；另外，由于过渡元素的离子具有较大的有效核电荷和较小的离子半径，对配体的极化作用强，这些因素促使它们具有强烈的形成配合物的倾向。

3. 什么叫镧系收缩，产生的原因是什么？为什么镧系元素的特征氧化态是 +3？

解：镧系元素的原子半径和离子半径随原子序数的增加而逐渐减小的现象称为镧系收缩，产生的原因是镧系元素中，随着原子序数的递增，新增电子依次填充在 4f 轨道，而 4f 电子对核的屏蔽不如内层电子，因而随着原子序数的增加，有效核电荷增加，核对最外层电子的吸引增强，使原子半径和离子半径缓慢减小。由于镧系元素的原子失去 2 个 s 电子和 1 个 d 电子或 2 个 s 电子和 1 个 f 电子所需的电离能比较低，所以镧系元素一般能形成比较稳定的 +3 氧化态。

4. 总结过渡元素单质的金属活泼性变化规律。

解： 过渡元素的金属性变化规律基本上是从左到右、自上而下缓慢减弱。从左到右，同周期各元素的标准电极电势 $E^{\ominus}(M^{2+}/M)$ 和第一电离能变化趋势逐渐增大，金属性也依次减弱。从上到下，过渡元素的金属性依次减弱，其原因是自上而下，原子半径增大的不多，有效核电荷却增加显著，核对外层电子引力增强，元素的金属性随之减弱。

5. 为什么 d 区过渡金属的化合物、水合离子和配离子通常都有颜色？

解： 原因是 d 区过渡金属的 d 轨道通常都处于未充满状态，d 电子能够在可见光区发生 d－d 跃迁。

6. 举例说明为什么 $KMnO_4$ 的氧化能力比 $K_2Cr_2O_7$ 强？

解： 用硫酸铬在硫酸存在的条件下与 $KMnO_4$ 反应，$KMnO_4$ 溶液褪色，说明 $KMnO_4$ 的氧化能力比 $K_2Cr_2O_7$ 强。反应方程式如下：

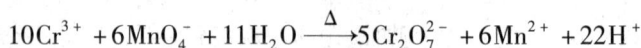

$$10Cr^{3+} + 6MnO_4^- + 11H_2O \xrightarrow{\Delta} 5Cr_2O_7^{2-} + 6Mn^{2+} + 22H^+$$

7. 试从铬的价电子构型分析，为什么铬的硬度和熔沸点均较高？

解： 铬的价电子层构型为 $(n-1)d^5ns^1$，由于未成对电子数多，金属键能大，故铬元素的硬度及熔沸点较高。

8. 请总结锰各种氧化态相互转化的条件并写出反应方程式。

解： 锰的元素电势图如下：

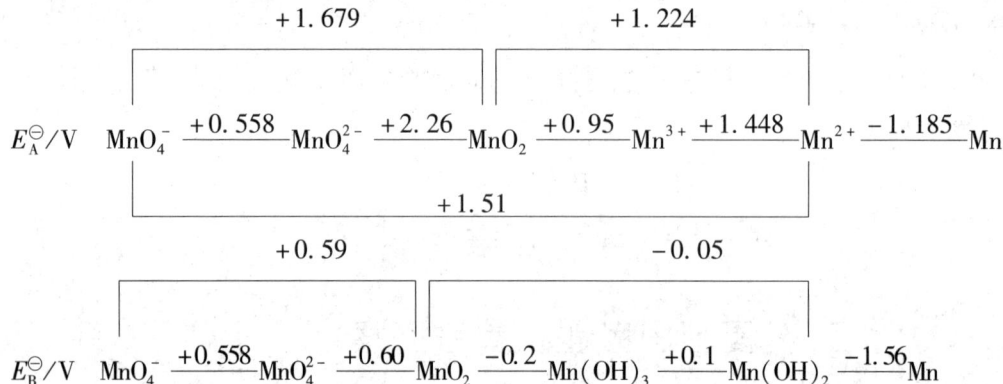

$$
\begin{array}{c}
\overset{+1.679}{\overbrace{\hspace{6cm}}}\quad\overset{+1.224}{\overbrace{\hspace{5cm}}} \\[4pt]
E_A^{\ominus}/V \quad MnO_4^- \xrightarrow{+0.558} MnO_4^{2-} \xrightarrow{+2.26} MnO_2 \xrightarrow{+0.95} Mn^{3+} \xrightarrow{+1.448} Mn^{2+} \xrightarrow{-1.185} Mn \\[4pt]
\underset{+1.51}{\underbrace{\hspace{7cm}}} \\[6pt]
\overset{+0.59}{\overbrace{\hspace{5cm}}}\quad\overset{-0.05}{\overbrace{\hspace{5cm}}} \\[4pt]
E_B^{\ominus}/V \quad MnO_4^- \xrightarrow{+0.558} MnO_4^{2-} \xrightarrow{+0.60} MnO_2 \xrightarrow{-0.2} Mn(OH)_3 \xrightarrow{+0.1} Mn(OH)_2 \xrightarrow{-1.56} Mn
\end{array}
$$

常见的反应有：

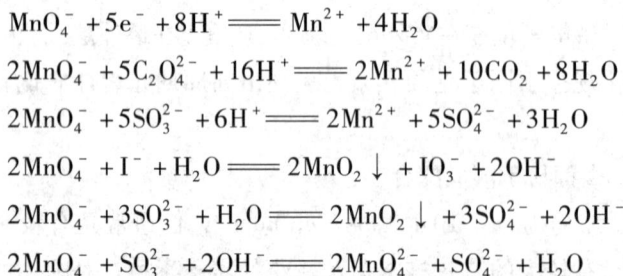

$$MnO_4^- + 5e^- + 8H^+ = Mn^{2+} + 4H_2O$$
$$2MnO_4^- + 5C_2O_4^{2-} + 16H^+ = 2Mn^{2+} + 10CO_2 + 8H_2O$$
$$2MnO_4^- + 5SO_3^{2-} + 6H^+ = 2Mn^{2+} + 5SO_4^{2-} + 3H_2O$$
$$2MnO_4^- + I^- + H_2O = 2MnO_2 \downarrow + IO_3^- + 2OH^-$$
$$2MnO_4^- + 3SO_3^{2-} + H_2O = 2MnO_2 \downarrow + 3SO_4^{2-} + 2OH^-$$
$$2MnO_4^- + SO_3^{2-} + 2OH^- = 2MnO_4^{2-} + SO_4^{2-} + H_2O$$

四、习题及参考答案

1. d 区元素的价电子层结构有何特点？

解：d 区元素是指周期表 ⅢB 族到 Ⅷ 族的元素，价电子层结构为 $(n-1)d^{1-9}ns^{1-2}$（Pd，$4d^{10}5s^0$ 例外）。

2. d 区元素通常具有多种氧化值的原因是什么？

解：d 区元素的 ns 和 $(n-1)d$ 轨道的能级相近，在化学反应中，d 区元素的 ns 电子首先参加成键，随后在一定条件下，$(n-1)d$ 电子也能逐一参加成键，使元素的氧化数呈现依次递增的特征。

3. 试从价电子构型上分析 ds 区元素与 s 区元素（除 H 外）在化学性质上的差异性。

解：ds 区元素的价电子层结构为 $(n-1)d^{10}ns^{1-2}$，包括铜族和锌族；s 区元素的价电子构型为 ns^{1-2}，包括碱金属族和碱土金属族（除 H 外）。铜族和锌族的次外电子层为 18 电子，对核的屏蔽效应比碱金属和碱土金属元素的 8 电子小得多，最外层电子受核的吸引力比碱金属和碱土金属强，因此 ds 区元素的化学性质不如 s 区元素（除 H 外）活泼。

4. 写出下列物质的化学式。

（1）辰砂；（2）轻粉；（3）代赭石；（4）白降丹；（5）接骨丹；（6）锌白；（7）炉甘石；（8）锰晶石；（9）灰锰氧；（10）摩尔盐；（11）黄血盐；（12）赤血盐；（13）绿矾；（14）胆矾；（15）铬酐；（16）红粉；（17）铜锈

解：（1）HgS；（2）Hg_2Cl_2；（3）Fe_2O_3；（4）$HgCl_2$；（5）FeS_2；（6）ZnO；（7）$ZnCO_3$；（8）$MnCO_3$；（9）$KMnO_4$；（10）$(NH_4)_2SO_4 \cdot FeSO_4 \cdot 6H_2O$；（11）$K_4[Fe(CN)_6]$；（12）$K_3[Fe(CN)_6]$；（13）$FeSO_4 \cdot 7H_2O$；（14）$CuSO_4 \cdot 5H_2O$；（15）$CrO_3$；（16）$HgO$；（17）$Cu(OH)_2 \cdot CuCO_3$。

5. 向 $K_2Cr_2O_7$ 溶液中加入下列试剂，各会发生什么现象？写出相应的化学反应方程式。

（1）$NaNO_2$ 或 $FeSO_4$　　　　　（2）H_2O_2 与乙醚　　　（3）$NaOH$

（4）$BaCl_2$、$Pb(NO)_3$ 或 $AgNO_3$　　（5）浓 HCl　　　　（6）H_2S

解：（1）$Cr_2O_7^{2-} + 6Fe^{2+} + 14H^+ \xlongequal{} 2Cr^{3+} + 6Fe^{3+} + 7H_2O$

$Cr_2O_7^{2-} + 3NO_2^- + 8H^+ \xlongequal{} 2Cr^{3+} + 3NO_3^- + 4H_2O$（橙红色变绿色）

（2）$Cr_2O_7^{2-} + 4H_2O_2 + 2H^+ \xlongequal{} 2CrO_5 + 5H_2O$（乙醚层中出现蓝色）

（3）$Cr_2O_7^{2-} + 2OH^- \xlongequal{} 2CrO_4^{2-} + H_2O$（橙红色变成黄色）

（4）$2Ag^+ + CrO_4^{2-} \xlongequal{} Ag_2CrO_4\downarrow$（砖红色）　　　$Ba^{2+} + CrO_4^{2-} = BaCrO_4\downarrow$（黄色）

$2Pb^{2+} + Cr_2O_7^{2-} + H_2O \xlongequal{} 2H^+ + 2PbCrO_4\downarrow$（黄色）

（5）$Cr_2O_7^{2-} + 6Cl^- + 14H^+ \xlongequal{} 2Cr^{3+} + 3Cl_2 + 7H_2O$（橙红色变绿色，有黄绿色刺激性气味气体生成）

（6）$Cr_2O_7^{2-} + 3H_2S + 8H^+ \xlongequal{} 2Cr^{3+} + 3S\downarrow + 7H_2O$（橙红色变绿色，有沉淀生成）

6. 向含有 Ag^+ 的溶液中先加入少量的 $Cr_2O_7^{2-}$，再加入适量的 Cl^-，最后加入足量的 $S_2O_3^{2-}$，试写出有关的离子方程式，并描述每一步发生的实验现象。

解：先生成砖红色沉淀，后又溶解生成白色沉淀，最后白色沉淀消失。相关离子方程式：

$$2Ag^+ + CrO_4^{2-} \xlongequal{} Ag_2CrO_4\downarrow \qquad Ag^+ + Cl^- \xlongequal{} AgCl\downarrow$$

$$AgCl + 2S_2O_3^{2-} \xlongequal{} [Ag(S_2O_3^{2-})_2]^{3-} + Cl^-$$

7. 解释下列现象，写出有关的化学反应方程式。

（1）新沉淀的 $Mn(OH)_2$ 是白色的，但在空气中慢慢变成棕黑色。

解：新沉淀生成的 $Mn(OH)_2$ 与空气接触后很快被氧化成水和二氧化锰（$MnO_2 \cdot nH_2O$）的棕色沉淀：

$$Mn^{2+} + 2OH^- == Mn(OH)_2\downarrow(白色)$$

$$2Mn(OH)_2 + O_2 == 2MnO(OH)_2\downarrow(棕色)$$

(2)制备 $Fe(OH)_2$ 时，如果试剂不除去氧，则得到的产物不是白色的。

解： 因为 $Fe(OH)_2$ 不稳定，与空气接触后很快变成暗绿色，继而生成棕红色 $Fe(OH)_3$ 沉淀：

$$4Fe(OH)_2 + O_2 + 2H_2O == 4Fe(OH)_3$$

(3)在 Fe^{3+} 的溶液中加入 KSCN 时出现血红色，若加入少许 NH_4F 固体则血红消失。

解： Fe^{3+} 与 F^- 作用时，生成无色的 $[FeF_6]^{3-}$：$6F^- + Fe^{3+} == [FeF_6]^{3-}$

当再向溶液中加入 KSCN 溶液时，由于 $[FeF_6]^{3-}$ 的稳定性远大于 $[Fe(SCN)_n]^{3-n}$，不能发生配体之间的取代反应，因此不见有血红色出现。

(4)铜在含 CO_2 的潮湿空气中，表面会逐渐生成绿色的铜锈。

解： $2Cu + H_2O + O_2 + CO_2 == Cu(OH)_2 \cdot CuCO_3$

(5)为什么要用棕色瓶储存 $AgNO_3$（固体或溶液）。

解： $AgNO_3$ 加热或见光易分解，因此 $AgNO_3$ 固体或溶液都应储存在棕色玻璃瓶内。

$$2AgNO_3 == 2Ag + 2NO_2\uparrow + O_2\uparrow$$

(6) HNO_3 与过量汞反应的产物是 $Hg_2(NO_3)_2$。

解： $6Hg + 8HNO_3 == 3Hg_2(NO_3)_2 + 2NO\uparrow + 4H_2O$

(7)利用酸性条件下 $K_2Cr_2O_7$ 的强氧化性，使乙醇氧化，反应颜色由橙红变为绿色，据此来监测司机酒后驾车的情况。

解： $Cr_2O_7^{2-} + 3CH_3CH_2OH + 8H^+ == 3CH_3CHO + 2Cr^{3+} + 7H_2O$

(8)为什么 $KMnO_4$ 在酸性溶液中氧化性增强。

解： 在酸性条件下 $KMnO_4$ 对应的氧化还原反应电对的电极电势值变大，因而氧化型物质的氧化能力要增强。

8. $AgCl$ 和 Hg_2Cl_2 都是难溶于水的白色沉淀，试用一种化学试剂将其区分开，并写出有关的化学反应方程式。

解： 用浓氨水。

$AgCl$ 会溶解成无色溶液：$AgCl + 2NH_3 \cdot H_2O == [Ag(NH_3)_2]Cl + 2H_2O$

Hg_2Cl_2 溶液与氨水反应会生成白色的 $Hg(NH_2)Cl$ 和黑色 Hg 的混合沉淀：

$$Hg_2Cl_2 + 2NH_3 == Hg(NH_2)Cl\downarrow(白色) + Hg\downarrow + NH_4Cl$$

9. 在盐酸介质中，用锌还原 $Cr_2O_7^{2-}$ 时，溶液颜色由橙色经绿色而成蓝色，放置时又变绿色，出各物种的颜色和相应的方程式。

解： $Cr_2O_7^{2-} + 3Zn + 14H^+ == 2Cr^{3+} + 3Zn^{2+} + 7H_2O$

$$2Cl^- + Cr^{3+} + 4H_2O == [Cr(H_2O)_4Cl_2]^+(绿色)$$

$$2Cr^{3+} + Zn == 2Cr^{2+} + Zn^{2+}$$

$$Cr^{2+} + 2Cl^- == CrCl_2(蓝色)$$

$$4Cr^{2+} + 4H^+ + O_2 == 4Cr^{3+} + 2H_2O$$

$$2Cl^- + Cr^{3+} + 4H_2O == [Cr(H_2O)_4Cl_2]^+(绿色)$$

10. 在氯化铁溶液中加入碳酸钠溶液，为什么得到的沉淀是氢氧化铁而不是碳酸铁？写出相关反应方程式。

解： 因为 Fe^{3+} 和 CO_3^{2-} 离子都有强水解性，在水溶液中二者水解相互促进，而生成氢氧化铁沉淀，而不是碳酸铁沉淀。化学反应方程式如下：

$$2Fe^{3+} + 3CO_3^{2-} + 3H_2O =\!=\!= 2Fe(OH)_3\downarrow + 3CO_2\uparrow$$

11. 完成并配平下列反应方程式。

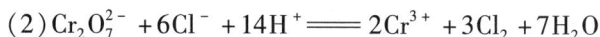

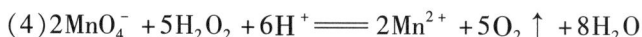

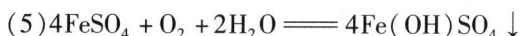

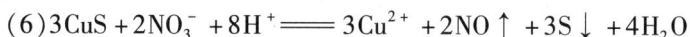

（1）$NaCrO_2 + H_2O_2 + NaOH \rightarrow$

（2）$K_2Cr_2O_7 + HCl(浓) \rightarrow$

（3）$Mn^{2+} + NaBiO_3 + H^+ \rightarrow$

（4）$MnO_4^- + H_2O_2 + H^+ \rightarrow$

（5）$FeSO_4 + O_2 + H_2O \rightarrow$

（6）$CuS + NO_3^- + H^+ \rightarrow$

（7）$Hg_2Cl_2 + NH_3 \rightarrow$

（8）$HgCl_2 + SnCl_2(少量) \rightarrow$

解： （1）$2NaCrO_2 + 3H_2O_2 + 2NaOH =\!=\!= 2Na_2CrO_4 + 4H_2O$

（2）$Cr_2O_7^{2-} + 6Cl^- + 14H^+ =\!=\!= 2Cr^{3+} + 3Cl_2 + 7H_2O$

（3）$2Mn^{2+} + 5NaBiO_3 + 14H^+ =\!=\!= 2MnO_4^- + 5Bi^{3+} + 7H_2O + 5Na^+$

（4）$2MnO_4^- + 5H_2O_2 + 6H^+ =\!=\!= 2Mn^{2+} + 5O_2\uparrow + 8H_2O$

（5）$4FeSO_4 + O_2 + 2H_2O =\!=\!= 4Fe(OH)SO_4\downarrow$

（6）$3CuS + 2NO_3^- + 8H^+ =\!=\!= 3Cu^{2+} + 2NO\uparrow + 3S\downarrow + 4H_2O$

（7）$Hg_2Cl_2 + 2NH_3 =\!=\!= Hg(NH_2)Cl\downarrow(白色) + Hg\downarrow + NH_4Cl$

（8）$2HgCl_2 + SnCl_2(少量) =\!=\!= Hg_2Cl_2\downarrow(白色) + SnCl_4$

12. 在一定量的铜粉中加入适量的 Fe^{3+} 酸性溶液后再加入适量的铁粉得到离子 A，接着向 A 中加入 NaOH 溶液，先生成白色胶状沉淀 B，后沉淀变为暗绿色，又渐变为红棕色沉淀 C，加盐酸溶解沉淀得到黄色溶液 D，加入少量 KSCN 溶液后即生成血红色物质 E。请指出 A、B、C、D、E 各为何物？写出每步的反应方程式。

解： A 为 Fe^{2+}，B 为 $Fe(OH)_2$，C 为 $Fe(OH)_3$，D 为 $FeCl_3$，E 为 $Fe(NCS)_3$。反应的化学反应方程式为：

$$2Fe^{3+} + Cu =\!=\!= 2Fe^{2+} + Cu^{2+}$$

$$2Fe^{3+} + Fe =\!=\!= 3Fe^{2+}$$

$$Fe^{2+} + 2OH^- =\!=\!= Fe(OH)_2\downarrow(白色)$$

$$4Fe(OH)_2 + O_2 + 2H_2O =\!=\!= 4Fe(OH)_3\downarrow(红棕色)$$

$$Fe(OH)_3 + 3HCl =\!=\!= FeCl_3(黄色) + 3H_2O$$

$$Fe^{3+} + 3SCN^- =\!=\!= Fe(SCN)_3(血红色)$$

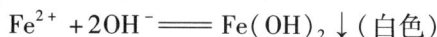

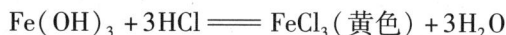

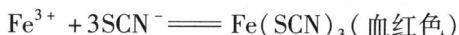

五、　补充习题及参考答案

（一）补充习题

1. 填空题

（1）Ⅷ 族元素的价电子层结构通式为 _____。

(2)Cu 位于周期表_____，价层电子构型为_____；Zn 位于周期表_____，价层电子构型为_____。

(3)导热性最好的金属是_____，硬度最大的金属是_____。

(4)d 区元素同族中第五、六周期两元素的原子半径非常接近，是由于_____的影响。

(5)实验室常用铬酸洗液是用浓硫酸和_____配制的，如洗液吸水效果差，颜色变为_____色，则洗液失效。

(6)AgOH 极不稳定，很快脱水生成暗棕色的_____。

(7)黄血盐和赤血盐的化学式为_____。

(8)新沉淀的 $Mn(OH)_2$ 是_____色的，但在空气中慢慢变成_____色。

(9)Cu^{2+} 与浓碱反应时生成蓝紫色的_____。

(10)在 Fe^{3+} 的溶液中加入 KSCN 时出现_____，若加入少许 NH_4F 固体则_____。

2. 判断题

(1)d 区元素的价电子层结构都符合 $(n-1)d^{1-9}ns^{1-2}$。 （　　）

(2)锌与铝都是两性金属，但只有铝可以与氨水形成配合离子而溶于氨水。 （　　）

(3)在碱性溶液条件下，铬酸盐或重铬酸盐溶液主要以 CrO_4^{2-}（黄色）的形式存在。 （　　）

(4)Cu^{2+} 在水中可以稳定存在。 （　　）

(5)$FeCl_3$ 为共价化合物，$CuCl_2$ 为离子化合物。 （　　）

(6)只有铋酸钠（$NaBiO_3$）、过二硫酸铵$[(NH_4)_2S_2O_8]$ 和 PbO_2 等少数的强氧化剂才能将 Mn^{2+} 氧化成 MnO_4^-。 （　　）

(7)$AgNO_3$ 加热或见光不易分解，可保存在普通玻璃瓶内。 （　　）

(8)无水 $CuSO_4$ 检验无水乙醇、乙醚等有机溶剂中是否存在微量的水。 （　　）

(9)汞是金属中熔点最低的，也是室温下唯一的液态金属，有流动性。 （　　）

(10)铁是生命活动中最重要的微量元素，在人体的物质代谢、能量代谢中发挥着重要作用。 （　　）

3. 解释下列现象，写出有关的化学反应方程式。

(1)向黄血盐溶液中滴加碘水，溶液由黄色变为红色。

(2)Fe^{3+} 溶液能腐蚀 Cu，而 Cu^{2+} 溶液能腐蚀 Fe。

(3)$CuSO_4$ 溶液中加入氨水时，颜色由浅蓝色变成深蓝色，当用大量水稀释时，则析出蓝色絮状沉淀。

(4)$ZnCl_2$ 溶液中加入适量 NaOH 溶液，再加入过量的 NaOH 溶液。

(5)$HgCl_2$ 溶液中加入适量的 $SnCl_2$ 溶液，再加入过量 $SnCl_2$ 溶液。

(6)Cu^{2+} 可以被 I^- 还原成 Cu^+，但不会被 Cl^- 还原。

(7)Zn 能分别溶于氨水和 NaOH 溶液中。

4. I_2 不能氧化 $FeCl_2$ 溶液中的 $Fe(II)$，但是在 KCN 存在下 I_2 却能够氧化 $Fe(II)$，为什么？

5. $CuCl_2$ 浓溶液加水逐渐稀释时，溶液的溶液的颜色由黄色经由绿色再到蓝色，试解释现象，并写出化学反应方程。

6. 在 $MnCl_2$ 溶液中加入适量的硝酸，再加入铋酸钠（$NaBiO_3$）固体，溶液中出现紫红色现象，后又消失。试分析其原因，并写出有关的反应方程式。

7. Hg_2Cl_2 的分子构型有何特征？$Hg(I)$ 采用哪种杂化方式？

8. 完成并配平下列反应方程式。

(1) $Cr^{3+} + S_2O_8^{2-} + H_2O \rightarrow$

(2) $Cr_2O_7^{2-} + I^- + H^+ \rightarrow$

(3) $MnO_2 + HCl \rightarrow$

(4) $FeCl_3 + KI \rightarrow$

(5) $Cu^{2+} + I^- \rightarrow$

(6) $Cu + NO_3^- + H^+ \rightarrow$

(7) $AgCl + NH_3 \rightarrow$

(8) $HgS + HCl + HNO_3 \rightarrow$

(9) $CuS + CN^- \rightarrow$

(10) $[Cu(NH_3)_2]^+ + NH_3 + H_2O + O_2 \rightarrow$

9. 将浅蓝绿色晶体 A 溶于水后加入氢氧化钠溶液和 H_2O_2 并微热，得到棕色沉淀 B 和溶液 C，B 和 C 分离后将溶液 C 加热有碱性气体 D 放出，B 溶于盐酸得黄色溶液 E，向 E 中加入 KSCN 溶液有红色的 F 生成，向 F 中滴加 $SnCl_2$ 溶液则红色褪去，F 转化为 G，向 G 中滴加赤血盐溶液有蓝色沉淀 H 生成。向 A 的水溶液中滴加 $BaCl_2$ 溶液有不溶于硝酸的白色沉淀生成。请给出 A～H 代表的化合物或离子，并写出各步反应方程式。

（二）参考答案

1. 填空题

(1) $(n-1)d^{6-8}ns^2$

(2) 第四周期 IB 族，$3d^{10}4s^1$；第四周期 ⅡB 族，价层电子构型为 $3d^{10}4s^2$

(3) Ag，Cr

(4) 镧系收缩

(5) $K_2Cr_2O_7$，黑绿色

(6) Ag_2O

(7) $K_4[Fe(CN)_6]$，$K_3[Fe(CN)_6]$

(8) 白，棕黑

(9) $[Cu(OH)_4]^{2-}$

(10) 血红色，血红色消失

2. 判断题

(1) ×　(2) ×　(3) √　(4) √　(5) ×　(6) √　(7) ×

(8) √　(9) √　(10) √

3. 解释下列现象，写出有关的化学反应式。

(1) $2[Fe(CN)_6]^{4-} + I_2 \Longrightarrow 2[Fe(CN)_6]^{3-} + 2I^-$

(2) $2FeCl_3 + Cu \Longrightarrow 2FeCl_2 + Cu^{2+}$

(3) $2Cu^{2+} + SO_4^{2-} + 2NH_3 \cdot H_2O \Longrightarrow Cu_2(OH)_2SO_4 \downarrow + 2NH_4^+$（浅蓝色）

　　$Cu(OH)_2 + 4NH_3 \Longrightarrow [Cu(NH_3)_4]^{2+} + 2OH^-$（深蓝色）

　　$[Cu(NH_3)_4]^{2+} + 2OH^- \Longrightarrow Cu(OH)_2 \downarrow + 4NH_3$（蓝色絮状沉淀）

(4) $Zn^{2+} + 2OH^- \xrightarrow{} Zn(OH)_2 \downarrow$（白色沉淀）

$Zn(OH)_2 + 2OH^- \xrightarrow{} [Zn(OH)_4]^{2-}$（无色）

(5) $2HgCl_2 + SnCl_2$（少量）$\xrightarrow{} Hg_2Cl_2 \downarrow$（白色）$+ SnCl_4$

$Hg_2Cl_2 + SnCl_2 \xrightarrow{} 2Hg \downarrow$（灰黑）$+ SnCl_4$

(6) Cu^{2+} 可以氧化 I^- 为 I_2，而本身被还原成 Cu^+，反应方程式：$2Cu^{2+} + 4I^- \xrightarrow{} 2CuI \downarrow + I_2$

(7) $Zn + 2H_2O + 2NaOH \xrightarrow{} Na_2[Zn(OH)_4] + H_2 \uparrow$

$Zn + 2H_2O + 4NH_3 \xrightarrow{} [Zn(NH_3)_4](OH)_2 + H_2 \uparrow$

4. **解**：$Fe^{2+} + 6CN^- \xrightarrow{} [Fe(CN)_6]^{4-}$

$2[Fe(CN)_6]^{4-} + I_2 \xrightarrow{} 2[Fe(CN)_6]^{3-} + 2I^-$

5. **解**：$CuCl_2$ 浓溶液时溶液中主要以 $[CuCl_4]^{2-}$ 存在，因而显黄色；当用水逐渐稀释时溶液中开始蓝色的 $[Cu(H_2O)_4]^{2+}$ 生成，两者共存时显绿色；当继续用水进行稀释时 $[Cu(H_2O)_4]^{2+}$ 成为主要存在的离子，因而显蓝色。相关反应方程式如下：

$$Cu^{2+} + 4Cl^- \xrightarrow{} [CuCl_4]^{2-}$$

$$Cu^{2+} + 4H_2O \xrightarrow{} [Cu(H_2O)_4]^{2+}$$

6. **解**：$2Mn^{2+} + 5NaBiO_3 + 14H^+ \xrightarrow{} 2MnO_4^- + 5Bi^{3+} + 7H_2O + 5Na^+$（紫红色出现）

$2MnO_4^- + 10Cl^- + 16H^+ \xrightarrow{} 2Mn^{2+} + 5Cl_2 \uparrow + 8H_2O$（紫红色消失）

7. **解**：Hg_2Cl_2 的分子构型为直线型，$Hg(I)$ 采用 sp 杂化方式。

8. 完成并配平下列反应方程式。

(1) $2Cr^{3+} + 3S_2O_8^{2-} + 7H_2O \xrightarrow{} Cr_2O_7^{2-} + 6SO_4^{2-} + 14H^+$

(2) $Cr_2O_7^{2-} + 6I^- + 14H^+ \xrightarrow{} 2Cr^{3+} + 3I_2 + 7H_2O$

(3) $MnO_2 + 4HCl \xrightarrow{} MnCl_2 + Cl_2 \uparrow + 2H_2O$

(4) $2FeCl_3 + 2KI \xrightarrow{} 2FeCl_2 + I_2 + 2KCl$

(5) $2Cu^{2+} + 4I^- \xrightarrow{} 2CuI \downarrow + I_2$

(6) $3Cu + 2NO_3^- + 8H^+ \xrightarrow{} 3Cu^{2+} + 2NO \uparrow + 4H_2O$

(7) $AgCl + 2NH_3 \xrightarrow{} [Ag(NH_3)_2]^+ + Cl^-$

(8) $3HgS + 12HCl + 2HNO_3 \xrightarrow{} 3H_2[HgCl_4] + 3S \downarrow + 2NO \uparrow + 4H_2O$

(9) $2CuS + 10CN^- \xrightarrow{} 2[Cu(CN)_4]^{3-} + 2S^{2-} + (CN)_2 \uparrow$

(10) $4[Cu(NH_3)_2]^+ + 8NH_3 + 2H_2O + O_2 \xrightarrow{} 4[Cu(NH_3)_4]^{2+} + 4OH^-$

9. **解**：A：$(NH_4)_2SO_4 \cdot FeSO_4 \cdot 6H_2O$ B：$Fe(OH)_3$ C：$NH_3 \cdot H_2O$ D：NH_3

E：Fe^{3+} F：$[Fe(SCN)_n]^{3-n}$ G：Fe^{2+} H：$KFe[Fe(CN)_6]$

$2Fe^{2+} + 2NH_4^+ + H_2O_2 + 6OH^- \xrightarrow{} Fe(OH)_3 \downarrow + 2NH_3 \cdot H_2O$

$NH_3 \cdot H_2O \xrightarrow{\triangle} NH_3 + H_2O$

$Fe(OH)_3 + 3HCl \xrightarrow{} FeCl_3 + 3H_2O$

$Fe^{3+} + nSCN^- \xrightarrow{} [Fe(SCN)_n]^{3-n}$

$2[Fe(SCN)_n]^{3-n} + Sn^{2+} \xrightarrow{} Sn^{4+} + 2Fe^{2+} + 2nSCN^-$

$K^+ + Fe^{2+} + [Fe(CN)_6]^{3-} = KFe[Fe(CN)_6]$

综合练习一

一、单项选择题（每小题 1 分，共 25 分）

1. 室温下，0.0001mol/L HAc 水溶液中的 $pK_w^\ominus$ 是 　　（　　）
   A. 14　　　　　B. 10　　　　　C. 4　　　　　D. 8

2. 下列化合物中，水溶液 pH 最低的是 　　（　　）
   A. NaAc　　　　B. Na_3PO_4　　　　C. Na_2HPO_4　　　　D. NaH_2PO_4

3. 以下不能组成缓冲溶液的是 　　（　　）
   A. HAc－NaAc　　　　　　　　B. HCl－NaCl
   C. H_3PO_4－NaH_2PO_4　　　　　D. NaH_2PO_4－Na_2HPO_4

4. 在 HAc 溶液中，加入少量 NaAc 固体，则 HAc 的电离度减小了，这种效应是 　　（　　）
   A. 盐效应　　　B. 同离子效应　　　C. 缓冲作用　　　D. 水解现象

5. 在氨水中加入下列哪种物质时，可使氨水的电离度和 pH 均减小 　　（　　）
   A. NaOH　　　　B. NH_4Cl　　　　C. HCl　　　　D. H_2O

6. AgCl 在以下溶液中溶解度最大的是 　　（　　）
   A. NaCl　　　　B. $NaNO_3$　　　　C. $AgNO_3$　　　　D. HCl

7. 已知 Ag_2CrO_4 的 $K_{sp}^\ominus = 1.12 \times 10^{-12}$，则饱和溶液中 $[Ag^+]$ 为（　　）mol/L 　　（　　）
   A. 5.16×10^{-5}　　B. 2.58×10^{-4}　　C. 6.54×10^{-5}　　D. 1.30×10^{-4}

8. 在等浓度的 Cl^-、Br^-、I^- 混合液中滴加稀 $AgNO_3$ 溶液，沉淀顺序是 　　（　　）
   A. AgCl、AgBr、AgI　　　　　　B. AgI、AgBr、AgCl
   C. AgBr、AgCl、AgI　　　　　　D. AgBr、AgI、AgCl

9. 要使 MnO_4^- 还原为 Mn^{2+}，溶液介质应为 　　（　　）
   A. 强酸性　　　B. 强碱性　　　C. 弱碱性　　　D. 中性

10. Na_2SO_3 中 S 的氧化数为 　　（　　）
    A. +2　　　　B. +2.5　　　　C. +4　　　　D. +6

11. 原电池中正极发生的是 　　（　　）
    A. 氧化反应　　B. 水解反应　　C. 氧化还原反应　　D. 还原反应

12. 试判断下列哪种中间价态的物质可自发的发生歧化反应 　　（　　）
    A. $Hg^{2+} \xrightarrow{+0.920} Hg_2^{2+} \xrightarrow{+0.793} Hg$　　　B. $MnO_4^{2-} \xrightarrow{+2.26} MnO_2 \xrightarrow{+1.51} Mn^{2+}$
    C. $O_2 \xrightarrow{+0.682} H_2O_2 \xrightarrow{+1.77} H_2O$　　　D. $Co^{3+} \xrightarrow{+1.82} Co^{2+} \xrightarrow{-0.277} Co$

13. 在配合物 $K[Co(C_2O_4)_2(en)]$ 中，Co^{3+} 的配位数是 　　（　　）
    A. 2　　　　B. 4　　　　C. 6　　　　D. 8

14. 能要使 MnO_4^- 还原为 MnO_4^{2-}，溶液介质应为 （　　）

    A. 强酸性　　　　B. 强碱性　　　　C. 中性　　　　D. 弱酸性

15. 当溶液中的 H^+ 浓度增大时，氧化能力不增强的氧化剂是 （　　）

    A. $[PtCl_6]^{2-}$　　B. MnO_2　　　C. MnO_4^-　　　D. $Cr_2O_7^{2-}$

16. 下列分子中偶极矩不等于零的是 （　　）

    A. CCl_4　　　　B. PCl_5　　　　C. NH_3　　　　D. CO_2

17. $[Ni(CN)_4]^{2-}$ 是平面正方形构型，它以下列哪种杂化轨道成键 （　　）

    A. sp^3　　　　B. dsp^2　　　　C. sp^2d　　　　D. d^2sp^3

18. 某基态原子排在 Kr 前，失去 3 个电子后，角量子数为 2 的轨道半充满，该元素是 （　　）

    A. Mg　　　　B. Zn　　　　C. Fe　　　　D. Mn

19. 在 3p 轨道中有一个电子，其角量子数为 （　　）

    A. 0　　　　B. 1　　　　C. 2　　　　D. 3

20. 某元素原子的价电子构型为 $3d^{10}4s^2$，则该元素为 （　　）

    A. Mg　　　　B. Zn　　　　C. S　　　　D. Ca

21. Cr 原子在周期表中属于什么区 （　　）

    A. s 区　　　　B. p 区　　　　C. d 区　　　　D. ds 区

22. 下列 4 组量子数中，能量最高的是 （　　）

    A. $3, 1, -1, +\frac{1}{2}$　B. $3, 2, 0, +\frac{1}{2}$　C. $3, 0, 0, +\frac{1}{2}$　D. $3, 1, +1, +\frac{1}{2}$

23. 分子轨道理论认为，下列哪种分子或离子不存在 （　　）

    A. H_2^+　　　　B. He_2　　　　C. H_2　　　　D. O_2^+

24. 邻硝基苯酚的沸点比对硝基苯酚的沸点低的原因是 （　　）

    A. 邻硝基苯酚分子间形成氢键　　　B. 前者色散力增大

    C. 前者色散力减小　　　D. 邻硝基苯酚分子内形成氢键

25. 下列分子具有顺磁性的是 （　　）

    A. Xe　　　　B. O_2　　　　C. N_2　　　　D. H_2

二、多项选择题（每小题 2 分，共 20 分）

26. 下列物质中具有还原性的是 （　　）

    A. Na_2SO_3　　B. H_2S　　C. Na_2SO_4　　D. SO_2　　E. $K_2Cr_2O_7$

27. 按酸碱质子理论考虑，在水溶液中既可作酸又可作碱的物质是 （　　）

    A. OH^-　　B. NH_4^+　　C. HPO_4^{2-}　　D. H_2O　　E. H^+

28. 形成外轨型配离子时，中心离子不可能采取的杂化方式是 （　　）

    A. sp^3 杂化　　B. dsp^2 杂化　　C. sp^3d^2 杂化　　D. d^2sp^3 杂化　　E. sp^3d 杂化

29. 甲醇分子和 HF 分子之间存在以下哪些分子间作用力 （　　）

    A. 取向力　　B. 诱导力　　C. 色散力　　D. 氢键　　E. 共价键

30. 下列四组量子数 (n, l, m, m_s) 不合理的一组是 （　　）

    A. 4, 0, 0, 1/2　　　　　　B. 4, 0, -1, -1/2

    C. 4, 4, 3, -1/2　　　　　　D. 4, 2, 0, -1/2

    E. 4, 0, 0, -1/2

31. 原子中填充电子时，必须遵循能量最低原理，这里的能量是指 （　　）
    A. 原子轨道的能量　　　　　　　B. 电子势能
    C. 原子的能量　　　　　　　　　D. 电子动能
    E. 分子的能量

32. 对于第四能级组，下列说法正确的是 （　　）
    A. 电子填充的能级是 4s3d4p　　　B. 原子轨道数目为 9 个
    C. 最多容纳 18 个电子　　　　　　D. 对应第四周期
    E. 4s 和 3d 产生能级交错现象

33. 下列分子中偶极矩等于零的是 （　　）
    A. CO_2　　　B. H_2O　　　C. NH_3　　　D. BF_3　　　E. CH_4

34. 下列含氧酸既能做氧化剂又能做还原剂的是 （　　）
    A. H_3PO_4　　B. HNO_2　　C. H_2O_2　　D. HIO_4　　E. $K_2Cr_2O_7$

35. NH_3 分子和 HF 分子之间存在以下哪些分子间作用力 （　　）
    A. 取向力　　B. 诱导力　　C. 色散力　　D. 氢键　　E. 共价键

三、判断题(正确的打"√"，错误的打"×"。每小题 1 分，共 20 分)

36. 分步沉淀中被沉淀离子浓度大的先沉淀 （　　）
37. 标准电极电势和标准平衡常数一样，都与反应方程式的写法有关 （　　）
38. $NaHCO_3$ 中含有氢，故其水溶液呈酸性 （　　）
39. 对于 O 原子，2s 轨道的能量与 2p 轨道的能量相等 （　　）
40. 同离子效应能使弱电解质的电离度大大降低，而盐效应对其电离度无影响 （　　）
41. 一个波函数(原子轨道)能反映电子运动的轨迹 （　　）
42. 多元弱酸强碱盐水解都显碱性 （　　）
43. 氢键和分子间作用力一样既没有方向性也没有饱和性 （　　）
44. 同一周期中，元素的第一电离能随原子序数递增而依次增大 （　　）
45. 根据元素的电位图，当 $E_{右}^{\ominus} > E_{左}^{\ominus}$ 时，其中间价态的物种可进行歧化反应 （　　）
46. 直线型分子都是非极性分子，而非直线型分子都是极性分子 （　　）
47. 键有极性，分子就有极性，如 HF 分子就是极性分子 （　　）
48. 含有两个配位原子的配体称为螯合剂 （　　）
49. 第四能级组电子填充的能级是 4s、3d、4p；原子轨道数目为 9 个 （　　）
50. 氢电极(H^+/H_2)的电极电势等于零 （　　）
51. 原子轨道的角度分布图有" + "、" – "号，电子云的角度分布图没有 （　　）
52. 凡中心原子采取 sp^3 杂化轨道成键的分子其几何构型都是正四面体 （　　）
53. 分子轨道由能量相等或相近、对称性匹配的原子轨道线性组合而成 （　　）
54. 当角量子数为 2 时，有 5 种取向，且能量不同 （　　）
55. F^- 作配体时，通常形成内轨型配合物 （　　）

四、简答题(5 小题，共 25 分)

56. 配平方程式 (4 分)
    (1) $NaCrO_2 + Br_2 + NaOH \rightarrow Na_2CrO_4 + NaBr + H_2O$
    (2) $MnO_2 + KOH + O_2 \rightarrow K_2MnO_4 + H_2O$

57. 何为同离子效应？举例说明。(5分)

58. 写出下列元素的电子层结构表示式$_{24}Cr$、$_{25}Mn$、$_{47}Ag$，它们分别属于第几周期？第几族？哪个区？最高氧化数是多少？(6分)

59. 用价键理论说明$[Fe(CN)_6]^{4-}$的成键情况(中心原子的电子构型、杂化轨道、配离子的空间构型)，确定配合物是内轨型还是外轨型。(5分)

60. 利用杂化轨道理论解释H_2O的中心原子采用的杂化方式及其几何构型，并指出分子的极性。(5分)

五、计算题(2小题，共10分)

61. 现有0.200mol/L HAc溶液20ml，求以下情况的pH。已知：$K_a^{\ominus}=1.8\times10^{-5}$

　　(1)加水稀释到50ml。

　　(2)加入0.200mol/L的NaOH溶液20ml。(5分)

62. 已知：$Cr_2O_7^{2-}+14H^++6e^-\rightleftharpoons 2Cr^{3+}+7H_2O$　　$E^{\ominus}=+1.33V$

　　　　　　$Fe^{3+}+e^-\rightleftharpoons Fe^{2+}$　　$E^{\ominus}=+0.771V$

　　(1)在标态时，判断下述反应自发进行的方向，$6Fe^{2+}+Cr_2O_7^{2-}+14H^+=6Fe^{3+}+2Cr^{3+}+7H_2O$

　　(2)将上述自发进行的反应组成原电池，并用符号书写出来

　　(3)若在半电池Fe^{3+}/Fe^{2+}中加入NH_4F，对原电池的电动势将产生什么影响？(5分)

参考答案

一、单项选择题

1~25 ADBBB　BCBAC　DCCBA　CBCBB　CBBDB

二、多项选择题

26. ABD；27. CD；28. BD；29. ABCD；30. BC；31. ABC；32. ABCDE；33. ADE；34. BC；35. ABCD

三、判断题

36. ×　37. ×　38. ×　39. ×　40. ×　41. ×　42. ×　43. ×　44. ×　45. √　46. ×　47. ×　48. ×
49. √　50. ×　51. √　52. ×　53. √　54. ×　55. ×

四、简答题

56. (1)$2NaCrO_2+3Br_2+8NaOH \!=\!= 2Na_2CrO_4+6NaBr+4H_2O$

　　(2)$2MnO_2+4KOH+O_2 \!=\!= 2K_2MnO_4+2H_2O$

57. 答：向弱电解质溶液中加入具有共同离子的强电解质时，弱电解质的电离度减小的现象称为同离子效应，如在HAc溶液中，加入少量NaAc固体，则HAc的电离度减小。或向难溶电解质溶液中加入具有共同离子的强电解质时，难溶电解质的溶解度减小，如在AgCl溶液中加入$AgNO_3$溶液，AgCl溶解度减小。

58. 答：$_{24}Cr$，$1s^22s^22p^63s^23p^63d^54s^1$；第4周期；第ⅥB族；d区；最高氧化数是+6；

　　$_{25}Mn$，$1s^22s^22p^63s^23p^63d^54s^2$；第4周期；第ⅦB族；d区；最高氧化数是+7

　　$_{47}Ag$，$[Kr]4d^{10}5s^1$；第5周期；第ⅠB族；ds区；最高氧化数是+1

59. 答：Fe^{2+}　$[Ar]3d^6$；$[Fe(CN)_6]^{4-}$中心离子构型改变，杂化类型d^2sp^3杂化，正八面体型，内轨型配合物

60. 答：H_2O中氧原子采用sp^3不等性杂化，2对孤对电子，其几何构型为角形结构。H_2O为极性分子。

五、计算题

61. $pH = 2.93$，$pH = 14 - 6 + lg7.46 = 8.79$

62. （1）$Cr_2O_7^{2-}$ 是强氧化剂，Fe^{2+} 是强还原剂，反应自发朝右进行。

（2）$(-)Pt \mid Fe^{3+}(c_1)$，$Fe^{2+}(c_2) \parallel Cr_2O_7^{2-}(c_3)$，$Cr^{3+}(c_4)$，$H^+(c_5) \mid Pt(+)$

（3）若在半电池 Fe^{3+}/Fe^{2+} 中加入 NH_4F，Fe^{3+} 与 F^- 形成配合物，使负极 Fe^{3+}/Fe^{2+} 电对的电极电势减小，原电池的电动势 $E = E_{(+)}^{\ominus} - E_{(-)}^{\ominus}$，现 $E_{(-)}^{\ominus}$ 减小，故 E 值增大。

（河南中医药大学）

综合练习二

一、判断题(正确的打"√",错误的打"×"。每小题1分,共10分)

1. 通常 $FeCl_3$ 可将 I^- 氧化为 I_2,但在 $FeCl_3$ 溶液中有大量的 F^- 存在,则 $FeCl_3$ 就不能将 I^- 氧化成 I_2。

                                            (   )

2. 元素 V 的价电子层结构为 $3d^3 4s^2$,所以元素 Cr 的价电子层结构为 $3d^4 4s^2$。(   )

3. 非电解质稀溶液具有渗透压是由于溶液的饱和蒸气压比纯溶剂的要小。(   )

4. 浅蓝色二价铜离子的水溶液中,加入氨水得深蓝色溶液,再加入稀 H_2SO_4,则深蓝色又变成浅蓝色。

                                            (   )

5. 根据离子键理论,MgO 的熔点比 NaCl 低。(   )

6. 按酸碱质子论,在液氨中,HAc 是强酸,在 H_2O 中 HAc 是弱酸。(   )

7. 溶解度大的物质,电离度一定大,电离度大的物质溶解度也一定大。(   )

8. 温度一定时,在稀溶液中不管 $[H^+]$ 和 $[OH^-]$ 如何变动,$[H^+] \cdot [OH^-] = 1 \times 10^{-14}$。(   )

9. 下列分子中,键的极性大小次序为 $NaF > HCl > HI > F_2$。(   )

10. 酸碱质子论认为:NH_4^+ 只能是酸,因为有 $NH_4^+ \rightleftharpoons H^+ + NH_3$。(   )

二、A 型题(每小题1分,共20分)(在每题的四个选项中,只能选择一个最佳答案)

11. 在 0.2mol/L HCl 中通入 H_2S 至饱和,溶液中 S^{2-} 浓度(mol/L)是 (   )

    (已知:H_2S 的 $K_{a1}^{\ominus} = 8.91 \times 10^{-8}$,$K_{a2}^{\ominus} = 1.00 \times 10^{-19}$,$[H_2S]_{饱和} = 0.1mol/L$)

    A. 8.91×10^{-8} B. 5.36×10^{-8} C. 1.00×10^{-19}

    D. 2.2×10^{-26} E. 5.00×10^{-19}

12. 反应 $3A^{2+} + 2B \rightleftharpoons 3A + 2B^{3+}$ 标准状态下的电动势为 1.80V,某浓度时反应的电池电动势为 1.6V,则此时该反应的 $\lg K^{\ominus}$ 值是 (   )

    A. $3 \times 1.8/0.0592$ B. $3 \times 1.6/0.0592$ C. $6 \times 1.8/0.0592$

    D. $6 \times 1.6/0.0592$ E. $1.8 \times 0.0592/6$

13. $NH_3 \cdot H_2O$ 在下列溶剂中电离度最大的是 (   )

    A. H_2O B. HAc   C. 液体 NaOH

    D. NH_2OH E. C_2H_5OH

14. 有关氧化值的叙述,下列哪项正确 (   )

    A. 氢的氧化值总是 +1   B. 氧的氧化值总是 −2

    C. 单质的氧化值可以是 0,可以是正整数   D. 氧化值可以是整数、分数或负数

    E. 多原子离子中,各原子的氧化值代数和为零

15. 下列已配平的半反应中正确的是 (   )

    A. $SnO_2^{2+} + OH^- \rightleftharpoons SnO_2^- + H_2O + 2e^-$

    B. $Cr_2O_7^{2-} + 14H^+ + 3e^- \rightleftharpoons 2Cr^{3+} + 7H_2O$

    C. $Bi_2O_3 + 10H^+ + 2e^- \rightleftharpoons Bi^{3+} + 5H_2O$

    D. $SO_3^{2-} + H_2O + 2e^- \rightleftharpoons SO_4^{2-} + 2OH^-$

    E. $H_3AsO_3 + 6H^+ + 6e^- \rightleftharpoons AsH_3 + 3H_2O$

16. 中心原子 d 轨道电子为 4~7 时，正八面体配合物形成高自旋的判断条件是 （ ）

    A. $\triangle > P$ B. $2\triangle = P$ C. $\triangle = P$ D. $\triangle < P$ E. $\triangle > 2P$

17. 在酸性介质中下列离子相遇能发生反应的是 （ ）

    A. Ag^+ 和 Fe^{3+} B. Sn^{2+} 和 Fe^{2+} C. Br^- 和 I^-

    D. Sn^{2+} 和 Hg^{2+} E. MnO_4^- 和 H^+

18. 某原子中的五个电子，分别具有如下量子数，其中能量最高的为 （ ）

    A. 2, 1, 1, 1/2   B. 3, 2, -2, -1/2   C. 2, 0, 0, -1/2

    D. 3, 1, 1, +1/2   E. 3, 0, 0, +1/2

19. 0.2L $ZnCO_3$ 饱和溶液中，溶质的物质的量为 6.04×10^{-5} mol，若不考虑溶解后离子的水解等因素，$ZnCO_3$ 的 $K_{sp}^{\ominus}$ 为 （ ）

    A. 9.12×10^{-8} B. 3.65×10^{-10} C. 1.46×10^{-10}

    D. 7.30×10^{-10} E. 8.81×10^{-8}

20. 欲破坏 $[Fe(SCN)_6]^{3-}$ 可使用下列哪种试剂 （ ）

    A. HCl   B. H_2SO_4 C. $ZnSO_4$ D. NaF   E. NaCl

21. 氢原子的基态能量为 $E_1 = -13.6eV$，在第六玻尔轨道的电子总能量是 （ ）

    A. $E_1/36$ B. $E_1/6$ C. $6E_1/2$ D. $6E_1$ E. $36E_1$

22. 下列原子或离子基态时具有 d^8 电子构型的是 （ ）

    A. Co^{3+} B. Fe^{2+} C. Ni^{2+} D. Cr^{3+} E. Fe^{3+}

23. 共价键的特点有 （ ）

    A. 方向性和饱和性   B. 方向性和极性   C. 饱和性和极性

    D. 电负性和共用性   E. 电负性和极性

24. 当角量子数为 5 时，可能的简并轨道数是 （ ）

    A. 5   B. 6   C. 7   D. 11   E. 13

25. 已知：$E^{\ominus}(NO_3^-/NO_2) = +0.80V$，$E^{\ominus}(NO_3^-/HNO_2) = +0.94V$，则 $E^{\ominus}(NO_2/HNO_2)$ 值是 （ ）

    A. -1.08   B. +0.14   C. +0.90   D. +1.74   E. +1.08

26. 在主量子数为 3 的电子层中，能容纳的电子数最多是 （ ）

    A. 28   B. 18   C. 32   D. 36   E. 60

27. 某元素 D 具有 $[Ar]3d^24s^2$ 电子排布，它和溴生成的溴化物分子式为 （ ）

    A. DBr_3 B. DBr_2 C. DBr D. DBr_4 E. D_2Br

28. 原子轨道之所以要发生杂化是因为 （ ）

    A. 进行电子重排   B. 增加配对电子数   C. 增加成键能力

    D. 保持共价键的方向性   E. 使不成键的原子轨道能够成键

29. 下列氯化物共价性最强的是 （ ）

    A. $CaCl_2$ B. $MgCl_2$ C. $FeCl_3$ D. $HgCl_2$ E. $AlCl_3$

30. 下列物质中，相互间的作用只存在色散力的是 （ ）

    A. He 和 Ne   B. C_2H_5OH 和 H_2O C. NH_3 和 H_2O

    D. HF 和 HF   E. K^+ 和 Cl^-

三、B 型题（每小题 1 分，共 10 分）（在备选答案中，选择一或多个正确答案，每个答案可以选用一次，多次或不选。）

    A. 0   B. -2 C. $+2$ D. 3   E. -1

31. 在 CO 分子中，C 元素的氧化值是   （   ）

32. 在 H_2O_2 分子中，O 元素的氧化值是   （   ）

    A. 0   B. 2   C. 3   D. 4   E. 5

33. 基态 Mn 原子中未配对的电子数是   （   ）

34. 基态 Co 原子未配对的电子数是   （   ）

    A. $1.74 \times 10^{-2}\%$ B. 1.3% C. 0.13%

    D. 1.74% E. 0.60%

35. $0.1mol/L\ NH_3 \cdot H_2O$ 溶液中，$NH_3 \cdot H_2O$ 的电离度是   （   ）

36. 含 $NaOH(0.1mol/L)$ 的 $0.1mol/L\ NH_3 \cdot H_2O$ 溶液中 $NH_3 \cdot H_2O$ 电离度是   （   ）

37. 含 $NH_4Cl(0.1mol/L)$ 的 $0.1mol/L\ NH_3 \cdot H_2O$ 溶液中 $NH_3 \cdot H_2O$ 电离度是   （   ）

    A. $CuCO_3$ B. $HgCl_2$ C. $Cu_2(OH)_2CO_3$

    D. Hg_2Cl_2 E. HgS

38. 朱砂的主要成分是   （   ）

39. 铜绿的主要成分是   （   ）

40. 甘汞的主要成分是   （   ）

四、X 型题（每小题 1 分，共 10 分）（在备选答案中可选择二至五个正确答案。）

41. 用能斯特方程计算 Br_2/Br^- 电对的电极电势 E，下列叙述中正确的是   （   ）

    A. Br_2 浓度增大，E 值增加   B. Br^- 浓度增大，E 值减小

    C. H^+ 浓度增大，E 值减小   D. H^+ 浓度增大，E 值增加

    E. 温度增高，E 值增加

42. 分裂能 Δ 的大小主要取决于   （   ）

    A. 配离子构型   B. 配位体的性质   C. 中心离子的电荷

    D. 溶液的酸碱性   E. 溶液浓度

43. 加热可释放出氨气的铵盐为   （   ）

    A. $(NH_4)_2SO_4$ B. $(NH_4)_2Cr_2O_7$ C. $(NH_4)_3PO_4$

    D. NH_4NO_3 E. NH_4Cl

44. 当量子数 $n=3$，$l=2$ 时 m 的取值可以是   （   ）

    A. 0   B. $+3$ C. -3 D. $+1$ E. -2

45. 在 HAc 溶液中加入 NaCl，将有   （   ）

    A. 溶液 pH 升高   B. 溶液中离子强度增加   C. 溶液 pH 降低

    D. 同离子效应   E. 溶液的 pH 根本不变

46. 下列离子中，容易水解的是   （   ）

    A. Na^+ B. Ca^{2+} C. Al^{3+} D. Fe^{3+} E. Bi^{3+}

47. 试判断下列哪种中间价态的物质可自发的发生歧化反应   （   ）

    A. $O_2 \xrightarrow{+0.695} H_2O_2 \xrightarrow{+1.776} H_2O$

B. $MnO_4^{2-} \xrightarrow{+2.24} MnO_2 \xrightarrow{+1.224} Mn^{2+}$

C. $Hg^{2+} \xrightarrow{+0.920} Hg_2^{2+} \xrightarrow{+0.7973} Hg$

D. $Cu^{2+} \xrightarrow{+0.153} Cu^+ \xrightarrow{+0.521} Cu$

E. $Co^{3+} \xrightarrow{+1.92} Co^{2+} \xrightarrow{-0.28} Co$

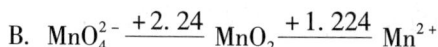

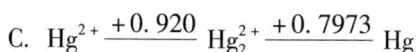

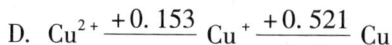

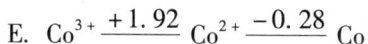

48. 具有 18+2 电子构型的离子为　　　　　　　　　　　　　　　　　　　　　　　（　　）

　　A. Cu^+　　　　B. Ag^+　　　　C. Sn^{2+}　　　　D. Fe^{2+}　　　　E. Pb^{2+}

49. 影响弱电解质电离度的因素有　　　　　　　　　　　　　　　　　　　　　　　（　　）

　　A. 弱电解质的本性　　　B. 弱电解质溶液的浓度　　　C. 温度

　　D. 其他强电解质的存在　　E. 非电解质物质的存在

50. $K_{sp}^{\ominus}$ 是常数的必要条件是　　　　　　　　　　　　　　　　　　　　　　　（　　）

　　A. 温度一定　　　　　　　B. 溶解和沉淀达平衡　　　C. 物质为共价化合物

　　D. 物质浓度一定很大　　　E. 必须是水作溶剂

五、填空题(每空 1 分，共 10 分)

51. $pH = 2.00$ 与 $pH = 13.00$ 的两种强酸、强碱溶液等体积混合后，溶液的 pH 为_____。

52. 25℃时 Cl_2、Br_2、I_2 的键能变化规律为_____。

53. 同浓度的 HCl、HBr、HI 酸性大小排列顺序是_____。

54. NaH 为_____型化合物。

55. 氮分子中有一个_____键和两个_____键。

56. I_2 与碱在常温下作用得到的产物是_____。

57. 在 NH_3 中 N 原子采用_____杂化。

58. 凡能提供_____称为路易斯碱。

59. 离子极化的发生使键型由_____转化。

六、简答题(每题 5 分，共 10 分)

60. 已知 $[Co(NH_3)_6^{2+}]$ 为高自旋配合物，而 $[Co(NH_3)_6^{3+}]$ 为低自旋配合物，试从晶体场稳定化能角度，解释两者稳定性大小。

61. 有四瓶试剂 Na_2SO_4、Na_2SO_3、$Na_2S_2O_3$、Na_2S 其标签已脱落，只要加一种试剂就把它们初步鉴别出来，怎样鉴别？

七、完成和配平下列反应方程式(每题 2 分，共 10 分)

62. $Co(OH)_3 + HCl \rightarrow$

63. $As_2O_3 + Zn + H^+ \rightarrow$

64. $Cu_2O + H_2SO_4(稀) \rightarrow$

65. $NO_2^- + I^- + H^+ \rightarrow$

66. $K_2Cr_2O_7 + H_2SO_4(浓) \rightarrow$

八、计算题(第 1 题 7 分，第 2 题 7 分，第 3 题 6 分，共 20 分)

67. 已知 $Ag^+ + e^- \rightleftharpoons Ag$　　$E^{\ominus} = +0.7996V$

　　$AgI + e^- \rightleftharpoons Ag + I^-$　　$E^{\ominus} = -0.1522V$，求 AgI 的 $K_{sp}^{\ominus}$ 值。

68. 为使氨水中的 $[OH^-]$ 为 $10^{-5}mol/L$，应向 1 L 0.1mol/L 氨水中添加多少克 NH_4Cl？（设 NH_4Cl 的加入不影响溶液的体积）已知氨水 $K_b^{\ominus} = 1.74 \times 10^{-5}$，Cl 的相对原子质量为 35.5。

69. 在 100ml 0.2mol/L $CuSO_4$ 溶液中，加入等体积的 6mol/L 氨水，有无 $Cu(OH)_2$ 沉淀生成？（已知：

NH_3 的 $K_b^{\ominus}=1.74\times10^{-5}$，$Cu(OH)_2$ 的 $K_{sp}^{\ominus}=2.2\times10^{-20}$，$[Cu(NH_3)_4]^{2+}$ 的 $K_s^{\ominus}=1.66\times10^{13}$。）

参考答案

一、判断题

1. √ 2. × 3. √ 4. √ 5. × 6. √ 7. × 8. × 9. √ 10. √

二、A 型题

11～15 DCBDE 16～20 DDBAD 21～25 ACADE 26～30 BDCDA

三、B 型题

31～35 CEECB 36～40 AAECD

四、X 型题

41. BE 42. ABC 43. ACE 44. ADE 45. BC 46. CDE 47. AD 48. CE 49. ABCD

50. AE

五、填空题

51. 12.65 52. $Cl_2 > Br_2 > I_2$ 53. $HCl < HBr < HI$ 54. 离子型 55. σ，π

56. IO_3^- 57. 不等性 sp^3 杂化 58. 孤对电子的物质 59. 离子键向共价键

六、简答题

60. 稳定性：$Co(NH_3)_6^{3+} > Co(NH_3)_6^{2+}$

61. 加入 HCl 即可，$Na_2S_2O_3$ 有黄色沉淀和 SO_2 刺激性气体、Na_2SO_3 仅有 SO_2 气体产生、Na_2S 产生 H_2S 臭鸡蛋味气体、没反应的为 Na_2SO_4

七、完成并配平方程式

62. $2Co(OH)_3 + 6HCl == 2CoCl_2 + Cl_2\uparrow + 6H_2O$

63. $As_2O_3 + 6Zn + 12H^+ == 2AsH_3\uparrow + 6Zn^{2+} + 3H_2O$

64. $Cu_2O + H_2SO_4 == CuSO_4 + Cu + H_2O$

65. $2NO_2^- + 4H^+ + 2I^- == I_2 + 2NO + 2H_2O$

66. $K_2Cr_2O_7 + H_2SO_4 == K_2SO_4 + 2CrO_3\downarrow + H_2O$

八、计算题

67. $E^{\ominus}(AgI/Ag) = E^{\ominus}(Ag^+/Ag) + 0.0592\lg K_{sp}^{\ominus}$

$K_{sp}^{\ominus} = 8.36\times10^{-17}$

68. $K_b^{\ominus} = \dfrac{[OH^-][NH_4^+]}{[NH_3]} = \dfrac{10^{-5}\times[NH_4^+]}{0.1} = 1.74\times10^{-5}$

$[NH_4^+] = 0.174 mol/L$ $m(NH_4Cl) = 0.174\times53.5 = 9.31g$

69. $[Cu^{2+}] = \dfrac{[Cu(NH_3)_4^{2+}]}{K_s[NH_3]^4} = \dfrac{0.1}{1.66\times10^{13}\times2.6^4} = 1.32\times10^{-16} mol/L$

$[OH^-] = \sqrt{1.74\times10^{-5}\times2.6} = 6.7\times10^{-3} mol/L$

$[Cu^{2+}][OH^-]^2 = 6.0\times10^{-21} < K_{sp}^{\ominus}$ ∴无 $Cu(OH)_2$ 沉淀生成

（南京中医药大学）

综合练习三

一、选择题(每小题 1 分,共 30 分)

1. 在氨水中加入下列物质时,可使氨水的电离度和 pH 均减小的是　　　　　　　　(　　)

    A. NH_4Cl　　　　B. NaOH　　　　C. HCl　　　　D. H_2O

2. 某缓冲溶液外加少量强酸后,其 pH 基本　　　　　　　　　　　　　　　　　(　　)

    A. 不变　　　　B. 变大　　　　C. 变小　　　　D. 不确定

3. 已知:H_3PO_4 的 $pK_{a1}^{\ominus}=2.16$,$pK_{a2}^{\ominus}=7.21$,$pK_{a3}^{\ominus}=12.32$。欲配制 pH = 12.0 的缓冲溶液,可选择的缓冲对是　　　　　　　　　　　　　　　　　　　　　　　　(　　)

    A. H_3PO_4 – NaH_2PO_4　　　　　　B. NaH_2PO_4 – Na_2HPO_4

    C. Na_2HPO_4 – Na_3PO_4　　　　　　D. H_3PO_4 – Na_3PO_4

4. 下列溶液的浓度均为 0.1mol/L,其中 $[OH^-]$ 最大的是　　　　　　　　　　(　　)

    A. NaAc　　　　B. Na_2CO_3　　　　C. Na_2S　　　　D. Na_3PO_4

5. 根据酸碱质子论,下列物质不属于两性物质的是　　　　　　　　　　　　　(　　)

    A. H_2O　　　　B. HS^-　　　　C. NH_4^+　　　　D. $H_2PO_4^-$

6. 等体积 pH = 3 的 HCl 溶液和 pH = 10 的 NaOH 溶液混合,该溶液 pH 是　　(　　)

    A. 1 ~ 2　　　　B. 3 ~ 4　　　　C. 6 ~ 7　　　　D. 11 ~ 12

7. HAc 在下列哪种溶剂中酸性最强　　　　　　　　　　　　　　　　　　　　(　　)

    A. H_2O　　　　B. HCOOH　　　　C. 液 NH_3　　　　D. 液 HF

8. 在分步沉淀中,认为某离子沉淀"完全",其离子浓度值不大于　　　　　　　(　　)

    A. 10^{-4}mol/L　　B. 10^{-5}mol/L　　C. 10^{-3}mol/L　　D. 10^{-7}mol/L

9. 25℃时,AgCl、Ag_2CrO_4 的溶度积分别是 1.77×10^{-10} 和 1.12×10^{-12},则 AgCl 的溶解度比 Ag_2CrO_4 的溶解度　　　　　　　　　　　　　　　　　　　　　　　　(　　)

    A. 小　　　　B. 大　　　　C. 相等　　　　D. 大一倍

10. $SrCO_3$ 在下列溶液中溶解度最大的是　　　　　　　　　　　　　　　　　(　　)

    A. 0.1mol/L KNO_3　　　　　　B. 0.10mol/L $SrSO_4$

    C. 纯水　　　　　　　　　　　D. 1.0mol/L Na_2CO_3

11. $Cr_2O_7^{2-}$ 和 CrO_4^{2-} 中 Cr 元素的氧化值分别为　　　　　　　　　　　(　　)

    A. 6,6　　　　B. 7,6　　　　C. 6,4　　　　D. 2.5,2

12. 对于电对 M^{n+}/M 的电极电势 E,下列说法错误的是　　　　　　　　　　(　　)

    A. E 随 M^{n+} 浓度的增大而增大　　　B. E 随温度的升高而升高

    C. E 数值与 n 无关　　　　　　　　　D. E 的大小与 M 的量无关

13. 在单电子原子中,电子的能级取决于量子数　　　　　　　　　　　　　　　(　　)

    A. n　　　　B. n 和 l　　　　C. n, l, m　　　　D. l

14. 某基态原子的磁矩 $\mu=0$,其元素的原子序数可能为　　　　　　　　　　　(　　)

    A. 17　　　　B. 22　　　　C. 26　　　　D. 30

15. 下列电子构型中,属于原子激发态的是　　　　　　　　　　　　　　　　　(　　)

    A. $1s^2 2s^1 2p^1$　　　　　　B. $1s^2 2s^2$

C. $1s^2 2s^2 2p^6 3s^2 3p^6 4s^2$ D. $1s^2 2s^2 2p^6 3s^2 3p^1$

16. 下列各组量子数中不合理的是   (   )

     A. $n=3$, $l=2$, $m=0$, $m_s=1/2$ B. $n=2$, $l=2$, $m=-1$, $m_s=-1/2$

     C. $n=4$, $l=1$, $m=0$, $m_s=-1/2$ D. $n=3$, $l=1$, $m=-1$, $m_s=+1/2$

17. 原子轨道之所以要进行杂化，是因为   (   )

     A. 进行电子重排   B. 增加配位的电子数

     C. 增加成键能力   D. 保持共价键的方向性

18. CH_4 分子中心原子的杂化方式为   (   )

     A. sp^3 杂化   B. sp^2 杂化   C. sp 杂化   D. dsp^2 杂化

19. 下列分子中，其构型不是直线形的是   (   )

     A. CO B. CO_2 C. $HgCl_2$ D. H_2O

20. 按照分子轨道理论，N_2 的最高占有轨道是   (   )

     A. π_{2p}^* B. π_{2p} C. σ_{2p} D. σ_{2p}^*

21. BCl_3 与 HCl 分子之间存在的作用力是   (   )

     A. 取向力和诱导力   B. 取向力和氢键

     C. 诱导力、取向力和色散力   D. 诱导力和色散力

22. 若键轴为 x 轴，下列各组原子轨道重叠形成 π 键的是   (   )

     A. $s-s$ B. $s-p_x$ C. p_x-p_x D. p_y-p_y

23. 按晶体场理论，中心离子的 d 轨道在四面体场中发生能级分裂，分裂为几组能量不同的轨道

                                                        (   )

     A. 两组   B. 三组   C. 四组   D. 六组

24. $[NiCl_4]^{2-}$ 中 Ni^{2+} 的杂化轨道类型为   (   )

     A. sp^2d B. sp^3 C. dsp^2 D. dsp^3

25. $[Fe(CN)_6]^{3-}$ 的空间构型为   (   )

     A. 三角双锥   B. 正四面体   C. 正八面体   D. 平面正方形

26. $[Ni(en)Cl_2]$ 中 Ni^{2+} 的配位数为   (   )

     A. 3   B. 4   C. 5   D. 6

27. 卤素单质中氧化性最强的是   (   )

     A. F_2 B. Cl_2 C. Br_2 D. I_2

28. 下列难溶盐中不溶于盐酸但溶于硝酸的是   (   )

     A. ZnS B. CuS C. HgS D. NiS

29. 配制 $SnCl_2$ 溶液时，除加盐酸外，还要加入锡粒，是为了防止 $SnCl_2$ (   )

     A. 水解   B. 被氧化   C. 歧化   D. 被还原

30. 一种钠盐可溶于水，该盐溶液中加入稀盐酸后，有刺激性气体产生，同时有黄色沉淀生成。该盐是

                                                         (   )

     A. Na_2S B. Na_2CO_3 C. Na_2SO_3 D. $Na_2S_2O_3$

二、判断题(正确的打"√"，错误的打"×"。每小题 1 分，共 10 分)

1. 当分裂能大于成对能时，形成低自旋配合物。   (   )

2. $pH=7$ 的溶液一定是中性溶液。   (   )

3. 离子强度越小，离子间相互作用越小，活度系数越接近于1。 （　　）

4. HAc 溶液加水稀释时，HAc 的电离度和溶液中 H^+ 浓度均增大。 （　　）

5. $3p_z$ 和 $2p_z$ 轨道的原子轨道角度分布图相同。 （　　）

6. 原子中某电子的钻穿能力越大，则该电子受内层其他电子的屏蔽效应越小。 （　　）

7. 基态原子中有几个成单电子，该原子组成分子时就只能形成几个共价单键。 （　　）

8. 高锰酸钾只有在强酸溶液中氧化性才很强。 （　　）

9. 等浓度的 Fe^{2+} 和 Fe^{3+} 混合液中，逐滴加入 NaOH 溶液，Fe^{2+} 先沉淀。 （　　）

10. 电极反应：$Br_2(l) + 2e^- = 2Br^-$　$E^\ominus = 1.06V$，则 $\frac{1}{2}Br_2(l) + e^- = 2Br^-$　$E^\ominus = 0.53V$。 （　　）

三、填空题（每空1分，共20分）

1. 100g 生理盐水含 0.90gNaCl，此生理盐水的质量摩尔浓度为_____，质量分数为_____。

2. 0.10mol/L NaCl 溶液和 0.10mol/L 的葡萄糖溶液相比，_____的 $\triangle T_f$ 值较大，_____的凝固点较高。

3. 对于任何已达平衡的化学反应：升高温度，平衡向_____方向移动；降低体系总压力，平衡向_____方向移动。

4. 原子轨道线性组合成分子轨道时，必须遵循的三原则是：_____，能量相近原则和_____。

5. H_2CO_3 溶液中，$[H^+]$ 浓度的近似计算公式是_____。

6. 把氧化还原反应：$2MnO_4^- + 10Cl^- + 16H^+ = 2Mn^{2+} + 5Cl_2 + 8H_2O$ 设计成原电池，该原电池的符号表示为_____，正极反应为_____，负极反应为_____。

7. 在 BF_3 分子中，B 原子采取_____杂化，分子空间构型为_____。在 NH_3 分子中，N 原子采取_____杂化，分子的空间构型为_____。

8. 配合物 $[Co(NH_3)_2(H_2O)_2Cl_2]Cl$ 的名称为_____，各配体的配位原子分别为_____。

9. 在 HF、HCl、HBr、HI 分子中，最强的极性键是_____，沸点最高的是_____。

四、简答题（每题5分，共15分）

1. 已知某元素在氩前，当此元素得到一个电子后，在 $n=4$、$l=1$ 的轨道内电子恰好全充满，则该元素的名称、元素符号是什么？写出该元素的核外电子排布式，并指出该元素属于哪一周期、哪一族、哪一区？

2. 写出 F_2、F_2^- 的分子轨道结构式，并通过计算键级说明 F_2 的稳定性大于 F_2^-。

3. 配平下列反应式：

   (1) $CrO_2^- + H_2O_2 \rightarrow CrO_4^{2-} + H_2O$ 　（碱性介质）

   (2) $S_2O_8^{2-} + Mn^{2+} \rightarrow MnO_4^- + SO_4^{2-}$ 　（酸性介质）

五、计算题（共25分）

1. 在 100ml 0.20mol/L $MnCl_2$ 溶液中，加入 100ml 含有 0.10mol/L NH_4Cl 和 0.10mol/L 氨水的混合溶液，有无沉淀生成？（已知 $K_b^\ominus = 1.74 \times 10^{-5}$，$K_{sp}^\ominus = 1.9 \times 10^{-13}$）

2. 试确定反应：$IO_3^- + 5I^- + 6H^+ = 3I_2 + 3H_2O$

（1）标准状态下，反应进行的方向。

（2）其他条件不变、pH = 10 时，反应进行的方向。

（已知 $E^{\ominus}(IO_3^-/I_2) = 1.195V$，$E^{\ominus}(I_2/I^-) = 0.5355V$）

3. 欲使 0.10mol AgCl 溶于 1L 氨水中，所需氨水的最低浓度是多少？

（已知：$K_{sp}^{\ominus}(AgCl) = 1.77 \times 10^{-10}$，$K_s^{\ominus}[Ag(NH_3)_2^+] = 1.12 \times 10^7$）

参考答案

一、选择题

1 ~ 5　AACCC　6 ~ 10　BCBAA　11 ~ 15　ACADA

16 ~ 20　BCADC　21 ~ 25　DDABC　26 ~ 30　BABBD

二、判断题

1. √　2. ×　3. √　4. ×　5. √　6. √　7. ×　8. ×　9. ×　10. ×

三、填空题

1. 0.16 mol/kg；0.0090

2. NaCl；葡萄糖

3. 吸热反应；气体分子数目减小的方向

4. 对称性匹配；最大重叠

5. $[H^+] = \sqrt{cK_{a1}^{\ominus}}$

6. $(-)Pt \mid Cl_2(p_1) \mid Cl^-(c_1) \parallel H^+(c_2)，Mn^{2+}(c_2)，MnO_4^-(c_3) \mid Pt(+)$；$MnO_4^- + 8H^+ + 5e^- {=\!=\!=} Mn^{2+} + 4H_2O$；$2Cl^- - 2e^- = Cl_2$

7. sp^2；平面三角形；不等性 sp^3；三角锥形

8. 氯化二氯·二氨·二水合钴（Ⅲ）；N，O，Cl

9. HF；HF

四、简答题

1. 溴；Br；$[Ar]3d^{10}4s^24p^5$（或 $1s^22s^22p^63s^23p^63d^{10}4s^24p^5$）；四周期；ⅦA 族；p 区（各 1 分）

2. F_2：$[KK(\sigma_{2s})^2(\sigma_{2s}^*)^2(\sigma_{2p_x})^2(\pi_{2p_y})^2(\pi_{2p_z})^2(\pi_{2p_y}^*)^2(\pi_{2p_z}^*)^2]$（1 分）

   键级 $= \dfrac{8-6}{2} = 1$（1 分）

   F_2^-：$[KK(\sigma_{2s})^2(\sigma_{2s}^*)^2(\sigma_{2p_x})^2(\pi_{2p_y})^2(\pi_{2p_z})^2(\pi_{2p_y}^*)^2(\pi_{2p_z}^*)^2(\sigma_{2p_x}^*)^1]$（1 分）

   键级 $= \dfrac{8-7}{2} = 0.5$（1 分）

   因为 F_2^- 键级小于 F_2，所以 F_2^- 稳定性小于 F_2。（1 分）

3. （1）$2CrO_2^- + 3H_2O_2 + 2OH^- {=\!=\!=} 2CrO_4^{2-} + 4H_2O$（碱性介质）（2 分）

   （2）$5S_2O_8^{2-} + 2Mn^{2+} + 8H_2O {=\!=\!=} 2MnO_4^- + 10SO_4^{2-} + 16H^+$（酸性介质）（2 分）

五、计算题

1. 解：$[OH^-] = \dfrac{K_b^{\ominus} \times c(NH_3)}{c(NH_4^+)} = \dfrac{1.74 \times 10^{-5} \times 0.050}{0.050} = 1.0 \times 10^{-5}$

$Q = 0.10 \times (1.0 \times 10^{-5})^2 = 1.0 \times 10^{-11} > K_{sp}^{\ominus} = 1.9 \times 10^{-13}$，所以有沉淀生成。

2. **解**：（1）$E_{MF}^{\ominus} = E^{\ominus}(IO_3^-/I_2) - E^{\ominus}(I_2/I^-) = 1.195V - 0.5355V > 0$，所以反应正向进行。

$$（2）E(IO_3^-/I_2) = E^{\ominus}(IO_3^-/I_2) + \frac{0.0592V}{5}\lg(10^{-10})^6 = 1.195V - 0.7104V$$

$$= 0.485V < E^{\ominus}(I_2/I^-) = 0.5355V；所以反应逆向进行。$$

3. **解**：设 0.10mol AgCl 完全溶解于 1L 氨水中，所需氨的最低浓度为 x，则：

$$AgCl(s) + 2NH_3 \Longrightarrow [Ag(NH_3)_2]^+ + Cl^-$$

相对平衡浓度： $\quad\quad\quad x - 0.20 \quad\quad\quad 0.10 \quad\quad\quad 0.10$

$$K^{\ominus} = K_{sp}^{\ominus} \cdot K_s^{\ominus} = \frac{0.010}{(x - 0.20)^2} = 1.77 \times 10^{-10} \times 1.12 \times 10^7$$

$$x = 2.4$$

因溶解 0.1mol/L AgCl 还需要 0.2mol/L 氨，故所需氨的最低浓度为 2.6mol/L。

（安徽中医药大学）

综合练习四

一、判断题（正确的打"√"，错误的打"×"。每小题 1 分，共 10 分）

1. 水是酸性物质，而氨是碱性物质。 （   ）

2. Na_3PO_4 水解显强碱性。 （   ）

3. AgBr 在 KCN 溶液中的溶解度比在 KNO_3 溶液中大。 （   ）

4. 元素电势图中，当中间氧化态的 $E_右^\ominus > E_左^\ominus$ 时，则在标况下可发生歧化反应。 （   ）

5. 每个原子轨道需要 4 个量子数才能确定。 （   ）

6. 配位数是指配合物中与中心原子配位的配位原子数目。 （   ）

7. 离子键既无饱和性又无方向性。而氢键既有饱和性又有方向性。 （   ）

8. 在 $K_2Cr_2O_7$ 溶液中，加入 $AgNO_3$ 溶液，可得到 $Ag_2Cr_2O_7$ 沉淀。 （   ）

9. 电子结构式为 $[Kr]4d^{10}5s^1$ 的元素是 Ag。 （   ）

10. 改变反应物和产物的浓度，使 $Q > K^\ominus$，平衡将会向右移动。 （   ）

二、单选题（每题 1 分，共 20 分）

11. 已知：$NH_3 \cdot H_2O$ $pK_b^\ominus = 4.76$，HAc $pK_a^\ominus = 4.76$，H_2CO_3 $pK_{a1}^\ominus = 6.38$，$H_2PO_4^-$ $pK_{a1}^\ominus = 7.21$；要配制 pH = 7.0 的缓冲溶液，应选择的缓冲对是 （   ）

    A. $NH_3 \cdot H_2O$ 和 NH_4Cl B. H_2CO_3 和 $NaHCO_3$

    C. HAc 和 NaAc   D. NaH_2PO_4 和 Na_2HPO_4

12. 相同温度下，渗透压最大的是 （   ）

    A. 0.2mol/L 甘油溶液   B. 0.15mol/L NaCl 溶液

    C. 0.12mol/L $MgCl_2$溶液   D. 0.15mol/L $CuSO_4$ 溶液

13. 下列分子中偶极矩等于零的是 （   ）

    A. CH_3Cl B. H_2O C. PH_3 D. BCl_3

14. 某温度下，$Mg(OH)_2$ 饱和溶液的溶解度为 $s(mol/L)$，则其溶液的 pH 为 （   ）

    A. $pK_W + lg2s$ B. $pK_W + lgs$

    C. $pK_W + 2lgs$ D. $pK_W + 2lgs^3$

15. CO_2 的 HF 溶液中分子间主要存在的作用力是 （   ）

    A. 色散力   B. 取向力

    C. 诱导力、色散力   D. 取向力、诱导力、色散力

16. 硼酸的分子式为 H_3BO_3，所以它是 （   ）

    A. 三元酸   B. 二元酸   C. 一元弱酸   D. 一元强酸

17. 下列离子属于 18 电子构型的是 （   ）

    A. Ag^+ B. Fe^{2+} C. Ca^{2+} D. Pb^{2+}

18. 在医疗上可作为卤素和重金属离子中毒的解毒剂是 （   ）

    A. Na_2S B. $Na_2S_2O_3$ C. Na_2SO_3 D. Na_2SO_4

19. 下列物质在水溶液中不能稳定存在的是 （   ）

    A. Al_2S_3 B. PbS   C. HgS   D. CuS

20. 在多电子原子中，具有下列各组量子数的电子中能量最高的是 （　　）

    A. 2，1，+1，−1/2 　　　　　　　B. 4，1，0，−1/2

    C. 5，2，+1，+1/2 　　　　　　　D. 3，1，−1，+1/2

21. 已知 $AgX(s)$ 的 $K_{sp}^{\ominus} = K_1$，$[Ag(NH_3)_2]^+$ 的 $K_{稳}^{\ominus} = K_2$，则下列反应的平衡常数为 $AgX(s) + 2NH_3 \rightleftharpoons$ $[Ag(NH_3)_2]^+ + X^-$ （　　）

    A. $K_1 \cdot K_2$ 　　　　B. K_1/K_2 　　　　C. K_2/K_1 　　　　D. $K_1 + K_2$

22. 下列配合物中中心离子采用 d^2sp^3 杂化的是 （　　）

    A. $K_2[PtCl_6]$ 　　　　　　　　B. $K_3[FeF_6]$

    C. $[Ag(NH_3)_2]Cl_2$ 　　　　　D. $[Co(NH_3)_6]Cl_3$

23. 下列配体中，能作为螯合剂与中心离子形成螯合物的是 （　　）

    A. SCN^- 　　　B. $C_2O_4^{2-}$ 　　　C. NH_2NH_2 　　　D. $S_2O_3^{2-}$

24. 溶液中某离子沉淀完全时的浓度小于 （　　）

    A. $1 \times 10^{-5} mol/L$ 　　　　　　B. $1 \times 10^{-3} mol/L$

    C. $1 \times 10^{-7} mol/L$ 　　　　　　D. $1 \times 10^{-8} mol/L$

25. 根据酸碱质子论，下列物质属于两性物质的是 （　　）

    A. $H_2PO_4^-$ 　　B. S^{2-} 　　C. NH_4^+ 　　D. Ac^-

26. 下列难溶电解质中，其溶解度不随 pH 变化而改变的是 （　　）

    A. $BaCO_3$ 　　B. AgI 　　C. $Mg(OH)_2$ 　　D. ZnS

27. 原电池反应：$2S_2O_3^{2-} + I_2 \rightleftharpoons S_4O_6^{2-} + 2I^-$，已知 $E_{MF}^{\ominus} = 0.445V$，$E^{\ominus}(I_2/I^-) = 0.535V$，则 $E^{\ominus}$ $(S_4O_6^{2-}/S_2O_3^{2-}) =$ （　　）

    A. −0.09V 　　B. 0.98V 　　C. 0.09V 　　D. −0.98V

28. 下列分子或离子结构中含 π_3^4 大 π 键的是 （　　）

    A. NH_3 　　B. NO_3^- 　　C. HNO_3 　　D. SO_4^{2-}

29. 在水溶液中易发生歧化反应的离子是 （　　）

    A. Cu^+ 　　B. Hg_2^{2+} 　　C. Ag^+ 　　D. Fe^{2+}

30. 下列物质中，属于路易斯酸的是 （　　）

    A. NH_3 　　B. Fe^{2+} 　　C. I^- 　　D. $C_6H_5NH_2$

三、填空题（每空 1 分，共 28 分）

31. HPO_4^{2-} 的共轭酸是_____，共轭碱是_____。

32. 形成共价键的两个单电子，其自旋方向必须_____。

33. 写出下列药物的主要化学成分：珍珠_____，朴硝_____。

34. 写出下列元素的名称或元素符号：

    （1）3d 轨道半充满，4s 轨道上有一个电子的元素_____

    （2）某元素 +2 价离子的 3d 轨道全充满_____

35. 配制 $SnCl_2$ 溶液时，必须加入_____和_____，以防止其氧化和水解。

36. 写出下列分子或离子的几何构型和中心原子的杂化方式

分子	BCl_3	$[CrF_6]^{3-}$	$[Ni(CN)_4]^{2-}$
分子几何构型			
中心原子杂化方式			

37. 实验室常用的铬酸洗液是用浓硫酸和_____配制的，如洗液颜色变为_____色，洗涤效果差，则洗液失效。

38. 往 $HgCl_2$ 溶液中逐滴加入 KI 溶液，先有红色的_____沉淀生成，继续加过量的 KI 溶液，则生成无色的_____溶液。

39. N_2^- 的分子轨道电子排布式是：_____，键级是_____，磁性_____。

40. 离子的极化作用使化合物的溶解度_____，颜色_____。

41. c_b mol/L 的 $B(OH)_2$ 溶液中，$[OH^-]$ 浓度的近似计算公式为_____，$[B^{2+}]$ 近似等于_____。（已知 $B(OH)_2$ 的 $K_{b1}/K_{b2} > 10^4$，且 $c_b/K_{b1} > 400$。）

42. 二氯·二羟基·二氨合铂(IV)的分子式：_____。

四、简答题（每题 6 分，共 6 分）

43. 为鉴别 $HgCl_2$ 和 Hg_2Cl_2 固体，某同学采用氢氧化钠试剂。写出有关现象和方程式。

五、配平并完成下列反应（每题 2 分，共 6 分）

44. $MnO_4^- + SO_3^{2-} + OH^- \rightarrow$

45. $FeCl_3 + H_2S \rightarrow$

46. $Cu^{2+} + I^- \rightarrow$

六、计算题（每题 10 分，共 30 分）

47. 在 100ml 0.10mol/L $MgCl_2$ 溶液中，加入 100ml 0.10mol/L $NH_3 \cdot H_2O$ 溶液，若不使 $Mg(OH)_2$ 沉淀生成，则需要加入 NH_4Cl 多少克？已知：$K_{sp}^{\ominus}[Mg(OH)_2] = 5.61 \times 10^{-12}$，$K_b^{\ominus}(NH_3 \cdot H_2O) = 1.74 \times 10^{-5}$。

48. 已知 $Cu^{2+} + e^- = Cu^+$ $E^{\ominus}(Cu^{2+}/Cu^+) = 0.159V$
   $Cu^{2+} + 2e^- = Cu$ $E^{\ominus}(Cu^{2+}/Cu) = 0.340V$ $K_{sp}^{\ominus}(CuI) = 1.27 \times 10^{-12}$，试求 $CuI(s) + e^- = Cu + I^-$ 的 $E^{\ominus}(CuI/Cu)$ 值。

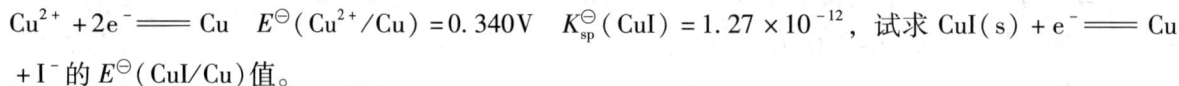

49. 试计算 298K 时 AgBr 在 6.0mol/L 氨水中的溶解度。
   已知 $K_{sp}^{\ominus}(AgBr) = 5.35 \times 10^{-13}$，$K_稳^{\ominus}\{[Ag(NH_3)_2]^+\} = 1.12 \times 10^7$。

参考答案

一、判断题

1. × 2. √ 3. √ 4. √ 5. × 6. √ 7. √ 8. × 9. √ 10. √

二、单选题

11 ~ 15 DCDAC   16 ~ 20 CABAC   21 ~ 25 ADBAA   26 ~ 30 BCCAB

三、填空题

31. $H_2PO_4^-$ PO_4^{3-}

32. 相反

33. $CaCO_3$；$Na_2SO_4 \cdot 10H_2O$

34. (1) 铬(Cr)；(2) 锌(Zn)

35. 锡粒(Sn)；盐酸(HCl)

36.

分子	BCl_3	$[CrF_6]^{3-}$	$[Ni(CN)_4]^{2-}$
分子几何构型	平面三角形	正八面体	平面正方形
中心原子杂化方式	sp^2	d^2sp^3	dsp^2

37. 重铬酸钾（$K_2Cr_2O_7$）；绿色

38. HgI_2；$[HgI_4]^{2-}$

39. $[KK(\sigma_{2s})^2(\sigma_{2s}^*)^2(\pi_{2p_y})^2(\pi_{2p_z})^2(\sigma_{2p_x})^2(\pi_{2p_y}^*)^1]$；2.5；有

40. 降低；加深

41. $\sqrt{K_{b1}c_b}$；K_{b2}

42. $[PtCl_2(OH)_2(NH_3)_2]$

四、简答题（每题6分，共6分）

43. $HgCl_2$ 加 NaOH 后，产生黄色沉淀。（1分）

   反应式：$Hg^{2+}+2OH^-\!=\!=\!=\!HgO\downarrow(黄)+H_2O$（2分）

   {或 $HgCl_2+2OH^-\!=\!=\!=\!HgO\downarrow(黄)+H_2O+2Cl^-$}

   Hg_2Cl_2 加 NaOH 后，产生黄色沉淀和灰黑色 Hg。（1分）

   反应式：$Hg_2^{2+}+2OH^-\!=\!=\!=\!HgO\downarrow(黄)+H_2O+Hg(灰黑)$（2分）

   {或 $Hg_2Cl_2+2OH^-\!=\!=\!=\!HgO\downarrow(黄)+H_2O+Hg(灰黑)+2Cl^-$}

五、配平并完成下列反应（每题2分，共6分）

44. $2MnO_4^-+SO_3^{2-}+2OH^-\!=\!=\!=\!2MnO_4^{2-}+SO_4^{2-}+H_2O$

45. $2FeCl_3+H_2S\!=\!=\!=\!2FeCl_2+S+2HCl$

46. $2Cu^{2+}+4I^-\!=\!=\!=\!2CuI\downarrow+I_2$

六、计算题（每题10分，共30分）

47. **解：** 由题意：两溶液混合后，$[Mg^{2+}]=[NH_3\cdot H_2O]=0.050mol/L$ （2分）

   为了不使 $Mg(OH)_2$ 沉淀形成，允许的最高 $[OH^-]$ 为：

   $$[OH^-]=\sqrt{K_{sp}^{\ominus}[Mg(OH)_2]/[Mg^{2+}]}=\sqrt{5.61\times10^{-12}/0.05}=1.1\times10^{-5}mol/L$$ （3分）

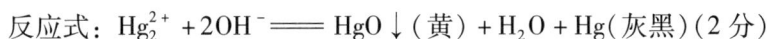

   $$K_b^{\ominus}=[NH_4^+][OH^-]/[NH_3\cdot H_2O]=[NH_4^+]\times1.1\times10^{-5}/0.050=1.74\times10^{-5}$$ （2分）

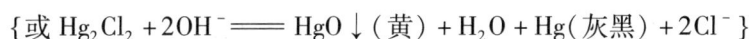

   $$c(NH_4^+)\approx[NH_4^+]=0.079mol/L$$ （1分）

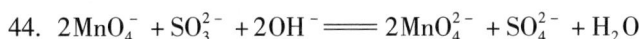

   $$m(NH_4Cl)=0.079\times0.20\times53.5=0.85g,$$ （2分）

   即至少需加入 0.85g NH_4Cl 才不会有 $Mn(OH)_2$ 沉淀生成。

48. **解：** 由元素电势图知 $E^{\ominus}(Cu^{2+}/Cu)=\dfrac{n_1E^{\ominus}(Cu^{2+}/Cu^+)+n_2E^{\ominus}(Cu^+/Cu)}{n_1+n_2}$

   $$E^{\ominus}(Cu^+/Cu)=\frac{2\times0.340-0.159}{1}=0.521V$$ （4分）

   $$E^{\ominus}(CuI/Cu)=E^{\ominus}(Cu^+/Cu)+0.0592\lg K_{sp}^{\ominus}$$

   $$=0.521+0.0592\lg1.27\times10^{-12}$$ （4分）

   $$=-0.183V$$

49. **解：** 设 AgBr 在 6.0mol/L 氨水中的溶解度为 s

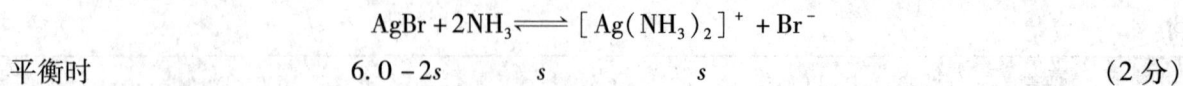

$$AgBr + 2NH_3 \rightleftharpoons [Ag(NH_3)_2]^+ + Br^-$$

平衡时 $\qquad\qquad\qquad 6.0 - 2s \qquad\qquad s \qquad\qquad s$ （2分）

$$K^\ominus = \frac{[Ag(NH_3)_2^+][Br^-]}{[NH_3]^2} = K_s^\ominus \cdot K_{sp}^\ominus = 1.12 \times 10^7 \times 5.35 \times 10^{-13} = 6.0 \times 10^{-6}$$ （2分）

$$K^\ominus = \frac{s^2}{(6.0 - s)^2} = 6.0 \times 10^{-6} \qquad 6.0 - s \approx 6.0$$ （2分）

$$s = \sqrt{36 \times 6.0 \times 10^{-6}} = 1.5 \times 10^{-2} \text{mol/L}$$

答：AgBr 的溶解度为 1.5×10^{-2} mol/L。

（浙江中医药大学）

综合练习五

一、填空题(每空 1 分，共 30 分)

1. 电解质溶液浓度越大，离子强度越_____，活度系数越_____。

2. 在 $Mg(OH)_2$ 饱和溶液中加入少量 $MgCl_2$ 固体，溶液的 pH 将会_____，这种现象称为_____。

3. 在 $NaHCO_3 - Na_2CO_3$ 缓冲溶液中，抗酸成分是_____。

4. 在下列反应中 $HS^- + H_2O \rightleftharpoons S^{2-} + H_3O^+$，用质子理论分析，其中属质子酸的为_____。

5. 已知 AgCl 的 $K_{sp}^{\ominus} = 1.8 \times 10^{-10}$，AgI 的 $K_{sp}^{\ominus} = 8.3 \times 10^{-17}$，在 $[I^-] = [Cl^-] = 0.10 mol/L$ 的混合溶液中滴加 $AgNO_3$ 溶液，首先生成沉淀的是_____。

6. 某 M^{2+} 离子 3d 轨道上有 6 个电子，表示这 6 个电子的电子层数(n)是_____，角量子数(l)是_____。

7. 配位化合物 $K_4[FeF_6]$ 的名称是_____，已知其磁矩为 5.09，则中心原子杂化轨道类型是_____，配合物空间几何构型为_____。

8. CS_2(空间结构直线型)与 SO_2(角型)分子之间存在的分子间作用力是_____和_____。

9. 已知 $E^{\ominus}(Zn^{2+}/Zn) = -0.762V$，$E^{\ominus}(Ag^+/Ag) = 0.800V$，$E^{\ominus}(I_2/I^-) = 0.536V$，其中最强的氧化剂是_____，最强的还原剂是_____。

10. NH_3 分子(三角锥型)中的中心原子采取了_____杂化方式。

11. 原电池中，在负极上发生的是_____反应，在正极上发生的是_____反应；原电池装置证明了氧化还原反应中，物质间有_____。

12. $E^{\ominus}(Pb^{2+}/Pb) = -0.126V$；$E^{\ominus}(Sn^{2+}/Sn) = -0.138V$ 判断下列氧化还原反应自发进行的方向：$Pb^{2+}(1mol/L) + Sn \rightleftharpoons Pb + Sn^{2+}(1mol/L)$_____(向左/向右)。

13. NaCl 易溶于水，AgCl 难溶于水，这是因为_____。

14. HgS 能溶解在_____或_____中。

15. 在医药上配制药用碘酒时，常加入适量的_____，这是为了_____。

16. 在 Cl 的含氧酸中，氧化性最强的是_____。

17. 配制 $SbCl_3$ 水溶液时，正确地操作是_____。

18. NH_3 的共轭酸是_____，其共轭碱是_____。

二、判断题(正确的打"√"，错误的打"×"，每小题 1 分，共 18 分)

1. 由于醋酸的解离平衡常数 $K_a^{\ominus} = \dfrac{[H^+][Ac^-]}{[HAc]}$，所以只要改变醋酸的起始浓度即 $c(HAc)$，$K_a^{\ominus}$ 必随之改变。 （　　）

2. 在浓度均为 0.01mol/L 的 HCl、H_2SO_4、NaOH 和 NH_4Ac 四种水溶液中，H^+ 和 OH^- 离子浓度的乘积均相等。 （　　）

3. $NaHCO_3$ 中含有氢，故其水溶液呈酸性。 （　　）

4. 稀释 0.10mol/L NH_4CN 溶液，其水解度增大。 （　　）

5. 在共轭酸碱体系中，酸、碱的浓度越大，则其缓冲能力越强。 （　　）

6. 已知 298K 时，$E^{\ominus}(H_2O_2/H_2O) = 1.776V$，$E^{\ominus}(MnO_4^-/Mn^{2+}) = 1.51V$，则 H_2O_2 的氧化能力大于

MnO_4^-，因此 MnO_4^- 不能氧化 H_2O_2。 （　　）

7. 原子轨道图是 ψ 的图形，故所有原子轨道都有正、负部分。 （　　）

8. 乙醇水溶液中分子间作用力包括取向力、色散力、诱导力和氢键。 （　　）

9. 氨水不能装在铜制容器中，其原因是发生配位反应，生成 $[Cu(NH_3)_4]^{2+}$，使铜溶解。 （　　）

10. 主量子数 n 决定多电子原子轨道的能量。 （　　）

11. $PbCl_2$ 的溶度积较 Ag_2CrO_4 的溶度积大，所以 $PbCl_2$ 的溶解度也较大。 （　　）

12. 沉淀转化时，溶度积小的沉淀转化成溶度积大的沉淀较容易。 （　　）

13. 含氧酸根的氧化能力通常随溶液 pH 的增大而增强。 （　　）

14. 根据 $Co^{2+} + 2e^- \rightleftharpoons Co$，$E^\ominus = -0.227V$，$Ni^{2+} + 2e^- \rightleftharpoons Ni$，$E^\ominus = -0.257V$ 可判断反应 $Co + Ni^{2+}$ $\rightleftharpoons Ni + Co^{2+}$ 总是正向进行。 （　　）

15. 在药典上利用 H_2O_2 在酸性溶液中与 $K_2Cr_2O_7$ 作用，生成蓝色过氧化铬。 （　　）

16. 检验 Fe^{3+} 可用 $K_4[Fe(CN)_6]$ 溶液。 （　　）

17. 碘与碱溶液作用主要产物只能是 IO_3^- 和 I^-。 （　　）

18. $[FeF_6]^{3-}$ 在酸性溶液中能稳定存在。 （　　）

三、选择题（每小题 1 分，共 17 分）

1. 下列盐的水溶液显酸性的是 （　　）

    A. NaAc　　　　　　B. Na_2S　　　　　　C. $ZnSO_4$　　　　　　D. Na_2CO_3

2. 下列配位体能作为螯合剂的是 （　　）

    A. SCN^- B. NO_2^-

    C. SO_4^{2-} D. $H_2N-CH_2-CH_2-NH_2$

3. 使溶液中 $CaCO_3$ 沉淀溶解的办法是 （　　）

    A. 向溶液中加 HCl   B. 向溶液中加 CO_3^{2-}

    C. 向溶液中加 NaOH   D. 向溶液中加 Ca^{2+}

4. 按酸碱质子理论，HPO_4^{2-} 是 （　　）

    A. 两性物质　　　　B. 酸性物质　　　　C. 碱性物质　　　　D. 中性物质

5. 试判断下列哪种中间价态的物质可自发的发生歧化反应 （　　）

    A. $IO_3^- \xrightarrow{+1.19} I_2 \xrightarrow{+0.54} I^-$ B. $Hg^{2+} \xrightarrow{+0.920} Hg_2^{2+} \xrightarrow{+0.7986} Hg$

    C. $Cu^{2+} \xrightarrow{+0.159} Cu^+ \xrightarrow{+0.521} Cu$ D. $Co^{3+} \xrightarrow{+1.82} Co^{2+} \xrightarrow{-0.277} Co$

6. 下列分子属于极性分子的是 （　　）

    A. CS_2（直线型）　　　　　　　　　　B. BCl_3（正三角形型）

    C. CCl_4（正四面体型）　　　　　　　D. NH_3（三角锥型）

7. 在多电子原子中，下列五组量子数中，能量最高的是 （　　）

    A. $3,\ 1,\ -1,\ +\frac{1}{2}$ B. $3,\ 1,\ +1,\ +\frac{1}{2}$

    C. $3,\ 0,\ 0,\ +\frac{1}{2}$ D. $3,\ 2,\ 0,\ +\frac{1}{2}$

8. 若将氮原子的电子排布式写成 $1s^2 2s^2 2p_x^2 2p_y^1$，它违背 （　　）

    A. 能量守恒原理   B. 泡利不相容原理

    C. 物质不灭定律   D. 洪特规则

9. 在配合物 $[CrCl_2 \cdot 4H_2O]Cl$ 中，中心原子的配位数为 （　　）

    A. 3　　　　　　B. 4　　　　　　C. 5　　　　　　D. 6

10. 在含有固体 AgCl 的饱和溶液中，加入下列物质，使 AgCl 的溶解度增大的是 （　　）

    A. HCl　　　　　B. $AgNO_3$　　　　C. KNO_3　　　　D. H_2O

11. 氨水在下列溶液中解离常数最大的是 （　　）

    A. H_2O　　　　B. HAc　　　　　C. KOH　　　　　D. NaOH

12. 如果把 NH_4Cl 固体加入到氨水的稀溶液中，则该溶液的 pH （　　）

    A. 增高　　　　B. 不受影响　　　C. 下降　　　　　D. 先下降，后增高

13. 以下氨水 – NH_4Cl 混合溶液中，缓冲容量最大的是 （　　）

    A. $0.002\,mol/L\ NH_3 \cdot H_2O + 0.198\,mol/L\ NH_4Cl$

    B. $0.18\,mol/L\ NH_3 \cdot H_2O + 0.02\,mol/L\ NH_4Cl$

    C. $0.02\,mol/L\ NH_3 \cdot H_2O + 0.18\,mol/L\ NH_4Cl$

    D. $0.1\,mol/L\ NH_3 \cdot H_2O + 0.1\,mol/L\ NH_4Cl$

14. 下列分子其中心原子采用 sp^3 杂化的是 （　　）

    A. NH_3　　　　B. $BeCl_2$　　　　C. H_2S　　　　D. SO_2

15. 下列氢氧化物中，在空气中能稳定存在的是 （　　）

    A. $Ni(OH)_2$　　B. $Co(OH)_2$　　C. $Fe(OH)_2$　　D. $Mn(OH)_2$

16. 下列量子数组合中，正确的是 （　　）

    A. 3，1，1，$-1/2$　　　　　　B. 2，2，-1，$+1/2$

    C. 3，3，0，$+1/2$　　　　　　D. 4，3，4，$-1/2$

17. 下列离子中属于 18 电子构型的是 （　　）

    A. $Be^{2+}(Z=4)$　　B. $Mg^{2+}(Z=12)$　　C. $Zn^{2+}(Z=30)$　　D. $Pb^{2+}(Z=82)$

四、简答题（每小题 4 分，共 20 分）

1. 用离子 – 电子法完成并配平反应式（写出过程）。

    $H_2O_2 + I^- \rightarrow I_2 + H_2O$　（酸性介质）

2. 欲分离 AgCl、AgBr、AgI 固体，并使之变成溶液需 NH_3、KCN、$Na_2S_2O_3$ 三种试剂，写出加入的顺序及流程图。

3. 离子键的主要特征是什么？其原因是什么？

4. 试说明以下四种卤素含氧酸（1）HClO（2）$HClO_3$（3）HIO（4）HBrO 酸性强弱顺序。

5. 利用杂化轨道理论解释 CCl_4 的中心原子采用的杂化方式及其几何构型，并指出分子的极性。

五、计算题（第 1 题 7 分，第 2 题 8 分，共 15 分）

1. NH_4HCO_3 溶液可看作是一弱酸弱碱盐溶液，则 NH_4HCO_3 溶液会发生水解，

    （已知：氨水 $K_b^{\ominus} = 1.77 \times 10^{-5}$，$H_2CO_3\ K_{a1}^{\ominus} = 4.47 \times 10^{-7}$　$K_{a2}^{\ominus} = 4.68 \times 10^{-11}$）（7 分）

    （1）NH_4HCO_3 的水解常数为多少？

    （2）求 $0.01\,mol/L\ NH_4HCO_3$ 溶液的 H^+ 浓度？

    （3）求其溶液的 pH。

2. 已知 $E^{\ominus}(NH_3^-/NO) = 0.96V$，$E^{\ominus}(S/S^{2-}) = -0.48V$，$K_{sp}^{\ominus}(CuS) = 6.3 \times 10^{-34}$，

    （1）计算在标准状态下下列反应能否自发向右进行？

    $3CuS + 2NO_3^- + 8H^+ = 3S + 3Cu^{2+} + 2NO + 4H_2O$

（2）计算标准平衡常数。

参考答案

一、填空题

1. 越大、越小　2. 减小、同离子效应　3. CO_3^{2-}　4. HS^-、H_3O^+　5. I^-

6. 3、2　7. 六氟合铁（Ⅱ）酸钾、sp^3d^2、正八面体　8. 诱导力、色散力

9. Ag^+、Zn　10. 不等性 sp^3 杂化　11. 氧化、还原，电子的转移　12. 向右

13. 离子极化作用　14. 王水、硫化物

15. KI、由于 $I^- + I_2 \rightarrow I_3^-$ 平衡的存在，增大 I_2 的溶解度，使 I_2 保持一定的浓度　16. HClO　17. 先溶在浓盐酸中，再稀释到所需的浓度　18. NH_4^+、NH_2^-

二、判断题

1. ×　2. √　3. ×　4. ×　5. √　6. ×　7. ×　8. √　9. √　10. ×　11. √　12. ×　13. ×　14. ×

15. ×　16. √　17. √　18. ×

三、选择题

1～5　CDAAC　6～10　DDDDC　11～15　BCDAA　16～17　AC

四、简答题

1. 答：$H_2O_2 + 2H^+ + 2e^- \rightarrow 2H_2O$

$\qquad\quad 2I^- - e^- \rightarrow I_2$

$\quad H_2O_2 + 2H^+ + 2I^- \xlongequal{\quad\quad} 2H_2O + I_2$

2. 答：

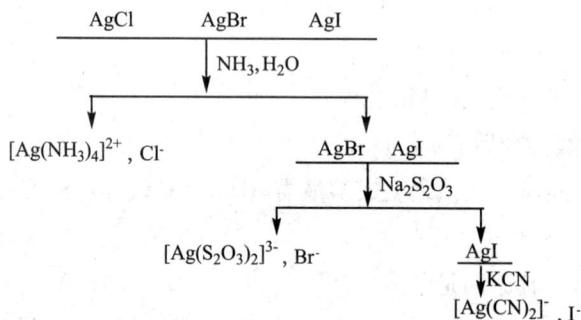

3. 答：离子键无方向性。因为离子是球型对称的，它向各个方向都有作用力。离子键无饱和性，任何方向的离子都能与中心离子相互作用。

4. 答：次卤酸盐中，随着 Cl、Br、I 的半径增大，对氧的极化作用减小，O–H 键结合力增强，酸性减弱。而氯酸和次氯酸比较，氯酸中氯的氧化值高，对氧的极化作用强，O–H 键结合力减弱，酸性强，所以酸性强弱顺序是 $HClO_3 > HClO > HBrO > HIO$。

5. 答：CCl_4 的 C 原子采用 sp^3 等性杂化，其几何构型为正四面体；CCl_4 为非极性分子。

五、计算题

1. 解：（1）$K_h^{\ominus} = \dfrac{K_w^{\ominus}}{K_{a1}^{\ominus} K_b^{\ominus}} = \dfrac{1 \times 10^{-14}}{4.47 \times 10^{-7} \times 1.77 \times 10^{-5}} = 1.26 \times 10^{-3}$

$\quad$（2）$[H^+] = \sqrt{\dfrac{K_{a1}^{\ominus} K_w^{\ominus}}{K_b^{\ominus}}}$

$$= \sqrt{\frac{4.47 \times 10^{-7} \times 10^{-14}}{1.77 \times 10^{-5}}}$$

$$[H^+] = 1.59 \times 10^{-8} \text{mol/L}$$

（3）pH = 7.80

2. **解**：① $E(S/CuS) = E^{\ominus}(S/S^{2-}) + \dfrac{0.0592}{2}\lg \dfrac{1}{[S^{2-}]}$

$$= -0.48 + \frac{0.0592}{2}\lg \frac{1}{K_{sp}^{\ominus}(CuS)}$$

$$= -0.48 + \frac{0.0592}{2}\lg 6.3 \times 10^{-36}$$

$$= 0.37(V)$$

$E_{MF}^{\ominus} = E^{\ominus}(NO_3^-/NO) - E^{\ominus}(S/CuS) = 0.96 - 0.37 = 0.59(V) > 0$

所以反应能向右自发进行。

② $\lg K^{\ominus} = \dfrac{nE_{MF}^{\ominus}}{0.0592} = \dfrac{6(0.96 - 0.37)}{0.0592} = 59.8$

$K^{\ominus} = 6.3 \times 10^{59}$

（湖北中医药大学）

综合练习六

一、填空题(每空2分,共20分)

1. BCl_3 为正三角形分子,中心原子采取_____杂化,NF_3 分子中 N 原子进行了_____杂化。

2. 欲配制 pH = 13.00 的溶液 10L,所需 NaOH 固体的质量是(相对原子质量:Na 23)_____。

3. CO 分子间的范德华力主要是_____。

4. 配位化合物氯化二氯·三氨·水合钴(Ⅲ)的化学式为_____。

5. 稀释弱电解质溶液,其电离度将_____,发生同离子效应其电离度将_____。

6. 已知磷酸的三级 $K_a^\ominus$ 分别为 6.92×10^{-3};6.17×10^{-8};4.79×10^{-13};则 H_3PO_4 的共轭碱为_____,其对应的 $K_b^\ominus$ 为_____。

7. $Fe(OH)_2$ 的溶解度为 2.3×10^{-6} mol/L,其溶度积为_____。

二、单项选择题(每题1分,共20分)

1. 按酸碱质子理论考虑,在水溶液中既可作酸亦可作碱的物质是 ( )
   A. Cl^- B. NH_4^+ C. HCO_3^- D. H_3O^+

2. 当基态原子的第四电子层只有2个电子时,则原子的第三电子层的电子数为 ( )
   A. 18个   B. 8个   C. 32个   D. 8 ~ 18个

3. 0.10mol/L 的 NaCl 溶液,有效浓度为 0.078mol/L,该现象最恰当的解释是 ( )
   A. NaCl 分子部分电离   B. 离子间相互牵制
   C. 水发生了电离   D. NaCl 与水发生了反应

4. 下列几种溶液的浓度表示法与溶液所处温度有关的是 ( )
   A. 质量摩尔浓度   B. 摩尔分数   C. 物质的量浓度   D. 质量分数

5. 原电池中正极发生的是 ( )
   A. 氧化反应   B. 水解反应   C. 氧化还原反应   D. 还原反应

6. 大量向体内输入 20g/L 的葡萄糖溶液,将会出现 ( )
   A. 先溶血再皱缩   B. 皱缩   C. 溶血   D. 正常现象

7. 下列物质中,可做作螯合剂的是 ( )
   A. $H_2N - CH_2 - CH_2 - NH_2$ B. $H_2N - NH_2$
   C. Cl^- D. SO_4^{2-}

8. 下列分子中共价键的键角最小的是 ( )
   A. NH_3 B. H_2O C. CO_2 D. SO_3

9. 已知反应 $A(g) + 2B(l) \rightleftharpoons 4C(g)$ 的平衡常数 K = 0.123,那么反应 $2C(g) \rightleftharpoons 1/2A(g) + B(l)$ 的平衡常数 $K =$ _____。 ( )
   A. 8.13   B. 0.123   C. 2.85   D. -0.246

10. 下列摩尔浓度相同的溶液中,蒸气压下降最大的是 ( )
    A. 葡萄糖溶液   B. HAc 溶液   C. KCl 溶液   D. $CaCl_2$ 溶液

11. 如果将基态氮原子的 2p 轨道的电子运动状态描述为 (2, 1, 0, 1/2)、(2, 1, 0, -1/2)、(2, 1,

1，1/2）。则违背了 （ ）

    A. 能量最低原理   B. 对称性原则

    C. 泡利(pauli)不相容原理   D. 洪特规则

12. 下列几种说法中，正确的是 （ ）

    A. 由同一种原子形成的分子可能有极性

    B. 四原子分子 AB_3 一定为非极性分子

    C. 三原子分子 AB_2 一定为非极性分子

    D. 非极性分子中无极性键

13. 欲使 $NH_3 \cdot H_2O$ 电离度减小，且 pH 升高，应在 NH_3 溶液中加入 （ ）

    A. 少量 H_2O B. 少量 NaOH   C. 少量 NH_4Cl D. 少量 KCl

14. 已知 $E^{\ominus}(Sn^{4+}/Sn^{2+}) = 0.151V$，$E^{\ominus}(Fe^{3+}/Fe^{2+}) = 0.771V$，则不能共存于同一溶液中的一对离子是 （ ）

    A. Sn^{4+}，Fe^{2+} B. Fe^{3+}，Fe^{2+} C. Fe^{3+}，Sn^{2+} D. Sn^{4+}，Sn^{2+}

15. 下列叙述错误的是 （ ）

    A. 溶液中 H^+ 浓度越大，pH 越小

    B. 在室温下，任何水溶液中，$[H^+][OH^-] = 10^{-14}$

    C. 温度升高时，K_w 值变大

    D. 在浓 HCl 溶液中，没有 OH^- 离子存在

16. 由两原子轨道有效地组成分子轨道时，必须首先满足下列哪个原则 （ ）

    A. 对称性匹配原则   B. 能量相近原则

    C. 最大重叠原则   D. 能量最低原则

17. 当溶液中的 H^+ 浓度增大时，氧化能力不增强的氧化剂是 （ ）

    A. $[PtCl_6]^{2-}$ B. MnO_2 C. MnO_4^- D. $Cr_2O_7^{2-}$

18. 已知某二元弱酸 H_2A 的 $pK_{a1}^{\ominus} = 6.37$，$pK_{a2}^{\ominus} = 10.25$，NaHA 与 Na_2A 组成的缓冲体系的缓冲范围为 （ ）

    A. $6.37 \sim 10.25$ B. $9.25 \sim 11.25$ C. $5.37 \sim 7.37$ D. $7.37 \sim 11.25$

19. $Fe^{2+} + 3Ac^- \rightleftharpoons [Fe(Ac)_3]^-$ 向这个平衡体系中，分别进行如下实验操作①加入 HCl ②加入少量 NaOH，平衡分别 （ ）

    A. ①向左②向右移动   B. 均向右移动

    C. 均向左移动   D. 不移动

20. 已知 OF_2 分子的空间构型是"V"字型，则中心原子杂化轨道的类型是 （ ）

    A. dsp^2 B. sp   C. sp^2 D. sp^3

三、判断题(正确的打"√"，错误的打"×"；每题1分，共20分)

1. 测定大分子物质的相对分子质量用渗透压法好，测得小分子物质的相对分子质量以凝固点法好。 （ ）

2. 饱和溶液均为浓溶液。 （ ）

3. 复杂反应是由两个或更多个基元反应组成的。 （ ）

4. 质量作用定律适用于实际能进行的反应。 （ ）

5. 酸度的改变对任何电对的电极电势，都将产生影响。 （ ）

6. 可逆反应达平衡后，各反应物和生成物的浓度一定相等。 （ ）

7. 标准平衡常数随起始浓度的改变而变化。 （ ）

8. 某物质在 298K 时分解率为 15%，在 373K 时分解率为 30%，由此可知该物质的分解反应为放热反应。 （ ）

9. 加浓盐酸生成弱电解质 H_2S 的方法，可以使 CuS 溶解。 （ ）

10. 同离子效应可以使沉淀的溶解度降低，因此，在溶液中加入与沉淀含有相同离子的强电解质越多，该沉淀的溶解度愈小。 （ ）

11. AgCl 水溶液的导电性很弱，所以 AgCl 为弱电解质。 （ ）

12. 已知原电池两电极的标准电极电势，就能判断该电池反应自发进行的方向。 （ ）

13. 标准电极电势和标准平衡常数一样，都与反应方程式的系数有关。 （ ）

14. 在有金属离子参加的电极反应中加入沉淀剂，该电极的电极电势值将降低。 （ ）

15. 极性键形成极性分子。 （ ）

16. 量子力学中，描述一个轨道，需用四个量子数。 （ ）

17. 酸性溶液中不含 OH^-，碱性溶液中不含 H^+。 （ ）

18. 含有两个配位原子的配体称为螯合剂。 （ ）

19. 凡是中心原子采用 sp^3 杂化轨道成键的分子，其分子的空间构型必定是四面体。 （ ）

20. 凡是有氢键的物质，其熔点、沸点都一定比同类物质的熔沸点低。 （ ）

四、计算题（第 1 题 5 分；第 2 题 5 分；第 3 题 10 分；共 20 分）

1. 50ml 0.1mol/L HAc 溶液与 25ml 0.1mol/L NaOH 溶液相混合，是否具有缓冲作用？为什么？并计算该溶液的 pH。已知 $K_a^{\ominus} = 1.76 \times 10^{-5}$（5 分）

2. 溶解 0.115g 奎宁于 1.36g 樟脑中，测得其凝固点为 442.6K，试计算奎宁的摩尔质量。已知樟脑的 T_f = 452.8K，$K_f = 39.7$（5 分）

3. 欲使 0.10mol AgCl 溶于 1L 氨水中，所需氨水的最低浓度是多少？已知 $K_{sp}^{\ominus}(AgCl) = 1.77 \times 10^{-10}$ $K_{稳}^{\ominus}[Ag(NH_3)_2^+] = 1.12 \times 10^7$（10 分）

五、简答题（每题 5 分，共 20 分）

1. 在 $ZnSO_4$ 溶液中通入 H_2S，为了使 ZnS 沉淀完全，往往先在溶液中加入 NaAc，为什么？（5 分）

2. 已知 $Cr_2O_7^{2-} + 14H^+ + 6e^- \rightleftharpoons 2Cr^{3+} + 7H_2O$ $E^{\ominus}(Cr_2O_7^{2-}/Cr^{3+}) = +1.33V$

$Fe^{3+} + e^- \rightleftharpoons Fe^{2+}$ $E^{\ominus}(Fe^{3+}/Fe^{2+}) = +0.771V$

(1)在标态时，判断下列反应自发进行的方向 $6Fe^{2+} + Cr_2O_7^{2-} + 14H^+ \Longrightarrow 6Fe^{3+} + 2Cr^{3+} + 7H_2O$

(2)将上述自发进行的反应组成原电池，并用符号书写出来，若在半电池 Fe^{3+}/Fe^{2+} 中加入 NH_4F，对原电池的电动势将产生什么影响？

3. 在含有 Cu^{2+}、Zn^{2+}、Sn^{2+} 的混合溶液中，(1)只还原 Sn^{2+}、Cu^{2+} 而不还原 Zn^{2+}；(2)只还原 Cu^{2+} 而不还原 Sn^{2+}、Zn^{2+}。根据 $E_A^{\ominus}/V$ 值判断，应选择 Cu、Pb、Cr、Sn、KI 中哪个做还原剂？已知：$E^{\ominus}(Pb^{2+}/Pb) = -0.13V$ $E^{\ominus}(Cr^{3+}/Cr) = -0.74V$ $E^{\ominus}(I_2/I^-) = +0.54V$ $E^{\ominus}(Sn^{2+}/Sn) = -0.15V$ $E^{\ominus}(Cu^{2+}/Cu) = 0.34V$

$E^{\ominus}(Zn^{2+}/Zn) = -0.76V$

4. 用价键理论解释 $[Fe(CN)_6]^{3-}$ 为顺磁性，$[Fe(CN)_6]^{4-}$ 为反磁性。

参考答案

一、填空题

1. sp^2 等性杂化　sp^3 不等性杂化　2. 0.04kg　3. 色散力

4. $[CoCl_2(NH_3)H_2O]Cl$　5. 增大、减小　6. $H_2PO_4^-$、1.45×10^{-12}

7. 4.9×10^{-17}

二、单项选择题

1~5　CDBCD　6~10　CABCD　11~15　DABCD　16~20　AABCD

三、判断题

1. √　2. ×　3. √　4. ×　5. ×　6. ×　7. ×　8. ×　9. ×　10. ×　11. ×　12. ×　13. ×　14. √

15. ×　16. ×　17. ×　18. ×　19. ×　20. ×

四、计算题

1. 50ml 0.1mol/L HAc 溶液与 25ml 0.1mol/L NaOH 溶液相混合，具备缓冲作用；(1分)因为该混合溶液最终由过量的 HAc 和 NaAc 这一缓冲对组成；(2分)HAc 和 NaAc 的摩尔比为1，故：$[H^+] = K_a^\ominus \times 1$，pH = 4.75。(2分)

2. ∵ $\Delta t_f = 452.8 - 442.6 = 10.2K$

∴ $m = \dfrac{\Delta t_f}{K_f} = \dfrac{10.2}{39.7}$ mol/kg　又　$n_{奎宁} = \dfrac{0.115}{M}$

$\dfrac{0.115}{M} : 1.36 = \dfrac{10.2}{39.7} : 1000$

∴ $M = 1000 \times \dfrac{0.115 \times 10.2}{10.2 \times 1.36} = 329$ g/mol

3. 解此类题一般先把沉淀看作已全部配合，然后求出平衡时配合剂的浓度，最后再加上生成配离子所用的量，就是配合剂最初浓度。

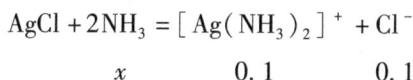

$AgCl + 2NH_3 = [Ag(NH_3)_2]^+ + Cl^-$

$\qquad\qquad x \qquad\quad 0.1 \qquad\quad 0.1$

$K_c = \dfrac{[Ag(NH_3)_2^+][Cl^-]}{[NH_3]^2} \times \dfrac{[Ag^+]}{[Ag^+]} = \dfrac{K_{sp}^\ominus}{K_{不稳}^\ominus} = 1.77 \times 10^{-10} \cdot 1.1 \times 10^7 = 1.95 \times 10^{-3} = \dfrac{0.1 \times 0.1}{x^2}$

解得：$x = 2.4$ mol/L，最初浓度为 2.6mol/L

五、简答题

1. NaAc 是质子碱，可以使 H_2S 溶液平衡朝解离的方向移动，硫离子浓度增加，从而使 ZnS 沉淀完全。

2. ①由两个电对的 $E^\ominus$ 的大小可知其中 $Cr_2O_7^{2-}$ 是强氧化剂，Fe^{2+} 是强还原剂，故该反应自发进行的方向朝右进行。

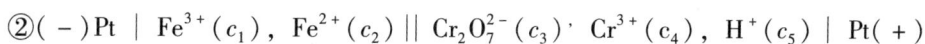

②$(-)Pt \mid Fe^{3+}(c_1), Fe^{2+}(c_2) \parallel Cr_2O_7^{2-}(c_3) \cdot Cr^{3+}(c_4), H^+(c_5) \mid Pt(+)$

若在半电池 Fe^{3+}/Fe^{2+} 中加入 NH_4F，Fe^{3+} 与 F^- 形成配合物，使负极铁电对的电极电势减小，原电池的电动势 $E_{MF} = E_{(+)}^\ominus - E_{(-)}$，现 $E_{(-)}$ 减小，故 E_{MF} 值增大。

3. $E^\ominus(Sn^{2+}/Sn) = -0.14V$　$E^\ominus(Cu^{2+}/Cu) = 0.34V$

$E^\ominus(Zn^{2+}/Zn) = -0.76V$

① ∵ 只还原 Sn^{2+}、Cu^{2+} 而不还原 Zn^{2+} ∴ $-0.76 < E^{\ominus} < -0.15$

$E^{\ominus}(Pb^{2+}/Pb) = -0.13V$ $E^{\ominus}(Cr^{3+}/Cr) = -0.74V$

$E^{\ominus}(I_2/I^-) = +0.54V$

故选 Cr

② ∵ 只还原 Cu^{2+} 而不还原 Sn^{2+}、Zn^{2+} ∴ $-0.15 < E^{\ominus} < 0.34$，故选 Pb

4. 两者中心离子的价态不同，前者 +3 价后者 +2 价，前者中心离子的价电子排布为：$3d^5$，后者为 $3d^6$，由于配体场强，故 d 轨道上电子虽然都强行配对，但前者 d 轨道上有 1 个未成对电子，体现出顺磁性；后者没有未成对电子则体现出反磁性。

（江西中医药大学）

综合练习七

一、判断题(正确的打"√",错误的打"×";每小题1分,共10分)

1. 一个化学反应的浓度和温度改变时,标准平衡常数都会改变。 (　　)
2. 已知:$E^{\ominus}(Cu^{2+}/Cu^{+}) = +0.153V$,$E^{\ominus}(Cu^{+}/Cu) = +0.521V$,则判断 Cu^{+} 可发生歧化反应。 (　　)
3. 溶解度和溶度积的换算公式只适用于溶解部分完全电离的难溶强电解质。 (　　)
4. 某电对的电极电势越高,表示该电对中氧化型物质的氧化能力越强。 (　　)
5. 含两个配位原子的配体称为螯合剂。 (　　)
6. $0.20mol/L$ HAc 溶液电离度是 $0.10mol/L$ HAc 溶液电离度的两倍。 (　　)
7. 把氢电极插入 $1.0mol/L$ HAc 中,保持其分压为 $100\ kPa$,其电极电势为零。 (　　)
8. $[Ni(NH_3)_4]^{2+}$ 具有顺磁性,可判断出其空间构型为正四面体。 (　　)
9. PbI_2 和 $CaCO_3$ 的浓度积均为 1.0×10^{-8},所以饱和溶液中 Pb^{2+} 和 Ca^{2+} 的浓度相等。 (　　)
10. 有氢键的物质,其溶、沸点不一定比同类物质的溶、沸点低。 (　　)

二、A 型题(每小题1分,共20分)(在每题四个选项中,只能选择一个最佳答案。)

11. 某混合液中含有 $0.2mol$ Na_2HPO_4 和 $0.1mol$ NaH_2PO_4,其 pH 应取 (　　)

 A. $pK_{a1}^{\ominus} - lg2$ 　　 B. $pK_{a2}^{\ominus} - lg2$ 　　 C. $pK_{a1}^{\ominus} + lg2$ 　　 D. $pK_{a2}^{\ominus} + lg2$

12. 不是共轭酸碱对的一组物质是 (　　)

 A. NH_3、NH_4^+ 　　 B. HAc、Ac^- 　　 C. KOH、KCl 　　 D. H_2O、H_3O^+

13. 下列标准电极电势值最大的是 (　　)

 A. $E^{\ominus}(AgCl/Ag)$ 　　　　　　　　 B. $E^{\ominus}(AgBr/Ag)$

 C. $E^{\ominus}(AgI/Ag)$ 　　　　　　　　 D. $E^{\ominus}(Ag^+/Ag)$

14. 欲配制 pH = 10 的溶液,选用下列哪对缓冲对合适 (　　)

 A. NaH_2PO_4 — Na_2HPO_4 　　 $pK_{a1}^{\ominus} = 2.12$ 　 $pK_{a2}^{\ominus} = 7.20$ 　 $pK_{a3}^{\ominus} = 12.67$

 B. HAc — NaAc 　　　　　　 $pK_a^{\ominus} = 4.75$

 C. $NH_3 \cdot H_2O$ — NH_4Cl 　　 $pK_b^{\ominus} = 4.75$

 D. H_2CO_3 — $NaHCO_3$ 　　　 $pK_{a1}^{\ominus} = 6.37$ 　 $pK_{a2}^{\ominus} = 10.25$

15. 下列化合物中,存在分子内氢键的是 (　　)

 A. NH_3 　　　　 B. HF 　　　　 C. HBr 　　　　 D. HNO_3

16. 固体 $BaSO_4$ 溶解在下列物质中,哪种溶液中溶解度最小 (　　)

 A. $100ml$ 水 　　　　　　　　 B. $1000ml$ 水

 C. $100ml$ $0.2mol/L$ $BaCl_2$ 溶液 　　 D. $1000ml$ $0.5mol/L$ KNO_3 溶液

17. 已知 $K_{sp}^{\ominus}(CaF_2) = 3.45 \times 10^{-11}$,在 F^- 浓度为 $2.0mol/L$ 的溶液中,Ca^{2+} 浓度为 (　　)

 A. $2.0 \times 10^{-11} mol/L$ 　　　　 B. $8.6 \times 10^{-12} mol/L$

 C. $2.0 \times 10^{-12} mol/L$ 　　　　 D. $2.5 \times 10^{-12} mol/L$

18. 下列分子或离子中,中心原子采用 sp 杂化轨道成键的是 (　　)

 A. CO_2 　　 B. C_2H_4 　　 C. BF_3 　　 D. NO_3^-

19. Fe_3O_4 中铁的氧化值为 (　　)

A. +2   B. +3   C. +4   D. +8/3

20. 下列化合物中，属于螯合物的是   （   ）

A. $K_2[PtCl_4]$ B. $[Cu(en)_2]Cl_2$

C. $(NH_4)[Cr(NH_3)_2(CSN)_4]$ D. $K_3[Ag(S_2O_3)_2]$

21. 在酸性环境中，欲使 Mn^{2+} 氧化为 MnO_4^-，可加氧化剂   （   ）

A. $KClO_3$ B. H_2O_2

C. $K_2Cr_2O_7$ D. $(NH_4)_2S_2O_8(Ag^+$ 催化$)$

22. 已知 $E^{\ominus}(Br_2/Br^-)=1.087V$，$E^{\ominus}(Hg^{2+}/Hg_2^{2+})=0.92V$，$E^{\ominus}(Fe^{3+}/Fe^{2+})=0.771V$，$E^{\ominus}(Sn^{2+}/Sn)$
$=-0.151V$。标态下能共存于同一溶液的是   （   ）

A. Hg_2^{2+} 和 Fe^{3+} B. Hg^{2+} 和 Fe^{2+}

C. Sn 和 Fe^{3+} D. Br_2 和 Fe^{2+}

23. 按照分子轨道理论氧气分子的结构式为   （   ）

A. $O=O$ B. $O\frac{\cdots}{\quad}O$ C. $O\frac{\cdots}{\quad}O$ D. $O\equiv O$

24. 形成外轨型配合物时，中心离子不可能采取的杂化方式是   （   ）

A. dsp^2 B. sp^3 C. sp D. sp^3d^2

25. 用波函数表示原子轨道时，下列表示正确的是   （   ）

A. $\psi_{3,1,-1}$ B. $\psi_{3,3,-1}$ C. $\psi_{3,2,2,+1/2}$ D. $\psi_{3,2,-1,+1/2}$

26. 影响缓冲容量的因素是   （   ）

A. 缓冲溶液的 pH 和缓冲比   B. 共轭酸的 $pK_a^{\ominus}$ 和缓冲比

C. 共轭碱的 $pK_b^{\ominus}$ 和缓冲比   D. 缓冲溶液的总浓度和缓冲比

27. 电极反应 $MA(s)+e^-\rightleftharpoons M(s)+A^-(aq)$，$K_{sp}^{\ominus}(MA)$ 越小，其 $E^{\ominus}(MA/M)$ 将   （   ）

A. 越大   B. 越小   C. 不受影响   D. 不能判断

28. 某元素基态原子的最外层电子构型为 ns^np^{n+1}，则该原子未成对电子数是   （   ）

A. 0   B. 1   C. 2   D. 3

29. 氨溶于水后，分子间产生的作用力有   （   ）

A. 取向力和色散力   B. 取向力和诱导力

C. 诱导力和色散力   D. 取向力、诱导力、色散力和氢键

30. 组成为 $CrCl_3\cdot6H_2O$ 的配合物，其溶液中加入 $AgNO_3$ 后有 2/3 的 Cl^- 沉淀析出，则该配合物的结构
式为   （   ）

A. $[Cr(H_2O)_6]Cl_3$ B. $[Cr(H_2O)_5Cl]Cl_2\cdot H_2O$

C. $[Cr(H_2O)_4Cl_2]Cl\cdot2H_2O$ D. $[Cr(H_2O)_3Cl_2]Cl\cdot3H_2O$

三、X 型题（每小题 2 分，共 10 分。在备选答案中，可选择二至五个正确答案。）

31. 下列各对溶液中，等体积混合后为缓冲溶液的是   （   ）

A. 0.1mol/L NaOH 溶液和 0.05mol/L H_2SO_4 溶液

B. 0.1mol/L HAc 溶液和 0.05mol/L K_2SO_4 溶液

C. 0.1mol/L HAc 溶液和 0.05mol/L NaOH 溶液

D. 0.1mol/L NaAc 溶液和 0.05mol/L HCl 溶液

32. 根据酸碱电子理论，下列叙述中正确的是   （   ）

A. 电子对接受体称为碱

B. 酸碱反应的实质是酸与碱之间形成配位键

C. 电子对给予体称为酸

D. 凡是金属离子都可作为酸

33. 若增大电池 $(-)Zn \mid ZnSO_4(c_1) \parallel CuSO_4(c_2) \mid Cu(+)$ 的电动势，应采取的方法是 （　　）

A. 在 $CuSO_4$ 溶液中加入 $CuSO_4$ 固体

B. 在 $ZnSO_4$ 溶液中加入 $ZnSO_4$ 固体

C. 在 $CuSO_4$ 溶液中加入氨水

D. 在 $ZnSO_4$ 溶液中加入氨水

34. 下列分子中能做螯合剂的是 （　　）

A. H_2O_2　　　　B. EDTA　　　　C. $S_2O_3^{2-}$　　　　D. en

35. 下列每组四个量子数合理的是 （　　）

A. 4，1，0，1/2　　　　　　　　B. 4，3，4，-1/2

C. 3，2，2，-1/2　　　　　　　　D. 4，0，1，1/2

四、填空题（每空 1 分，共 20 分）

36. 当反应 $2SO_2(g) + O_2(g) \rightleftharpoons 2SO_3(g)$ 达平衡时，保持体积不变，加入惰性气体 He，使压强增大一倍，则平衡_____移动。

37. 一定温度下，在有固体 AgCl 存在下的 AgCl 饱和溶液中，当加入固体 NaCl 溶液后 AgCl 的溶解度会_____，这种现象称_____。

38. N_2 分子轨道电子排布式为_____。

39. HCHO 分子中存在_____个 σ 键，_____个 π 键。

40. 下列中药的主要化学成分是：熟石膏_____；砒霜_____；白降丹_____。

41. K 原子最外层电子的四个量子数 n，l，m，m_s 依次为_____。

42. 某元素 +1 氧化态的离子价层电子构型为 $4d^{10}$，该元素原子序数为_____。属_____周期_____族。

43. 配位化合物 $NH_4[Cr(NH_3)_2(CN)_4]$ 配位数为_____，中心离子是_____，配位体是_____，配位原子是_____。

44. $NH_3 + H_2O \rightleftharpoons NH_4^+ + OH^-$，用质子理论分析，其中属质子酸的为_____，已知 $pK_b^{\ominus}(NH_3 \cdot H_2O) = 1.76 \times 10^{-5}$，则 $pK_a^{\ominus}(NH_4^+)$ 等于_____。

45. 近似能级图中，$E_{4s} < E_{3d}$ 是由于 4s 电子的_____大于 3d 之故。

五、完成并配平方程式（每题 3 分，共 15 分）

46. $KMnO_4 + Na_2SO_3 + NaOH \rightarrow$

47. $H_2O_2 + I^- + H^+ \rightarrow$

48. $HgCl_2 + SnCl_2(过量) \rightarrow$

49. $I_2 + AsO_3^{3-} + OH^- \rightarrow$

50. $CrO_2^- + H_2O_2 + OH^- \rightarrow$

六、计算题（第 1 题 9 分，第 2 题 9 分，第 3 题 7 分，共 25 分）

51. 今有下列缓冲对：

$HAc - NaAc(pK_a^{\ominus} = 4.76)$　　$NaH_2PO_4 - Na_2HPO_4(pK_{a2}^{\ominus} = 7.20)$

$NaHCO_3 - Na_2CO_3$ ($pK_{a2}^{\ominus} = 10.25$)。欲配制 pH = 10.00 的缓冲溶液，问：

(1) 应选择哪一个缓冲对？原因何在？

(2) 如果配制 1L 总浓度为 1.00mol/L 缓冲溶液，需要多少毫升 4mol/L 相应酸(或酸式盐)和多少克氢氧化钠？

52. 将铜片插入盛有 0.5mol/L 的 $CuSO_4$ 溶液的烧杯中，银片插入盛有 0.5mol/L 的 $AgNO_3$ 溶液的烧杯中。已知：$E^{\ominus}(Cu^{2+}/Cu) = +0.3419V$，$E^{\ominus}(Ag^+/Ag) = +0.7996V$

(1) 写出该原电池的符号；

(2) 写出电极反应式和原电池的电池反应；

(3) 求该电池的电动势；

(4) 求电池反应的标准平衡常数。

53. 欲将 0.10mol 的 AgCl 溶解在 1L 氨水中，求氨水的最初浓度至少为多少？已知 $K_{sp}^{\ominus}(AgCl) = 1.77 \times 10^{-10}$，$K_s^{\ominus}[Ag(NH_3)_2]^+ = 1.12 \times 10^7$

参考答案

一、判断题

1. × 2. √ 3. √ 4. √ 5. × 6. × 7. × 8. √ 9. × 10. √

二、A 型题

11 ~ 15 DCDCD 16 ~ 20 CBADB 21 ~ 25 DACAA 26 ~ 30 DBDDB

三、X 型题

31. CD 32. BD 33. AD 34. BD 35. AC

四、填空题

36. 不发生

37. 降低，同离子效应

38. $[KK(\sigma_{2s})^2(\sigma_{2s}^*)^2(\pi_{2p_y})^2(\pi_{2p_z})^2(\sigma_{2p_x})^2]$

39. 3，1

40. $CaSO_4 \cdot 1/2H_2O$；As_2O_3；$HgCl_2$

41. 4，0，0，1/2(或 -1/2)

42. 47；五；IB

43. 6；Cr^{3+}；CN^-、NH_3；C、N

44. NH_4^+、H_2O；5.68×10^{-10}

45. 钻穿能力

五、完成并配平方程式

46. $2 KMnO_4 + Na_2SO_3 + 2NaOH \Longrightarrow K_2MnO_4 + Na_2SO_4 + Na_2MnO_4 + H_2O$

47. $H_2O_2 + 2I^- + 2H^+ \Longrightarrow I_2 + 2H_2O$

48. $HgCl_2 + SnCl_2(过量) \Longrightarrow Hg + SnCl_4$

49. $I_2 + AsO_3^{3-} + 2OH^- \Longrightarrow AsO_4^{3-} + 2I^- + H_2O$

50. $2CrO_2^- + 3H_2O_2 + 2OH^- \Longrightarrow 2CrO_4^{2-} + 4H_2O$

六、计算题

51. **解：**（1）配制 pH = 10 的缓冲溶液，最好选择 $NaHCO_3 - Na_2CO_3$ 缓冲对。

（2）配制缓冲溶液时，发生的化学反应为：

$$NaHCO_3 + NaOH \Longrightarrow Na_2CO_3 + H_2O$$

$$pH = pK_a^\ominus - \lg \frac{c(HCO_3^-)}{c(CO_3^{2-})}; \quad \lg \frac{c(HCO_3^-)}{c(CO_3^{2-})} = 10.25 - 10 = 0.25$$

$$\frac{c(HCO_3^-)}{c(CO_3^{2-})} = 1.78$$

又 $\because c(HCO_3^-) + c(CO_3^{2-}) = 1$

解得：$c(HCO_3^-) = 0.64 \text{mol/L} \quad c(CO_3^{2-}) = 0.36 \text{mol/L}$

因为生成 Na_2CO_3 的浓度，即为消耗 $NaHCO_3$ 的浓度，所以起始

$c_{始}(HCO_3^-) = 0.64 + 0.36 = 1.00 \text{mol/L}$

需要 4mol/L $NaHCO_3$ 的体积为 V：

$$4 \times V = 1 \times 1$$

$$V = \frac{1}{4}\text{L} = 250\text{ml}$$

由反应可知，缓冲溶液中生成的 Na_2CO_3 物质的量等于加入 $NaOH$ 的物质的量，所以

$$n(NaOH) = n(Na_2CO_3) = 0.36 \times 1 = 0.36 \text{mol}$$

$$m(NaOH) = 0.36 \times 40 = 14.4\text{g}$$

52. **解：**电对的电极电势分别为：

$$E(Cu^{2+}/Cu) = 0.3419 + \frac{0.0592}{2}\lg 0.5 = 0.3\text{V}$$

$$E(Ag^+/Ag) = 0.7996 + 0.0592\lg 0.5 = 0.8\text{V}$$

（1）由于 $E(Ag^+/Ag) > E(Cu^{2+}/Cu)$，所以组成原电池时，电对 Ag^+/Ag 作正极，电对 Cu^{2+}/Cu 作负极。原电池的符号为：

$$(-)Cu \mid Cu^{2+}(0.5\text{mol/L}) \parallel Ag^+(0.5\text{mol/L}) \mid Ag(+)$$

（2）正极反应：$\quad Ag^+ + e^- \Longrightarrow Ag$

负极反应：$\quad Cu \Longrightarrow Cu^{2+} + 2e^-$

电池反应：$\quad 2Ag^+ + Cu \Longrightarrow Cu^{2+} + 2Ag$

（3）原电池的电动势为：

$E_{MF} = E(Ag^+/Ag) - E(Cu^{2+}/Cu) = 0.8 - 0.3 = 0.5\text{V}$

（4）求电池反应的标准平衡常数

$$\lg K^\ominus = \frac{nE_{MF}^\ominus}{0.0592} = \frac{2 \times (0.7996 - 0.3419)}{0.0592} = 15.46$$

$K^\ominus = 2.88 \times 10^{15}$

53. **解：**

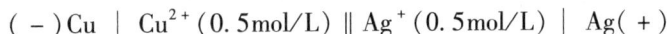

	AgCl	+	$2NH_3$	$\Longrightarrow$	$[Ag(NH_3)_2]^+$	+	Cl^-
初/(mol/L)			c		0		0
平/(mol/L)			$c - 0.20$		0.10		0.10

$$K^\ominus = K_s^\ominus \times K_{sp}^\ominus = 1.98 \times 10^{-3}$$

$$K^{\ominus} = \frac{0.10 \times 0.10}{(c - 0.20)^2} = 1.98 \times 10^{-3}$$

$$c = \sqrt{\frac{(0.10)^2}{1.98 \times 10^{-3}}} + 0.20 = 2.45 \text{mol/L}$$

（湖南中医药大学）

综合练习八

一、判断题(正确的打"√",错误的打"×",每小题 1 分,共 14 分)

1. 乙烯分子中两个碳原子均采用是 sp^2 杂化。 ( )
2. F^- 作配体时,通常形成内轨型配合物。 ( )
3. 弱酸弱碱盐水解后显酸性。 ( )
4. 离子化合物中所有化学键都是离子键。 ( )
5. 干冰分子间作用力包括取向力、色散力、诱导力。 ( )
6. 直线型分子都是非极性分子,而非直线型分子都是极性分子。 ( )
7. 含有非极性键的分子一定是非极性分子。 ( )
8. 核外电子能量的高低是由 n,l,m,m_s 四个量子数决定。 ( )
9. 摩尔盐的主要成分是 $FeSO_4(NH_4)_2SO_4 \cdot 6H_2O$。 ( )
10. HgS 是溶解度最小的金属硫化物,它不溶于浓硝酸,可溶于王水。 ( )
11. $PbCl_2$ 的溶度积较 Ag_2CrO_4 的溶度积大,所以 $PbCl_2$ 的溶解度也较大。 ( )
12. 浓硝酸易分解,所以看上去往往发黄。 ( )
13. Cu^{2+} 在水中可以稳定存在。 ( )
14. $FeCl_3$ 为共价化合物,$CuCl_2$ 为离子化合物。 ( )

二、填空题(每空 1 分,共 16 分)

1. 在一定温度下,难挥发非电解质稀溶液的依数性包括 _____。
2. 向醋酸溶液中加入少量氯化钠固体,存在的效应有_____。
3. 还原型物质的浓度越高,电极电势_____。
4. 周期表中第一电离能最大的元素为_____。
5. 21 号元素 Sc 的核外电子特征构型为_____,位于周期表中第_____周期_____族。
6. Cu^{2+} 与浓碱反应时生成蓝紫色的_____。
7. C_2H_6 分子中存在键型为_____键。
8. 常温下通入水中的 H_2S 气体达饱和,则 $[H_2S]$ = _____。
9. Cu^+ 在水溶液中的歧化反应式为_____。
10. 铜族元素的价层电子结构通式为_____。
11. 铬酸洗液是用浓硫酸和_____配制的,如洗液吸水效果差,颜色变为_____色,则洗液失效。
12. 在 Fe^{3+} 的溶液中加入 KSCN 时出现_____,若加入少许 NH_4F 固体则_____。

三、单项选择题(每小题 1 分,共 30 分)

1. 下列化学键中极性最强的是 ( )
    A. H-F   B. O-F   C. H-O   D. N-N   E. F-F

2. 水溶液蒸汽压最高的是 ( )
    A. 0.03mol/L KNO_3 B. 0.03mol/L H_2SO_4 C. 0.03mol/L 蔗糖
    D. 0.03mol/L HAc   E. 0.03mol/L HCl

3. 下列物质中，既可以做氧化剂，又可以做还原剂的是 （　　）

　　A. HNO_3　　　　B. H_2SO_4　　　　C. H_2O_2　　　　D. H_2S　　　　E. $KMnO_4$

4. 0.01mol/L KCl 水溶液的离子强度是 （　　）

　　A. 0.1　　　　B. 0.01　　　　C. 0.05　　　　D. 0.5　　　　E. 1

5. pH=3 的溶液中的[H^+]是 pH=4 的溶液中的[H^+]的 （　　）

　　A. 10 倍　　　　B. 4 倍　　　　C. 8 倍　　　　D. 100 倍　　　　E. 0.5 倍

6. 下列盐的水溶液显酸性的是 （　　）

　　A. NaAc　　　　B. Na_2S　　　　C. $ZnSO_4$　　　　D. Na_2CO_3　　　　E. KCl

7. 在 0.01mol/L 的某一元弱酸溶液中，若弱酸的电离度为 0.01%，则 $K_a^\ominus$ 为 （　　）

　　A. 1×10^{-6}　　　　B. 1×10^{-10}　　　　C. 2×10^{-12}　　　　D. 1×10^{-8}　　　　E. 1×10^{-5}

8. 在氨水中加入固体 NH_4Ac，在混合溶液中不变的量是 （　　）

　　A. 电离常数　　　　B. pH　　　　C. 电离度　　　　D. pOH　　　　E. H^+ 的浓度

9. 0.1mol/L HAc 20ml 与 0.1mol/L NaOH 10ml 混合后，溶液的 pH 为 （　　）

　　A. 4.75　　　　B. 5.75　　　　C. 4.0　　　　D. 4.5　　　　E. 3.3

10. 下列溶液中，碱性最强的是 （　　）

　　A. 0.2mol/L 氨水与等体积水混合

　　B. 0.2mol/L 氨水与等体积 0.2mol/L NH_4Cl 混合

　　C. 0.2mol/L 氨水与等体积 0.2mol/L HCl 混合

　　D. 0.2mol/L 氨水

　　E. 都相等

11. 向醋酸溶液中加入少量固体醋酸钠，则溶液的 pH （　　）

　　A. 变大　　　　B. 不变　　　　C. 变小　　　　D. 无法判断　　　　E. 无规律

12. 已知氨水的 $pK_b^\ominus = 4.75$，H_2CO_3 的 $pK_{a1}^\ominus = 6.38$、$pK_{a2}^\ominus = 10.25$，欲配制 pH=9.0 的缓冲溶液，可选择的缓冲对是 （　　）

　　A. $NH_3 - NH_4Cl$　　　　B. $H_2CO_3 - NaHCO_3$　　　　C. $NaHCO_3 - Na_2CO_3$

　　D. $H_2CO_3 - Na_2CO_3$　　　　E. $HCl - Na_2CO_3$

13. 等浓度的 I^- 和 Cl^- 混合液中，逐滴加入 $AgNO_3$ 时 （　　）

　　A. I^- 先沉淀　　　　B. Cl^- 先沉淀　　　　C. 同时沉淀

　　D. 先出现白色沉淀　　　　E. 无法判断

14. 下列含氧酸中，酸性最强的是 （　　）

　　A. $HClO_4$　　　　B. $HClO_3$　　　　C. $HClO_2$　　　　D. HClO　　　　E. HIO_4

15. 按酸碱质子理论考虑，在水溶液中既可作酸亦可作碱的物质是 （　　）

　　A. Cl^-　　　　B. NH_4^+　　　　C. HCO_3^-　　　　D. H_3O^+　　　　E. 不存在

16. 稀释定律的数学表达式为 （　　）

　　A. $\alpha = \sqrt{\dfrac{K_i^\ominus}{c}}$　　　　B. $[H^+] = \sqrt{cK_a^\ominus}$　　　　C. $\alpha = \dfrac{[H^+]}{c}$

　　D. $[OH^-] = \sqrt{cK_b^\ominus}$　　　　E. $c_稀 V_稀 = c_浓 V_浓$

17. 某 AB$_2$ 型难溶强电解质，其溶度积与溶解度的关系是 （　　）

    A. $K_{sp}^{\ominus} = 2s^2$　　B. $K_{sp}^{\ominus} = s^3$　　C. $s = \sqrt[3]{\dfrac{K_{sp}^{\ominus}}{4}}$　　D. $s = \sqrt{K_{sp}^{\ominus}}$　　E. $s = \sqrt{\dfrac{K_{sp}^{\ominus}}{4}}$

18. 在反应 $HgS + O_2 = SO_2 + Hg$ 中，被还原的元素是 （　　）

    A. Hg　　　　B. O　　　　C. Hg 和 S　　D. Hg 和 O　　E. O 和 S

19. 金属的电极电势主要产生在 （　　）

    A. 金属和金属之间　　　　B. 金属和其盐溶液之间　　　C. 溶液和溶液之间

    D. 金属和导线之间　　　E. 都不对

20. HNO_3 分子和 NO_3^- 离子中 N 原子的杂化方式、形成的大 π 键分别是 （　　）

    A. sp^2、π_3^4 和 sp^2、π_4^6　　B. sp^2、π_4^4 和 sp^3、π_4^6　　　C. sp^3、π_4^6 和 sp^2、π_3^4

    D. sp^2、π_4^3 和 sp^3、π_4^6　　E. sp^3、π_4^6 和 sp^3、π_4^6

21. 在酸性溶液中，当适量的 $KMnO_4$ 与 Na_2SO_3 反应时出现的现象是 （　　）

    A. 有棕色沉淀　　　　B. 变成无色溶液　　　　C. 紫色褪去，生成绿色溶液

    D. 变成紫红色溶液　　　E. 都不对

22. 下列硫化物中，只能溶于王水的是 （　　）

    A. CuS　　　　B. HgS　　　　C. CdS　　　　D. ZnS　　　　E. FeS

23. 对于一个氧化还原反应，下列各组中所表示的 $\Delta_r G^{\ominus}$，$E^{\ominus}$ 和 $K^{\ominus}$ 的关系是： （　　）

    A. $\Delta_r G^{\ominus} < 0$；$E^{\ominus} > 0$；$K^{\ominus} < 1$　　　　B. $\Delta_r G^{\ominus} > 0$；$E^{\ominus} > 0$；$K^{\ominus} > 1$

    C. $\Delta_r G^{\ominus} < 0$；$E^{\ominus} < 0$；$K^{\ominus} > 1$　　　　D. $\Delta_r G^{\ominus} > 0$；$E^{\ominus} < 0$；$K^{\ominus} < 1$

    E. 都不对

24. 已知 $E^{\ominus}(Ag^+/Ag) = 0.7996V$，$K_{sp}^{\ominus}(AgI) = 8.52 \times 10^{-17}$，则 $AgI + e^- \rightarrow Ag + I^-$ 的 $E^{\ominus}$ 为 （　　）

    A. 0.30 V　　B. -0.30 V　　C. 0.152 V　　D. -0.152 V　　E. 0.28 V

25. 清洗贮存 $KMnO_4$ 试剂瓶内壁上的棕色沉淀，下列最适合的试剂是 （　　）

    A. 浓硫酸　　B. 浓硝酸　　　C. 浓盐酸　　　D. 高氯酸　　　E. 冰醋酸

26. sp^2 杂化轨道的形状是 （　　）

    A. 平面三角形　　B. 正四面体形　　C. 四边形　　D. 哑铃形　　E. 直线形

27. 4f 电子的径向分布图具有的峰数是 （　　）

    A. 5　　　　B. 4　　　　C. 3　　　　D. 2　　　　E. 1

28. 下列元素的第一电离能最大的是 （　　）

    A. C　　　　B. N　　　　C. O　　　　D. P　　　　E. B

29. 某元素原子的价电子构型为 $3d^2 4s^2$，则该元素为 （　　）

    A. Mg　　　　B. Zn　　　　C. Sc　　　　D. Ca　　　　E. Ti

30. 在配离子 $[Co(C_2O_4)_2(en)]^-$ 中，中心体 Co^{3+} 的配位数为 （　　）

    A. 6　　　　B. 5　　　　C. 4　　　　D. 3　　　　E. 2

四、简答题（共 10 分）

    $CuCl_2$ 浓溶液加水逐渐稀释时，溶液的颜色由黄色经由绿色再到蓝色，试解释现象，并写出化学反应方程。（10 分）

五、计算题(共 30 分)

1. 200ml 0.1mol/L HAc 溶液与 100ml 0.1mol/L NaOH 溶液相混合,是否具有缓冲作用?为什么?并计算该溶液的 pH。已知 $K_a^\ominus = 1.75 \times 10^{-5}$(15 分)

2. 某溶液中含有 Fe^{3+} 和 Fe^{2+},它们的浓度都是 0.05mol/L,如果要求 $Fe(OH)_3$ 沉淀完全,而 Fe^{2+} 不生成 $Fe(OH)_2$ 的沉淀,需控制溶液的 pH 为多少?(已知 $Fe(OH)_3$ 的 $K_{sp}^\ominus = 2.79 \times 10^{-39}$,$Fe(OH)_2$ 的 $K_{sp}^\ominus = 4.87 \times 10^{-17}$)(15 分)

参考答案

一、判断题

1. √ 2. × 3. × 4. × 5. × 6. × 7. × 8. × 9. √ 10. √ 11. √ 12. √ 13. √ 14. ×

二、填空题

1. 蒸汽压降低、沸点升高、凝固点降低、溶液具有渗透压 2. 盐效应 3. 越小

4. He 5. $3d^1 4s^2$,四,IIIB 6. $[Cu(OH)_4]^{2-}$ 7. σ 键 8. 0.1mol/L

9. $2Cu^+ = Cu^{2+} + Cu$ 10. $(n-1)d^{10}ns^1$ 11. $K_2Cr_2O_7$,黑绿色 12. 血红色,血红色消失

三、单项选择题

1~5 ACCBA 6~10 CBAAD 11~15 AAAAC 16~20 ACDBA

21~25 BBDDC 26~30 AEBEA

四、简答题

解:$CuCl_2$ 在浓度较大的溶液中主要以 $[CuCl_4]^{2-}$ 存在,因而显黄色;当用水逐渐稀释时溶液中开始生成蓝色的 $[Cu(H_2O)_4]^{2+}$,两者共存时显绿色;当继续用水进行稀释时 $[Cu(H_2O)_4]^{2+}$ 成为主要存在的离子,因而显蓝色。相关反应方程式如下:

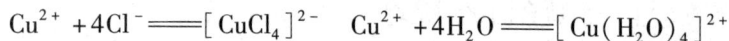

$Cu^{2+} + 4Cl^- === [CuCl_4]^{2-}$ $Cu^{2+} + 4H_2O === [Cu(H_2O)_4]^{2+}$

五、计算题

1. 有缓冲作用,pH = 4.76。

2. pH 为 2.82~6.49。

(成都中医药大学)

综合练习九

一、**单选题**(每小题 1 分,共 25 分)

1. $HAsO_3^{2-}$ 的共轭酸是 ( )

    A. H_3AsO_3 B. $H_2AsO_3^-$ C. $HAsO_3^{2-}$ D. AsO_3^{3-}

2. 将 0.1mol/L 的 HAc 溶液加水稀释至原体积的 2 倍时,其 $[H^+]$ 和 pH 的变化趋势是 ( )

    A. 增加和减小   B. 减小和增大

    C. 为原来的一半和增大   D. 为原来的一倍和减小

3. 在氨水中加入下列哪种物质时,可使 NH_3 水的电离度和 pH 均减小 ( )

    A. NaOH   B. NH_4Cl C. HCl   D. H_2O

4. 在下列溶液中 HCN 电离度最大的是 ( )

    A. 0.1mol/L NaCN   B. 0.1mol/L KCl 和 0.2mol/L NaCl 混合液

    C. 0.2mol/L NaCl   D. 0.1mol/L NaCN 和 0.2mol/L KCl 混合液

5. 已知 Ag_2CrO_4 的 $K_{sp}^{\ominus} = 1.12 \times 10^{-12}$,则饱和溶液中 $[Ag^+]$ 为 ( )

    A. 1.30×10^{-5}mol/L   B. 1.65×10^{-4}mol/L

    C. 6.54×10^{-5}mol/L   D. 1.06×10^{-6}mol/L

6. 往相同浓度(0.1mol/L)的 KI 和 K_2SO_4 的混合溶液中逐滴加入 $Pb(NO_3)_2$ 的溶液时,则:(已知 PbI_2 的 $K_{sp}^{\ominus} = 9.8 \times 10^{-8}$,$PbSO_4$ 的 $K_{sp}^{\ominus} = 2.58 \times 10^{-8}$) ( )

    A. 先生成 $PbSO_4$ B. 先生成 PbI_2

    C. 两种沉淀同时生成   D. 两种沉淀都不生成

7. $Mg(OH)_2$ 的 $K_{sp}^{\ominus} = 5.61 \times 10^{-12}$,它的溶解度是(mol/L) ( )

    A. 1.12×10^{-4} B. 1.54×10^{-3} C. 2.37×10^{-4} D. 2×10^{-3}

8. 反应:$Cr_2O_7^{2-} + 6Fe^{2+} + 14H^+ \rightleftharpoons 2Cr^{3+} + 6Fe^{3+} + 7H_2O$,在 298K 时平衡常数与标准电动势的关系为 ( )

    A. $\lg K^{\ominus} = \dfrac{3E^{\ominus}}{0.0592}$ B. $\lg K^{\ominus} = \dfrac{2E^{\ominus}}{0.0592}$

    C. $\lg K^{\ominus} = \dfrac{6E^{\ominus}}{0.0592}$ D. $\lg K^{\ominus} = \dfrac{12E^{\ominus}}{0.0592}$

9. 使下列电极反应中有关离子浓度减小一半,而电极电势增加的是 ( )

    A. $Cu^{2+} + 2e^- \rightleftharpoons Cu$ B. $I_2 + 2e^- \rightleftharpoons 2I^-$

    C. $2H^+ + 2e^- \rightleftharpoons H_2$ D. $Fe^{3+} + e^- \rightleftharpoons Fe^{2+}$

10. 已知 $E^{\ominus}(Cu^{2+}/Cu^+) = 0.159V$,$E^{\ominus}(Cu^+/Cu) = 0.521V$,则反应 $2Cu^+ \rightleftharpoons Cu + Cu^{2+}$ 的 $E_{MF}^{\ominus}$ 应为 ( )

    A. $-0.362V$ B. $-0.203V$ C. $+0.203$ D. $+0.362V$

11. 提高下列各电对所组成的半电池溶液的酸度,电极电势升高者为 ( )

    A. $[Fe(SCN)_6]^{3-}/Fe$ B. $[PtCl_4]^{2-}/Pt$

    C. $[Ni(CN)_4]^{2-}/Ni$ D. $[HgI_4]^{2-}/Hg$

12. 在碱性溶液中,氯元素的元素电势图如下:

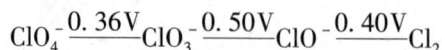

$$ClO_4^- \xrightarrow{0.36V} ClO_3^- \xrightarrow{0.50V} ClO^- \xrightarrow{0.40V} Cl_2$$

下列能发生歧化的是 （   ）

 A. ClO_4^- B. ClO_3^- C. ClO^- D. Cl_2

13. 将过氧化氢加入用 H_2SO_4 酸化的 $KMnO_4$ 溶液时，过氧化氢的作用是 （   ）

 A. 氧化剂   B. 还原剂   C. 沉淀剂   D. 催化剂

14. 下列量子数组合中，正确的是 （   ）

 A. 2，1，-2，1/2   B. 1，2，0，$-1/2$

 C. 3，0，1，1/2   D. 2，1，0，$-1/2$

15. 按原子半径大小顺序正确的是 （   ）

 A. Be < Na < Mg B. Be < Mg < Na C. Be > Na > Mg D. Na < Be < Mg

16. 量子力学中的一个轨道 （   ）

 A. 与玻尔理论中的原子轨道等同

 B. 指 n 具有一定数值时的一个波函数

 C. 指 n、l 具有一定数值时的一个波函数

 D. 指 n、l、m 具有一定数值时的一个波函数

17. 分子结构呈直线型的是 （   ）

 A. $BeCl_2$ B. H_2O C. NH_3 D. CH_4

18. 当基态原子的第六电子层只有 2 个电子时，原子的第五电子层的电子数 （   ）

 A. 肯定为 8 个电子   B. 肯定为 18 个电子

 C. 肯定为 8 ~ 18 个电子   D. 肯定为 8 ~ 32 个电子

19. 具有极性键的非极性分子 （   ）

 A. P_4 B. H_2S C. BCl_3 D. $CHCl_3$

20. 下列分子或离子中，中心原子采用 sp 杂化轨道成键的是 （   ）

 A. CO_2 B. C_2H_4 C. SO_3 D. NO_3^-

21. 配离子 $[Cu(en)_2]^{2+}$ 的配位数为 （   ）

 A. 1   B. 2   C. 3   D. 4

22. $[Ni(CN)_4]^{2-}$ 是平面正方形构型，它以下列哪种杂化轨道成键 （   ）

 A. sp^3 B. dsp^2 C. sp^2d D. d^2sp^3

23. 外轨型配合物的中心离子不可能采取的杂化方式是 （   ）

 A. sp   B. sp^2 C. d^2sp^3 D. sp^3d^2

24. 具有下列电子构型的元素中，第一电离能最大的是 （   ）

 A. ns^2np^3 B. ns^2np^4 C. ns^2np^5 D. ns^2np^6

25. 在下列各组分子中，分子之间只存在色散力的是 （   ）

 A. C_6H_6 和 CCl_4 B. HCl 和 N_2 C. NH_3 和 H_2O D. HCl 和 HF

二、**多选题**（每小题 1 分，共 5 分）

26. 影响缓冲容量的因素是 （   ）

 A. 缓冲溶液的组成   B. 缓冲溶液中共轭酸、碱的浓度

 C. 共轭酸、碱的浓度比   D. 共轭酸的标准解离常数

E. 共轭碱的标准解离常数

27. 下列说法正确的是 （   ）

    A. 浓度越大，活度系数越大

    B. 浓度越大，活度系数越小

    C. 溶液极稀时，活度系数接近 1

    D. 浓度一定时，活度系数越大，则活度越大

    E. 浓度越小，活度越大

28. 下列化合物中没有氢键的是 （   ）

    A. C_2H_4 B. NH_3 C. HF   D. $CHCl_3$ E. H_2O

29. 下列化合物空间构型是四面体的是 （   ）

    A. NH_4^+ B. H_2O C. $CHCl_3$

    D. $[Ni(NH_3)_4]^{2+}$ E. BF_3

30. 下列配合物中，中心原子的 d 电子采取低自旋排布的是 （   ）

    A. $[FeF_6]^{3-}$ B. $[Fe(CN)_6]^{3-}$ C. $[Fe(H_2O)_6]^{3+}$

    D. $[Co(CN)_6]^{3-}$ E. $[Cr(H_2O)_6]^{2+}$

三、判断题（正确的打"√"，错误的打"×"。每小题 1 分，共 10 分）

31. 溶液浓度越小，活度系数越大。 （   ）

32. 难溶强电解质的溶解度与标准溶度积常数有关，两种难溶电解质中标准溶度积常数较小的，其溶解度也较小。 （   ）

33. 根据元素电势图，当 $E_右^\ominus > E_左^\ominus$ 时，其中间价态的物种可进行歧化反应。 （   ）

34. 同一周期中，元素的第一电离能随原子序数递增而依次增大。 （   ）

35. 非极性分子之间只存在色散力，极性分子之间只存在取向力。 （   ）

36. 核外电子绕着原子核作圆周运动。 （   ）

37. F^- 作配体时，通常形成内轨型配合物。 （   ）

38. H_2O 分子中 O 采取不等性 sp^3 杂化。 （   ）

39. 电极的电极电势一定随 pH 的改变而改变。 （   ）

40. $[Ni(NH_3)_4]^{2+}$ 其空间结构为正四面体。 （   ）

四、填空题（每空 1 分，共 10 分）

41. 中药煅石膏的主要成分是_____。

42. 沉淀溶解达到平衡的必要条件是_____。

43. 缓冲溶液两组分的浓度比越接近_____，缓冲容量越大。

44. $(NH_4)_2S_2O_8$ 分子中 S 的氧化值为_____。

45. 写出 Cu - Ag 原电池的电池符号_____。

46. 配合物 $K_2[PtCl_6]$ 的命名为_____。

47. 将轨道分裂后的最高能级和最低能级之间的能量差称为晶体场的_____。

48. C_2H_2 分子中存在_____个 σ 键。

49. p 区元素外层电子构型为_____。

50. 周期表中电负性最小的元素符号为_____。

五、简答题(每题 4 分，共 20 分)

51. 写出 O_2^+ 分子轨道电子排布式，计算键级并指出磁性。

52. 已知某元素的原子序数是 53，写出该元素的电子结构，并指出它位于周期表中第几周期？第几族？哪一区？

53. 说明 CCl_4 的杂化过程，并解释分子构型和极性。

54. 用离子电子法配平完成下列反应式

$$Cr_2O_7^{2-} + SO_2 \rightarrow Cr^{3+} + SO_4^{2-} \text{（酸性介质）}$$

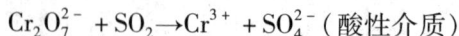

55. 说明 $[Cu(NH_3)_4]^{2+}$ 配离子的空间构型和磁性。

六、计算题(每题 10 分，共 30 分)

56. $0.200mol/L$ HAc 溶液 20ml，求以下情况的 pH。已知：$K_a^\ominus = 1.75 \times 10^{-5}$

   （1）加水稀释到 50ml；

   （2）加入 $0.200mol/L$ 的 NaOH 溶液 20ml。

57. 在 10ml $0.10mol/L$ $MgSO_4$ 溶液中加入 10ml $0.10mol/L$ $NH_3 \cdot H_2O$，问有无 $Mg(OH)_2$ 沉淀生成？已知：$K_{sp}^\ominus = 5.61 \times 10^{-12}$ $K_b^\ominus = 1.74 \times 10^{-5}$

58. 已知下列电对的标准电极电势 $Pb^{2+} + 2e^- \rightleftharpoons Pb$，$E^\ominus = -0.1262V$；$Sn^{2+} + 2e^- \rightleftharpoons Sn$，$E^\ominus = -0.1375V$；试判断在下列两种情况时：（1）$[Pb^{2+}] = 1mol/L$，$[Sn^{2+}] = 1mol/L$；（2）$[Pb^{2+}] = 0.01mol/L$，$[Sn^{2+}] = 0.1mol/L$；反应 $Sn + Pb^{2+} \rightleftharpoons Sn^{2+} + Pb$ 进行的方向。

参考答案

一、单选题

1~5 BBBBC   6~10 AACBD   11~15 CBBDB   16~20 DACCA   21~25 DBCDA

二、多选题

26. BC   27. BCD   28. AD   29. ACD   30. BD

三、判断题

31. √   32. ×   33. √   34. ×   35. ×   36. ×   37. ×   38. √   39. ×   40. √

四、填空题

41. $CaSO_4 \cdot \frac{1}{2}H_2O$ 42. $Q = K_{sp}^\ominus$ 43. 1   44. +7

45. $(-)Cu | Cu^{2+}(c_1) \| Ag^+(c_2) | Ag(+)$ 46. 六氯合铂(Ⅳ)酸钾

47. 分裂能   48. 3   49. ns^2np^{1-6} 50. Cs

五、简答题

51. $O_2^+ [(\sigma_{1s})^2(\sigma_{1s}^*)^2(\sigma_{2s})^2(\sigma_{2s}^*)^2(\sigma_{2p})^2(\pi_{2p})^4(\pi_{2p}^*)^1]$，键级 2.5，顺磁性

52. 电子结构式：$1s^2 2s^2 2p^6 3s^2 3p^6 3d^{10} 4s^2 4p^6 4d^{10} 5s^2 5p^5$，第五周期，ⅦA 族，p 区。

53. CCl_4 C：[He]$2s^2 2p^2$（1 分）→激发为 $2s^1 2p^3$→sp^3 杂化，四面体型，非极性分子

54. ①$Cr_2O_7^{2-}$ —— Cr^{3+}（还原，氧化值降低）；SO_2 —— SO_4^{2-}（氧化，氧化值升高）（1 分）

   ②$Cr_2O_7^{2-} + 14H^+ + 6e^- = 2Cr^{3+} + 7H_2O$，$SO_2 + 2H_2O = SO_4^{2-} + 2e^- + 4H^+$（2 分）

   ③$Cr_2O_7^{2-} + 3SO_2 + 2H^+ = 2Cr^{3+} + 3SO_4^{2-} + H_2O$（1 分）

55. $[Cu(NH_3)_4]^{2+}$ sp^3 杂化(3 分)，正四面体(1 分)

六、计算题

56. **解**：(1) $[HAc] = 0.08\,mol/L$，$[H^+] = 1.18 \times 10^{-3}$，$pH = -lg[H^+] = 2.93$

(2) $[OH^-] = 7.56 \times 10^{-6}$，$pH = 8.88$

57. **解**：$[OH^-] = 9.33 \times 10^{-4}$，$Q = 4.67 \times 10^{-8} > K_{sp}^{\ominus}$，有沉淀生成

58. **解**：(1) 正极反应：$Pb^{2+} + 2e^- \rightleftharpoons Pb$，负极反应：$Sn \rightleftharpoons Sn^{2+} + 2e^-$

$E_{MF} = -0.1262 - (-0.1375) = 0.0113 > 0$，反应正向进行

(2) $E_+ = -0.1854\,V$，$E_- = -0.1671V$，$E_{MF} = -0.0183V < 0$，反应逆向进行。

（长春中医药大学）

综合练习十

一、单项选择题(每小题 1 分，共 20 分)

1. 下列溶液中，$[H^+]$ 最大者为　　　　　　　　　　　　　　　　　　　　　　　　　　（　　）

　　A. 1mol/L 的 HAc
　　B. 0.04mol/L 的 HCl

　　C. 1mol/L 的 NH_4Cl
　　D. 1.5mol/L 的 $NaHCO_3$

2. 下列各电对中，电极电势代数值最大的是　　　　　　　　　　　　　　　　　　　　（　　）

　　A. $E^{\ominus}(Ag^+/Ag)$
　　B. $E^{\ominus}(AgI/Ag)$

　　C. $E^{\ominus}[Ag(CN)_2^-/Ag]$
　　D. $E^{\ominus}[Ag(NH_3)_2^+/Ag]$

3. 强电解质溶液理论的创始人是　　　　　　　　　　　　　　　　　　　　　　　　　（　　）

　　A. 阿伦尼乌斯　　　　B. 路易斯　　　　C. 得拜和休克尔　　　　D. 范特荷甫

4. CaC_2O_4 的 $K_{sp}^{\ominus} = 1.46 \times 10^{-10}$，在含 0.02mol/L Ca^{2+} 的溶液中形成沉淀，所需 $C_2O_4^{2-}$ 离子浓度至少为

（　　）

　　A. 1.11×10^{-9} mol/L
　　B. 1.7×10^{-6} mol/L

　　C. 2.3×10^{-7} mol/L
　　D. 7.3×10^{-9} mol/L

5. Cu 的价层电子排布式是　　　　　　　　　　　　　　　　　　　　　　　　　　　（　　）

　　A. $3d^9 4s^2$　　　　B. $3d^8 4s^1$　　　　C. $3d^{10} 4s^1$　　　　D. $3d^7 4s^2$

6. 下列试剂中能使 $PbSO_4(s)$ 溶解度增大的是　　　　　　　　　　　　　　　　　　（　　）

　　A. $Pb(NO_3)_2$　　　　B. Na_2SO_4　　　　C. H_2O　　　　D. NH_4Ac

7. 元素的电负性由大到小的顺序是　　　　　　　　　　　　　　　　　　　　　　　（　　）

　　A. F > S > Cl > Se
　　B. F > Cl > Se > S

　　C. F > Cl > S > Se
　　D. Se > S > Cl > F

8. 分子轨道理论认为下列哪种分子或离子不存在　　　　　　　　　　　　　　　　　（　　）

　　A. H_2^-　　　　B. He_2^+　　　　C. Li_2　　　　D. Be_2

9. 离子键的特征是　　　　　　　　　　　　　　　　　　　　　　　　　　　　　　（　　）

　　A. 无方向性，无饱和性
　　B. 有方向性，有饱和性

　　C. 无方向性，有饱和性
　　D. 有方向性，无饱和性

10. HI 分子间作用力以哪种为最大　　　　　　　　　　　　　　　　　　　　　　　（　　）

　　A. 取向力　　　　B. 诱导力　　　　C. 色散力　　　　D. 氢键

11. $[PtCl_2(NH_3)_2]$ 为　　　　　　　　　　　　　　　　　　　　　　　　　　　　（　　）

　　A. 平面四方形，配位数为 4
　　B. 平面四方形，配位数为 3

　　C. 四面体形，配位数为 4
　　D. 四面体形，有几何异构

12. 下列哪种为共价极性分子　　　　　　　　　　　　　　　　　　　　　　　　　　（　　）

　　A. CsCl　　　　B. CS_2　　　　C. CCl_4　　　　D. SO_2

13. 当向铬酸盐溶液中加入酸时，溶液颜色的变化情况是　　　　　　　　　　　　　（　　）

　　A. 由黄变橙红　　　　B. 由无色变黄　　　　C. 由橙红变黄　　　　D. 由橙红变无色

14. 等浓度的 Cl^-、Br^-、I^- 离子混合溶液中，逐滴加入 Ag^+　　　　　　　　　（　　）

　　A. 先产生 AgCl　　　B. 先产生 AgBr　　　C. 先产生 AgI　　　D. 不能确定

15. 下列溶液中不能组成缓冲溶液的是 （　　）

    A. NH_3 和 NH_4Cl　　　　　　　　B. $H_2PO_4^-$ 和 HPO_4^{2-}

    C. HCl 和过量的氨水　　　　　　　D. 氨水和过量 HCl

16. 电极反应 $MnO_4^- + 8H^+ + 5e^- \rightleftharpoons Mn^{2+} + 4H_2O$ 的能斯特方程正确表达式是 （　　）

    A. $E = E^{\ominus} - 0.0592/5 \times \lg[MnO_4^-][H^+]^8/([Mn^{2+}][H_2O]^4)$

    B. $E = E^{\ominus} + 0.0592/5 \times \lg[MnO_4^-][H^+]^8/[Mn^{2+}]$

    C. $E = E^{\ominus} + 0.0592/5 \times \lg[Mn^{2+}]/([MnO_4^-][H^+]^8)$

    D. $E = E^{\ominus} - 0.0592/5 \times \lg[Mn^{2+}]/([MnO_4^-][H^+])$

17. $[Co(NH_3)_4(H_2O)_2]^{3+}$ 具有几何异构体的数目是 （　　）

    A. 1　　　　　　B. 2　　　　　　C. 3　　　　　　D. 4

18. 下列分子中，不能形成氢键的是 （　　）

    A. NH_3　　　　　B. C_2H_4　　　　　C. C_2H_5OH　　　　D. HCHO

19. 当 $n=2$，$l=1$ 时，m 的取值可为 （　　）

    A. 2、1　　　　　B. +2、-2　　　　C. -1、0　　　　D. -1、-2

20. 在形成 NH_3 分子时，N 原子采取的杂化为 （　　）

    A. sp^3　　　　　B. sp^2　　　　　C. sp　　　　　D. dsp^2

二、填空题（每空 1 分，共 24 分）

21. 缓冲溶液是指 ＿＿＿＿＿＿＿＿＿＿＿＿＿＿＿＿＿＿＿＿＿＿＿＿＿＿＿＿＿ 的溶液。

22. Cu^+ 离子在水溶液中发生歧化反应，离子方程式为 ＿＿＿＿＿＿＿＿＿＿＿＿＿＿＿＿＿。

23. 某元素原子序数为 26，其价电子层结构是 ＿＿＿＿＿＿＿。

24. 镧系收缩效应造成 ＿＿＿＿＿＿＿ 周期同族元素的原子半径相近，性质相似。

25. $[Al(H_2O)_6]^{3+}$ 的共轭碱是 ＿＿＿＿＿＿＿。

26. 当 $n=3$，$l=2$ 时，所对应的原子轨道是 ＿＿＿＿＿＿＿。

27. 第三周期元素从左到右，原子的半径变化趋势是 ＿＿＿＿＿＿＿＿＿＿＿＿＿＿＿＿＿＿。

28. 硼酸是典型的路易斯酸，它的解离方程式为 ＿＿＿＿＿＿＿＿＿＿＿＿＿＿＿＿＿＿＿＿。

29. 写出下列矿物药的主要成分：砒霜 ＿＿＿＿＿＿＿ 朱砂 ＿＿＿＿＿＿＿。

30. $[PtCl(Br)(Py)(NH_3)]$ 的中心离子是 ＿＿＿＿＿＿＿，配位数是 ＿＿＿＿＿＿＿。

31. s 电子云与 p_x 电子云重叠形成的共价键是 ＿＿＿＿＿＿＿ 键。

32. 原电池 $(-)Zn | ZnSO_4(1mol/L) | CuSO_4(1mol/L) | Cu(+)$，已知 $E^{\ominus}(Zn^{2+}/Zn) = -0.7618V$，$E^{\ominus}(Cu^{2+}/Cu) = 0.3419V$，则负极反应为 ＿＿＿＿＿＿＿＿＿＿＿＿＿＿＿＿，正极反应为＿＿＿＿＿＿＿＿＿＿＿＿＿＿＿，平衡常数为 ＿＿＿＿＿＿＿＿＿＿＿。

33. 向含有 AgI 固体的饱和溶液中加入固体 AgBr，则 $c(I^-)$ 变 ＿＿＿＿＿＿＿，$c(Ag^+)$ 变 ＿＿＿＿＿＿＿。

34. 电负性的定义是 ＿＿＿＿＿＿＿＿＿＿＿＿＿＿＿＿＿＿＿＿＿＿＿＿＿＿＿＿＿＿＿。

35. $KMnO_4$ 是化学上常用的氧化剂，其还原产物因溶液的酸碱性不同而异。在酸性环境中，还原产物为 ＿＿＿＿＿＿＿；在中性或弱碱性环境中，还原产物为 ＿＿＿＿＿＿＿；在强碱性环境中，还原产物为 ＿＿＿＿＿＿＿。

36. $[Ni(NH_3)_4]^{2+}$ 与 $[Ni(en)_2]^{2+}$ 相比较，＿＿＿＿＿＿＿ 更稳定，原因是 ＿＿＿＿＿＿＿。

三、简答题(每题 5 分，共 30 分)

37. 以 $NH_3 \cdot H_2O$ 为例解释同离子效应和盐效应的概念。

38. 在下列氧化剂中，随着溶液氢离子浓度的增加，氧化性有何变化？写出能斯特方程并说明之。

(1) Cl_2 (2) Fe^{3+} (3) $KMnO_4$ (4) $K_2Cr_2O_7$

39. 简述对角线规则。

40. 原子核外电子排布应遵守哪些原则？请分别阐述它们的主要内容。

41. 已知有两种钴的配合物，它们具有相同的分子式 $Co(NH_3)_5BrSO_4$，其间的区别在于在第一种配合物的溶液中加 $BaCl_2$ 时产生 $BaSO_4$ 沉淀，但加 $AgNO_3$ 时不产生沉淀，而第二种配合物则与此相反，写出这两种配合物的化学式，并指出钴的配位数和氧化值。

42. 根据实测磁矩，推断下列配合物的空间构型并指出是内轨型还是外轨型配合物；并说明在晶体场中的高低自旋状态。

(1) $[Fe(CN)_6]^{4-}$ ($\mu = 0$ B.M.)

(2) $[FeF_6]^{3-}$ ($\mu = 5.9$ B.M.)

四、完成并配平下列化学反应方程式(每题 2 分，共 6 分)

43. $Ag^+ + Cr_2O_7^{2-} + H_2O \rightarrow Ag_2CrO_4 + H^+$

44. $Na_2S_2O_3 + I_2 \rightarrow Na_2S_4O_6 +$

45. $Cr_2O_7^{2-} + S^{2-} + H^+ \rightarrow Cr^{3+} + S^+$

五、计算题(每题 10 分，共 20 分)

46. 将 100ml 4.20mol/L 氨水和 50ml 4.00mol/L 盐酸混合，试计算在此混合溶液中：

(1) $[OH^-]$ 及 pH

(2) 若向溶液中加入固体 $FeCl_2$，求开始产生 $Fe(OH)_2$ 沉淀时 Fe^{2+} 的浓度？

已知 $K_b^{\ominus}(NH_3) = 1.74 \times 10^{-5}$，$K_{sp}^{\ominus}[Fe(OH)_2] = 4.87 \times 10^{-17}$。

47. 已知：$PbSO_4(s) + 2e^- \rightleftharpoons Pb + SO_4^{2-}$ $E^{\ominus} = -0.3588V$

$Pb^{2+} + 2e^- \rightleftharpoons Pb$ $E^{\ominus} = -0.1262V$

(1) 若将这两个电对组成原电池，写出原电池符号和电池反应式。

(2) 求 $PbSO_4$ 的溶度积 $K_{sp}^{\ominus}$。

参考答案

一、单项选择题

1~5 BACDC 6~10 DCDAC 11~15 ADACD 16~20 BBBCA

二、填空题

21. 能抵抗外加少量强酸、强碱和适当稀释而保持体系的 pH 基本不变

22. $2Cu^+ \rightleftharpoons Cu + Cu^{2+}$ 23. $3d^6 4s^2$ 24. 第五、六 25. $[Al(OH)(H_2O)_5]^{2+}$

26. 3d 27. 依次减小 28. $H_3BO_3 + H_2O \rightleftharpoons B(OH)_4^- + H^+$ 29. As_2O_3；HgS

30. Pt^{2+}；4 31. σ 32. $Zn \rightarrow Zn^{2+} + 2e$；$Cu^{2+} + 2e \rightarrow Cu$；$1.94 \times 10^{37}$ 33. 小；大

34. 分子中元素原子吸引成键电子的能力

35. Mn^{2+}；MnO_2；MnO_4^{2-}

36. 后者；后者为螯合物

三、简答题

37. 答：同离子效应：在弱电解质溶液中，加入具有相同离子的强电解质，使电离平衡向左移动，弱电解质的电离度降低的现象。当向体系中加入 NH_4Cl 等可电离出 NH_4^+ 的强电解质时，由于体系中 NH_4^+ 的浓度增大，$NH_3 \cdot H_2O$ 的电离平衡向左移动，从而电离度减小，体现出同离子效应。

　　盐效应，是指在弱电解质的溶液中，加入其他强电解质时，该弱电解质的电离度将稍有增大。当向体系中加入 $NaCl$ 等强电解质时，溶液中离子强度增大，由于离子间的相互牵制作用，$NH_3 \cdot H_2O$ 的电离度略有增大。

　　在弱电解质溶液中发生同离子效应的同时也存在盐效应。通常同离子效应大于盐效应。

38. 答：（1）、（2）中 H^+ 不参与电极反应，氧化性与 H^+ 无关；

（3）$MnO_4^- + 8H^+ + 5e^- \Longleftrightarrow Mn^{2+} + 4H_2O$

$$E(MnO_4^-/Mn^{2+}) = E^{\ominus}(MnO_4^-/Mn^{2+}) + \frac{0.0592}{5}\lg\frac{[MnO_4^-][H^+]^8}{[Mn^{2+}]}$$

（4）$Cr_2O_7^{2-} + 14H^+ + 6e^- \Longleftrightarrow 2Cr^{3+} + 7H_2O$

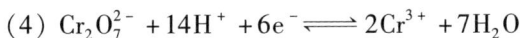
$$E(Cr_2O_7^{2-}/Cr^{3+}) = E^{\ominus}(Cr_2O_7^{2-}/Cr^{3+}) + \frac{0.0592}{6}\lg\frac{[Cr_2O_7^{2-}][H^+]^{14}}{[Cr^{3+}]^2}$$

（3）、（4）中 H^+ 参与电极反应，且随着 H^+ 浓度的增大，电极电势增大，氧化能力增强。

39. 答：对角线规则是指：ⅠA 族的 Li 与 ⅡA 族的 Mg、ⅡA 族的 Be 与 ⅢA 族的 Al、ⅢA 族的 B 与 ⅣA 族的 Si，这三对元素在周期表中处于对角线位置，相应的两元素及其化合物的化学性质有许多相似之处。

40. 答：能量最低原理：原子核外电子尽可能填充到能级较低的轨道中去。

　　泡利不相容原理：在同一原子里，不能有四个量子数完全相同的电子。洪特规则：在简并轨道中填充电子时，电子尽可能分占不同的简并轨道，而且自旋方向相同。

41. 答：第 1 种：$[CoBr(NH_3)_5]SO_4$　钴的配位数为 6，氧化值为 +3。

　　　第 2 种：$[CoSO_4(NH_3)_5]Br$　钴的配位数为 6，氧化值为 +3。

42. （1）正八面体，内轨型，低自旋　（2）正八面体，外轨型，高自旋

四、完成并配平下列化学反应方程式

43. $4Ag^+ + Cr_2O_7^{2-} + H_2O \Longrightarrow 2Ag_2CrO_4 + 2H^+$

44. $2Na_2S_2O_3 + I_2 \Longrightarrow Na_2S_4O_6 + 2NaI$

45. $Cr_2O_7^{2-} + 3S^{2-} + 14H^+ \Longrightarrow 2Cr^{3+} + 3S + 7H_2O$

五、计算题

46. （1）$NH_3 + HCl \Longleftrightarrow NH_4Cl$

反应后生成的 NH_4Cl 为：$n(NH_4Cl) = 50 \times 4.00/1000 = 0.200$ mol

反应后剩余的 $NH_3 \cdot H_2O$ 为：$n(NH_3 \cdot H_2O) = 100 \times 4.20/1000 - 50 \times 4.00/1000 = 0.220$ mol

$$pH = pK_w^{\ominus} - pK_b^{\ominus} + \lg\frac{c(MOH)}{c(M^+)} = 14 - 4.76 + \lg\frac{0.220/0.150}{0.200/0.150} = 9.28$$

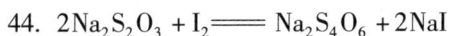
$$pOH = 14 - pH = 4.72 \quad [OH^-] = 10^{-4.72} = 1.91 \times 10^{-5} \text{mol/L}$$

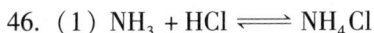
$$（2）[Fe^{2+}] = \frac{K_{sp}^{\ominus}[Fe(OH)_2]}{[OH^-]^2} = \frac{4.87 \times 10^{-17}}{(1.91 \times 10^{-5})^2} = 1.33 \times 10^{-7}$$

47. **解：**(1)原电池符号：

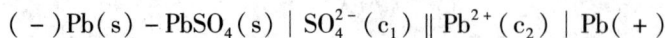

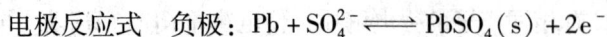

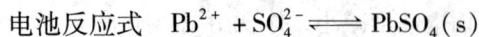

$$(-)\text{Pb}(\text{s}) - \text{PbSO}_4(\text{s}) \mid \text{SO}_4^{2-}(c_1) \parallel \text{Pb}^{2+}(c_2) \mid \text{Pb}(+)$$

电极反应式　负极：$\text{Pb} + \text{SO}_4^{2-} \rightleftharpoons \text{PbSO}_4(\text{s}) + 2\text{e}^-$

　　　　　　正极：$\text{Pb}^{2+} + 2\text{e}^- \rightleftharpoons \text{Pb}$

电池反应式　$\text{Pb}^{2+} + \text{SO}_4^{2-} \rightleftharpoons \text{PbSO}_4(\text{s})$

(2)解法1：$E^{\ominus}(\text{PbSO}_4/\text{Pb}) = E^{\ominus}(\text{Pb}^{2+}/\text{Pb}) + \dfrac{0.0592}{2} \lg K_{sp}^{\ominus}$

$$-0.3588 = -0.1262 + \frac{0.0592}{2} \lg K_{sp}^{\ominus}$$

$$K_{sp}^{\ominus} = 1.35 \times 10^{-8}$$

解法2：$\lg K^{\ominus} = \dfrac{n[E^{\ominus}(\text{Pb}^{2+}/\text{Pb}) - E^{\ominus}(\text{PbSO}_4/\text{Pb})]}{0.0592} = \dfrac{2 \times (-0.1262 + 0.3588)}{0.0592} = 7.87$

$K^{\ominus} = 7.44 \times 10^7$；$K^{\ominus} = \dfrac{1}{[\text{Pb}^{2+}][\text{SO}_4^{2-}]} = \dfrac{1}{K_{sp}^{\ominus}}$

$$K_{sp}^{\ominus} = 1.35 \times 10^{-8}$$

（云南中医学院）

综合练习十一

一、判断题（正确的打"√"，错误的打"×"；每小题 1 分，共 10 分）

1. 在氨水溶液中加入少量的氯化铵晶体使溶液中氨的 α 减小，pH 增大。 （　　）

2. 将相同质量的葡萄糖和尿素分别溶解在 100g 水中，则形成的两份溶液在温度相同时的 Δp、ΔT_b、ΔT_f、π 均相同。 （　　）

3. 饱和氢硫酸（H_2S）溶液中 $H^+(aq)$ 与 $S^{2-}(aq)$ 浓度之比为 2:1。 （　　）

4. $CaCO_3$ 在 NaCl 溶液中的溶解度比在纯水中的溶解度更大。 （　　）

5. 某一离子被沉淀完全表明溶液中该离子的浓度为零。 （　　）

6. 组成原电池的两个电对的电极电势相等时，电池反应处于平衡状态。 （　　）

7. $Cr_2O_7^{2-}$ 在酸性条件下比在中性条件下氧化能力强。 （　　）

8. p 区和 d 区元素多有可变的氧化值，s 区元素（H 除外）没有。 （　　）

9. BF_3 分子中，B 原子的 s 轨道与 F 原子的 p 轨道进行等性 sp^2 杂化，分子的空间构型为平面三角形。 （　　）

10. 一般来讲，内轨型配合物比外轨型配合物稳定。 （　　）

二、单项选择题（每小题 1 分，共 20 分）

11. 某原子中的 4 个电子，具有如下量子数，其中对应于能量最高的是 （　　）

    A. $n=1$　$l=0$　$m=0$　$m_s=-\dfrac{1}{2}$　　B. $n=2$　$l=1$　$m=1$　$m_s=-\dfrac{1}{2}$

    C. $n=3$　$l=1$　$m=1$　$m_s=\dfrac{1}{2}$　　D. $n=3$　$l=2$　$m=2$　$m_s=-\dfrac{1}{2}$

12. 在一定温度下，当 HAc 的浓度变大时，$K_a^\ominus$ 值 （　　）

    A. 变大　　　　B. 变小　　　　C. 不变　　　　D. 需要计算决定

13. $Na_2S_4O_6$ 中 S 的氧化值为 （　　）

    A. +2　　　　B. +2.5　　　　C. +5　　　　D. +10

14. 指出下列物质沸点高低的顺序中，不正确的是 （　　）

    A. $CCl_4 > CH_4$　　B. $Br_2 > Cl_2$　　C. $PH_3 > SiH_4$　　D. $H_2S > H_2O$

15. $K_{sp}^\ominus(AgCl)=1.8\times10^{-10}$，$K_{sp}^\ominus(AgBr)=5.35\times10^{-13}$，若溶液中 $c(Cl^-)=c(Br^-)$，当向混合溶液中滴加 $AgNO_3$ 溶液时，首先析出的沉淀是 （　　）

    A. AgCl　　　　　　　　　　B. AgBr

    C. Ag_2O　　　　　　　　　　D. AgCl 和 AgBr 的混合物

16. 当溶液中 $c(H^+)$ 增加时，氧化能力不增加的氧化剂是 （　　）

    A. $Cr_2O_7^{2-}$　　B. MnO_4^-　　C. NO_3^-　　D. $[PbCl_6]^{2-}$

17. 下列各种溶液可以做缓冲溶液的是 （　　）

    A. HAc + HCl　　B. HAc + NaOH　　C. HAc + NaCl　　D. HAc + KCl

18. 氢原子基态能量 $E_1=-13.6eV$，在 $n=5$ 时，电子的能量为 （　　）

    A. $5E_1$　　　　B. $\dfrac{E_1}{5}$　　　　C. $\dfrac{E_1}{25}$　　　　D. $\dfrac{E_1}{10}$

19. 没有 π 键存在的分子是 （ ）

    A. C_2H_4 B. CH_3OH C. C_2H_2 D. CH_2O

20. 在 HI 分子中，原子轨道的重叠方式为 （ ）

    A. s–s 重叠   B. p–p 重叠   C. p–d 重叠   D. s–p 重叠

21. 一般可以作为缓冲溶液的是 （ ）

    A. 弱酸弱碱盐的溶液   B. 弱酸(或弱碱)及其盐的混合溶液

    C. pH 总不会改变的溶液   D. 电离度不变的溶液

22. CaF_2 在 0.1mol/L 的 NaF 溶液中的溶解度 （ ）

    A. 比在水中的大   B. 比在水中的小   C. 与水中的相同   D. 不确定

23. FeS 能溶于稀 HCl 溶液，这是因为 （ ）

    A. Fe^{2+} 的氧化性   B. S^{2-} 的还原性

    C. HCl 与 FeS 反应，有 H_2S 生成   D. Cl^- 的还原性

24. $Zn + Ni^{2+} \rightleftharpoons Zn^{2+} + Ni$ 组成原电池，正确的说法是 （ ）

    A. Zn^{2+}/Zn 是正极   B. Ni^{2+}/Ni 是正极

    C. Zn^{2+} 是较强氧化剂   D. Ni 是较强还原剂

25. 下列各原子的原子半径从小到大的顺序排列，其中正确的是 （ ）

    A. O < N < P   B. O < P < N   C. P < N < O   D. N < O < P

26. 下列有关说明 PbO_2 具有强氧化性的叙述中，正确的是 （ ）

    A. Pb^{4+} 的半径比 Pb^{2+} 大   B. Pb(Ⅱ)存在惰性电子对

    C. Pb^{2+} 离子易形成配离子   D. Pb(Ⅱ)盐溶解度小

27. 在下列化合物中熔点最高的是 （ ）

    A. HCl   B. H_2O C. H_2SO_4 D. CaO

28. 下列含氧酸中，为一元酸的是 （ ）

    A. $H_2S_2O_8$ B. H_3BO_3 C. H_3PO_4 D. H_3PO_3

29. $Al_2(SO_4)_3$ 溶液中，加入 Na_2S 溶液，其主要产物是 （ ）

    A. $Al_2O_3 + H_2S$ B. $Al_2S_3 + Na_2SO_4$ C. $Al(OH)_3 + H_2S$ D. $AlO_2^- + H_2S$

30. 石膏的化学成分是 （ ）

    A. $SrSO_4$ B. $SrCO_3$ C. $BaSO_4$ D. $CaSO_4 \cdot 2H_2O$

三、填空题(每空1分，共20分)

31. 第五周期共有_____种元素，正好和_____能级组内容纳的电子数相同。

32. 在短周期中，原子半径从左向右依次_____。

33. NH_3 分子中 N 原子采取的杂化方式为_____，空间结构为_____。

34. 固体 NaF 溶于水后，溶液显_____。

35. 溶度积常数和其他化学平衡常数一样，只与_____有关。

36. 在溶液中某离子浓度小于_____mol/L，就可以认为该种离子沉淀完全了。

37. 当还原型物质的浓度减小时，电极电势_____。

38. 已知 $K_b^{\ominus}(NH_3 \cdot H_2O) = 1.74 \times 10^{-5}$，则 $NH_3 \cdot H_2O$–NH_4Cl 缓冲溶液的缓冲范围_____。

39. 298K 时，某一元弱酸 HA 的酸度常数 $K_a^{\ominus} = 1.0 \times 10^{-5}$，则其共轭碱 A^- 的碱常数 $K_b^{\ominus} =$ _____。

40. CO_2 分子间存在的作用力有_____。

41. 铋的主要氧化值是_____，铋酸盐有强氧化性，在硝酸溶液中可以将 Mn^{2+} 氧化为_____，这是检出 Mn^{2+} 的一种反应。

42. $[Fe(CN)_6]^{3-}$ 的杂化方式_____，属于_____型配合物。

43. $(-)\ Zn\ |\ Zn^{2+}(0.1M)\ \|\ Cu^{2+}(0.1M)\ |\ Cu\ (+)$，向 Zn^{2+}/Zn 电极中加入少许固体 $ZnCl_2$，则电池电动势_____，向 Cu^{2+}/Cu 电极中加入少许固体 $CuCl_2$ 则电池电动势_____。

44. 从 HF 到 HI，键的极性依次_____，其水溶液的酸性依次_____。

四、简答题(每题 5 分，共 20 分)

45. 北方冬天吃冻梨前，先将冻梨放入凉水中浸泡一段时间，发现冻梨表面结了一层冰，则知道梨里边已经解冻了，解释这一现象。

46. 写出 O_2 和 O_2^{2-} 的分子轨道电子排布式，计算键级，并说明磁性。

47. 什么是电负性？为什么 $C=O$ 为极性键而 CO_2 分子的偶极矩却为零？

48. 临床上为什么可用大苏打治疗卤素及重金属中毒？

五、计算题(每空 10 分，共 30 分)

49. 一溶液中含有 Fe^{3+} 和 Fe^{2+}，它们的浓度都是 0.05mol/L，怎样控制溶液的 pH 范围可以将两种离子完全分离？已知 $K_{sp}^{\ominus}[Fe(OH)_2]=4.87\times10^{-17}$，$K_{sp}^{\ominus}[Fe(OH)_3]=2.79\times10^{-39}$

50. 写出下列电池的电极反应及电池反应

$(-)\ Cd\ |\ Cd^{2+}(0.01mol/L)\ \|\ Cl^-(0.5mol/L)\ |\ Cl_2(100KPa)\ |\ pt(+)$

计算 298.15K 时，正负极的电极电势及电池电动势。已知 $E^{\ominus}(Cl_2/Cl^-)=1.3583V$；$E^{\ominus}(Cd^{2+}/Cd)=-0.4030V$。

51. 通过计算说明当溶液中 $S_2O_3^{2-}$、$[Ag(S_2O_3)_2]^{3-}$ 的浓度均为 0.10mol/L 时，加入 KI 固体使 $c(I^-)=0.10mol/L$(忽略体积变化)，是否产生 AgI 沉淀？

已知 $[Ag(S_2O_3)_2]^{3-}$ 的 $K_{sp}^{\ominus}=2.88\times10^{13}$，$K_{sp}^{\ominus}(AgI)=8.52\times10^{-17}$

参考答案

一、判断题

1. × 2. × 3. × 4. √ 5. × 6. √ 7. √ 8. √ 9. × 10. √

二、单项选择题

11~15 DCBDB 16~20 DBCBD 21~25 BBCBA 26~30 BDBCD

三、填空题

31. 18、第五能级组 32. 减小 33. 不等性 sp^3；三角锥形 34. 碱性 35. 温度

36. 10^{-5} 37. 增大 38. 8.24 – 10.24 39. 1.0×10^{-9} 40. 色散力

41. +3，+5；MnO_4^- 42. d^2sp^3、内轨型 43. 减小，增大 44. 减小，增强

四、简答题

45. 答：因为梨内是糖水溶液，比水的凝固点下降，梨内温度低于零度，冻梨在凉水中浸泡在解冻的过程中会从凉水中吸热，使梨表面的水放出热量而结冰，但内部因为吸热而解冻。

46. 答 O_2：$KK(\sigma_{2s})^2(\sigma_{2s}^*)^2(\sigma_{2p_x})^2(\pi_{2p_y})^2(\pi_{2p_z})^2(\pi_{2p_y}^*)^1(\pi_{2p_z}^*)^1$

O_2^{2-}：$KK(\sigma_{2s})^2(\sigma_{2s}^*)^2(\sigma_{2p_x})^2(\pi_{2p_y})^2(\pi_{2p_z})^2(\pi_{2p_y}^*)^2(\pi_{2p_z}^*)^2$

O_2：键级 $= \dfrac{8-4}{2} = 2$，顺磁性；O_2^{2-}：键级 $= \dfrac{8-6}{2} = 1$，抗磁性

47. 答：电负性是指元素原子吸引电子的能力。CO_2 是直线形分子，虽然 $C = O$ 键为极性键，但由于分子结构对称，正、负电荷中心重合，因此 CO_2 分子的偶极矩为零。

48. 答：大苏打 $Na_2S_2O_3$ 是一个中等强度的还原剂，和较弱的氧化剂碘反应生成连四硫酸钠。

$$2Na_2S_2O_3 + I_2 =\!\!=\!\!= Na_2S_4O_6 + 2NaI$$

和 Cl_2、Br_2 等强氧化剂可被氧化为硫酸。

$$Na_2S_2O_3 + 4Cl_2 + 5H_2O =\!\!=\!\!= 2H_2SO_4 + 2NaCl + 6HCl$$

$S_2O_3^{2-}$ 离子有非常强的配合能力，和一些金属离子生成稳定的配离子：

$$S_2O_3^{2-} + AgBr =\!\!=\!\!= \left[Ag(S_2O_3)_2 \right]^{3-} + Br^-$$

因此医药上根据 $Na_2S_2O_3$ 的还原性和配合能力的性质，常用作卤素及重金属离子的解毒剂。

五、计算题（每题 10 分，共 30 分）

49. 解：$c(OH^-) = \sqrt{\dfrac{K_{sp}\left[Fe(OH)_2 \right]}{c(Fe^{2+})}} = \sqrt{\dfrac{4.87 \times 10^{-17}}{0.05}} = 3.12 \times 10^{-8}$ $pOH = 7.51$

$c^1(OH^-) = \sqrt[3]{\dfrac{K_{sp}\left[Fe(OH)_3 \right]}{c(Fe^{3+})}} = \sqrt[3]{\dfrac{2.79 \times 10^{-39}}{10^{-5}}} = 6.5 \times 10^{-12}$ $pH' = 2.81$

$$2.81 < pH < 6.49$$

50. 解：$E_+ = 1.3761V$，$E_- = -0.4622V$，$E_{MF} = 1.8383V$

51. 解：$$Ag^+ + 2S_2O_3^{2-} \rightleftharpoons \left[Ag(S_2O_3)_2 \right]^{3-}$$

平衡浓度(mol/L)　　x　$0.10 + 2x$　　　　$0.10 - x$

$$K_{稳}^{\ominus} = \dfrac{0.10}{x \times (0.10)^2} = 2.88 \times 10^{13} \quad \left[Ag^+ \right] = x = 3.47 \times 10^{-13} \, mol/L$$

$Q = 3.47 \times 10^{-14} > K_{sp}$，因此会产生 AgI 沉淀。

（天津中医药大学）

综合练习十二

一、判断题(正确的打"√",错误的打"×";每小题 1 分,共 10 分)

1. 患者在静脉输液时,若输入大量低渗溶液,会出现溶血现象。 （　　）

2. 压强的改变不一定影响化学反应速率。 （　　）

3. 标准氢电极的电极电势为零,是实际测定的结果。 （　　）

4. 非极性分子中一定不含极性键。 （　　）

5. 每个原子轨道只能容纳两个电子,且自旋方向相同。 （　　）

6. 如果两难溶物的溶度积相等,则它们的溶解度也相等。 （　　）

7. 酸性溶液中不含[H^+],碱性溶液中不含[OH^-]。 （　　）

8. 含两个配位原子的配体称螯合剂。 （　　）

9. 溶液的 pH 越大,则氢离子的浓度越大。 （　　）

10. 共价键的特征是有方向性和饱和性。 （　　）

二、填空题(每空 1 分,共 25 分)

1. 原子核外电子排布应遵循三个原则:_____、_____、_____。

2. 主族元素的原子半径从左到右逐渐_____,从上到下逐渐_____。

3. σ 键是原子轨道_____重叠形成的;π 键是原子轨道_____重叠形成的。

4. 在原电池中,正极发生_____反应,负极发生_____反应。

5. [$Cu(NH_3)_4$]SO_4 的配位数是_____,配体是_____,配合物的名称是_____。

6. H_2O 分子的空间构型是_____,氧原子采取_____杂化。

7. 根据分子轨道理论,N_2 分子中有一个_____键和两个_____键。

8. 范德华力包括_____、_____、_____。

9. 强酸弱碱盐水解后溶液显_____性。

10. 标准浓度是_____mol/L,标准压力是_____kPa。

11. 通过氧化还原反应产生_____的装置称为原电池。

12. 碳酸钠水溶液显_____性,加入酚酞试液后显_____色。

三、名词解释(每小题 3 分,共 15 分)

1. 渗透压

2. 缓冲溶液

3. 配位化合物

4. 同离子效应

5. 氧化还原反应

四、单项选择题(每小题 2 分,共 40 分)

1. 关于摩尔的叙述正确的是 （　　）

    A. 是表示体积的单位 　　　　　B. 是表示物质质量的单位

    C. 是表示物质的量的单位 　　　　D. 是表示物质数量的单位

2. 在反应 $mA(s) + nB(g) \rightleftharpoons dD(g) + eE(g)$ 到达平衡后，增大体系压强，平衡右移，下列关系一定成立的是 （   ）

    A. $m + n < d + e$ B. $m + n > d + e$ C. $m + n = d + e$

    D. $n > d + e$ E. $n < d + e$

3. 按酸碱质子论，下列物质属两性物质的是（以水为基准） （   ）

    A. NH_4^+ B. HS^- C. H^+ D. OH^- E. Ac^-

4. 下列说法正确的是 （   ）

    A. 一定温度下，AgCl 饱和水溶液中的 Ag^+ 与 Cl^- 离子浓度的乘积是一常数

    B. 溶度积较大者溶解度也较大

    C. 为使沉淀完全，加入沉淀剂的量越多越好

    D. 溶度积较小者溶解度较大

    E. 溶解度与溶度积成正比

5. 下列四套量子数中，能量最高的是 （   ）

    A. 3，1，-1，$+1/2$ B. 3，1，$+1$，$+1/2$

    C. 3，2，$+2$，$+1/2$ D. 3，0，0，$-1/2$

6. 配离子 $[CaY]^{2-}$ 中，中心离子的配位数是 （   ）

    A. 1   B. 3   C. 4   D. 6

7. $Mg(OH)_2$ 的溶度积表达式为 （   ）

    A. $[Mg^{2+}][OH^-]$ B. $[Mg^{2+}]^2[OH^-]$

    C. $[Mg^{2+}][OH^-]^2$ D. 以上全不对

8. $pH = 3$ 的溶液比 $pH = 7$ 的溶液的酸度高多少倍 （   ）

    A. 4   B. 12   C. 400   D. 10000

9. 一个氧化还原反应自发进行的条件 （   ）

    A. $E_{MF} > 0$ B. $E_{MF} < 0$ C. $E_{MF} = 0$ D. 以上都不对

10. 下列标准电极电势值最大的是 （   ）

    A. $E^{\ominus}(Ag^+/Ag)$ B. $E^{\ominus}(AgCl/Ag)$

    C. $E^{\ominus}([Ag(NH_3)_2]^+/Ag)$ D. $E^{\ominus}(AgBr/Ag)$

11. 关于稀溶液依数性规律，下列叙述中正确的是 （   ）

    A. 非电解质的稀溶液依数性规律仅有：蒸汽压下降、沸点升高和凝固点降低。

    B. 电解质的稀溶液都遵循依数性规律。

    C. 溶液有些性质与非电解质溶液的本性无关，只与溶质的粒子浓度有关。

    D. 难挥发非电解质稀溶液的沸点升高近似的与溶液的质量摩尔浓度成正比。

12. p 区元素，族数等于 （   ）

    A. 最外层电子数   B. p 轨道的电子数

    C. p 亚层的电子数   D. 都不对

13. 中性溶液是指 （   ）

    A. $pH = 7$ 的溶液   B. $[H^+] = 10^{-7}$ 的溶液

    C. $[H^+] = [OH^-]$ 的溶液   D. 甲基橙不变色的溶液

14. 催化剂是 （　　）
    A. 能改变化学平衡　　　　　　　　B. 能改变反应速率
    C. 能改变反应前后质量变化　　　　D. 改变化学组成

15. $AgCl$ 在纯水中的溶解度，比它在 $0.1mol/L$ $NaCl$ 溶液中的溶解度 （　　）
    A. 大　　　　　B. 小　　　　　C. 相等　　　　　D. 略为减小

16. 下列方法中，能改变可逆反应的标准平衡常数是 （　　）
    A. 改变体系的温度　　　　　　　　B. 改变反应物浓度
    C. 加入催化剂　　　　　　　　　　D. 改变平衡压力

17. $[FeF_6]^{3-}$ 是正八面体构型，它以下列哪种杂化轨道成键 （　　）
    A. sp^3d^2　　　B. d^2sp^3　　　C. sp^3d　　　D. dsp^3

18. 酸性介质中 $O_2 \xrightarrow{0.67} H_2O_2 \xrightarrow{1.77} H_2O$；碱性介质中 $O_2 \xrightarrow{-0.08} H_2O_2 \xrightarrow{0.87} 2OH^-$
    上述说明 H_2O_2 的歧化反应 （　　）
    A. 只在酸性介质中发生
    B. 只在碱性介质中发生
    C. 无论在酸性还是碱性介质中都发生
    D. 无论在酸性还是碱性介质中都不发生

19. 原子序数为 29 的元素铜，属于哪个区的元素 （　　）
    A. s　　　　　B. p　　　　　C. ds　　　　　D. d

20. 形成外轨型配合物时，中心原子不可能采取的杂化方式是 （　　）
    A. sp　　　　　B. sp^2　　　　　C. sp^3　　　　　D. dsp^3

五、计算题（第 1 题 4 分，第 2 题 6 分，共 10 分）

1. $0.1mol/L$ 某弱酸 HA 溶液的电离度为 4.2%，求 HA 的解离常数和该溶液 $[H^+]$。

2. 将铜片插入盛有 $0.5mol/L$ 的硫酸铜溶液的烧杯中，银片插入盛有 $0.5mol/L$ 的硝酸银溶液的烧杯中。（6 分）

    $E^{\ominus}(Ag^+/Ag) = 0.7996V$　　$E^{\ominus}(Cu^{2+}/Cu) = 0.3419V$

    (1) 写出该原电池的符号；（2 分）

    (2) 写出电极反应式和原电池的电池反应；（2 分）

    (3) 求该电池的电动势。（2 分）

参考答案

一、判断题

1. √　2. √　3. ×　4. ×　5. ×　6. ×　7. ×　8. ×　9. ×　10. √

二、填空题

1. 能量最低原理、泡里不相容原理、洪特规则　2. 减小、增大　3. 头碰头、肩并肩

4. 还原反应、氧化反应　5. 4、NH_3、硫酸四氨合铜（Ⅱ）　6. V 型、sp^3 不等性

7. σ、π　8. 取向力、诱导力、色散力　9. 酸性　10. $1mol/L$、$100kPa$　11. 电流

12. 碱性、红

三、名词解释

1. 渗透压：恰好足以阻止渗透过程进行而必须在溶液上方所施加的压力。

2. 缓冲溶液：能对抗外来少量强酸强碱和水的稀释而保持溶液的 pH 几乎不变的溶液。

3. 配位化合物：由一定数目的可以给出孤对电子的离子或分子和接受孤对电子的原子或离子以配位键结合形成的化合物。

4. 同离子效应：在弱电解质中加入含有相同离子的强电解质，使电离平衡向左移动，电离度降低的作用。或者，在难溶电解质中，加入与难溶电解质含有相同离子的易溶强电解质，使沉淀溶解平衡向沉淀方向移动，溶解度降低的作用。

5. 氧化还原反应：包含有电子得失或电子对偏移的反应。

四、单项选择题

1~5　CDBAC　6~10　DCDAA　11~15　CACBA　16~20　AACCD

五、计算题

1. 解：设电离浓度为 x，$x/0.1 = 0.042$　$x = 0.0042 \text{mol/L}$

$$K^{\ominus} = x^2/0.1 = 0.0042^2/0.1 = 1.8 \times 10^{-4}$$

$$[H^+] = x = 0.0042 \text{mol/L}$$

2. 解：$(1)(-)Cu(s) \mid Cu^{2+}(0.5\text{mol/L}) \parallel Ag^+(0.5\text{mol/L}) \mid Ag(s)(+)$

$(2) Cu + 2Ag^+ \rightleftharpoons Cu^{2+} + 2Ag$

$Cu - 2e^- \rightleftharpoons Cu^{2+}$（负极）

$2Ag^+ + 2e^- \rightleftharpoons 2Ag$（正极）

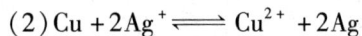

$(3) E_{MF} = E_{(+)} - E_{(-)} = 0.7996 + 0.0592 \lg 0.5 - \left[0.342 + \dfrac{0.0592}{2} \lg 0.5\right] = 0.449 \text{V}$

（山西中医药大学）

综合练习十三

一、填空题(每空 1 分,本题共 20 分)

1. 根据电解质电离程度不同,将电解质分为_____和_____。

2. 在 $NH_3 \cdot H_2O$ 溶液中,加入少量 NaCl 固体后,将使 $NH_3 \cdot H_2O$ 的电离度增大,这种现象被称为_____。

3. 在 $NH_4Cl - NH_3$ 缓冲溶液中,抗酸成分是_____。

4. 按酸碱质子理论,$H_2S + OH^- \rightleftharpoons HS^- + H_2O$,反应式中_____是酸。

5. 根据_____规则,沉淀生成的必要条件是_____,沉淀溶解的必要条件是_____。

6. 在氧化还原反应中,还原剂失电子,氧化数_____,进行_____反应。

7. 将 $2Fe^{3+} + Cu \Longrightarrow 2Fe^{2+} + Cu^{2+}$ 氧化还原反应设计为一个原电池,则原电池的符号表示式为_____。

8. 原子序数为 24 的元素原子的电子层结构式为_____。

9. 当某原子一个电子的三个量子数为 $n = 4$,$m = 2$,$m_s = +1/2$ 时,角量子数 $l = $_____。

10. 共价键的特征是既具有_____,又具有_____。

11. 根据杂化轨道理论,在 NH_3 和 H_2O 分子中 N 和 O 原子的杂化类型均为_____,但分子的空间构型分别为_____和_____。

12. 配位化合物 $K_4[FeF_6]$ 的名称是_____,配位原子是_____。

二、选择题(每小题 1.5 分,本题共 30 分)

1. 不是共轭酸碱对的一组物质是 ( )
   A. NH_3、NH_4^+　　　B. HAc、Ac^-　　　C. H_2O、H_3O^+　　　D. NaOH、Na^+

2. 下列水溶液显碱性的是 ( )
   A. K_2SO_4　　　B. NH_4NO_3　　　C. NaCN　　　D. NH_4Ac

3. 对于 NaAc 的解电离平衡常数的 $K_b^\ominus$,下列叙述正确的是 ( )
   A. 加 H_2O,$K_b^\ominus$ 值不变　　　　　B. 加 NH_4Ac,$K_b^\ominus$ 值变大
   C. 加 NaOH,$K_b^\ominus$ 值变大　　　　　D. 加 $NH_3 \cdot H_2O$,$K_b^\ominus$ 值变大

4. 在一元强酸弱碱盐溶液中,其水解常数 $K_h^\ominus$ 为 ( )
   A. $K_b^\ominus \cdot K_w^\ominus$　　B. $K_w^\ominus / K_b^\ominus$　　C. $K_b^\ominus / K_w^\ominus$　　D. $K_w^\ominus / K_a^\ominus$

5. 已知 $K_{sp}^\ominus(AgCl) = 1.6 \times 10^{-10}$,在 AgCl 的饱和溶液中,$Ag^+$ 的浓度等于 ( )
   A. 1.6×10^{-9} mol/L　　　　　B. 1.3×10^{-9} mol/L
   C. 1.3×10^{-5} mol/L　　　　　D. 3.2×10^{-5} mol/L

6. $BaSO_4$ 在 0.1mol/L Na_2SO_4 溶液中的溶解度比它在纯水中的溶解度 ( )
   A. 大　　　B. 小　　　C. 不变　　　D. 先减小后增大

7. 下列物质既可以做氧化剂又可以做还原剂的是 ( )
   A. Fe^{2+}　　　B. Fe　　　C. Fe^{3+}　　　D. ClO_4^-

8. 质量分数为 98% 的硫酸溶液,溶质的摩尔分数为 ( )

A. 1.00　　　　　B. 0.90　　　　　C. 0.10　　　　　D. 0.11

9. 根据酸碱质子理论，下列分子或离子中属于两性物质的是 （　　）

　　A. H_2S　　　　B. $H_2PO_4^-$　　　　C. Ac^-　　　　D. NO_2^-

10. 下列物质中，氢的氧化值与水中的氢的氧化值不同的是 （　　）

　　A. OH^-　　　　B. H^+　　　　C. H_2O_2　　　　D. NaH

11. 下列各组量子数$(n. l. m. m_s)$中，取值不合理的是 （　　）

　　A. 3，2，0，+1/2　　　　　　　B. 3，1，2，+1/2

　　C. 3，0，0，-1/2　　　　　　　D. 3，1，-1，-1/2

12. 非极性分子与非极性分子之间存在 （　　）

　　A. 色散力　　　B. 诱导力和色散力　C. 诱导力　　　　D. 氢键

13. NCl_3分子的空间构型是三角锥形，这是由于中心原子 N 原子采用 （　　）

　　A. sp 杂化　　B. sp^2 杂化　　　C. sp^3 杂化　　D. 不等性 sp^3 杂化

14. 第六周期所填充的原子轨道是 （　　）

　　A. 5s4d5p　　B. 7s5f6d7p　　　C. 6s4f5d6p　　D. 4s3d4p

15. $BeCl_2$ 分子是 （　　）

　　A. 直线型　　B. V 型　　　　C. 平面三角形　　D. 正四面体型

16. 能形成 π 键的两个原子轨道重叠是 （　　）

　　A. $p_x - p_y$　　B. $p_y - p_z$　　　C. $p_y - p_y$　　D. $p_x - p_z$

17. 下列命名正确的是 （　　）

　　A. $[Co(ONO)(NH_3)_5Cl]Cl_2$　亚硝酸根二氯·五氨合钴(Ⅲ)

　　B. $[Co(NO_2)_3(NH_3)_3]$　三亚硝基·三氨合钴(Ⅲ)

　　C. $[CoCl_2(NH_3)_3]Cl$　氯化二氯·三氨合钴(Ⅲ)

　　D. $[CoCl_2(NH_3)_4]Cl$　氯化四氨·氯气合钴(Ⅲ)

18. 配合物的化学键主要是指 （　　）

　　A. 中心离子与中心离子　　　　B. 中心离子与配位体

　　C. 配位体与配位体　　　　　　D. 内界与配位体

19. 原电池中负极发生的是 （　　）

　　A. 氧化反应　　B. 还原反应　　　C. 氧化还原反应　D. 水解反应

20. 在配位化合物 $Na_2[Ca(EDTA)]$ 中，中心离子的配位数是 （　　）

　　A. 1　　　　　B. 2　　　　　C. 4　　　　　D. 6

三、判断题(每小题 1.5 分，共 15 分)

1. 溶液中$[OH^-]$离子浓度越大，pH 越高。 （　　）

2. HAc 溶液中同时含有 HAc 和 Ac^-，因而可以作为缓冲溶液。 （　　）

3. 在 HAc 溶液中，加入 NH_4Ac 后，将使 HAc 的电离度增加，这种现象称为同离子效应。 （　　）

4. 缓冲溶液总浓度一定，当缓冲比等于 1 时，缓冲溶液的缓冲能力最强。 （　　）

5. 在 HF、HCl、HBr、HI 中，沸点最低的是 HCl。 （　　）

6. 已知 $K_{sp}^{\ominus}(AgI) < K_{sp}^{\ominus}(AgCl)$，在含有相同浓度的 I^- 和 Cl^- 的溶液中，滴加 $AgNO_3$，则 AgI 沉淀先析出。 （　　）

7. "sp^3 杂化"的概念表示一个 s 轨道和三个 p 轨道杂化而成。 （　　）

8. 除 s 轨道外，其他轨道在空间的分布都是有方向性的。 （　　）

9. 每个原子轨道最多能容纳 3 个电子。 （　　）

10. 氨水不能装在铜制容器中，其原因是发生配位反应，生成 $[Cu(NH_3)_4]^{2+}$，使铜溶解。 （　　）

四、简答题（每小题 5 分，本题共 15 分）

1. 说明下列各分子中中心原子所采取的杂化方式及空间构型。

   BF_3　　CCl_4　　NH_3　　H_2O　　$BeCl_2$

2. 试将化学反应 $Cu + H_2SO_4 \rightleftharpoons CuSO_4 + H_2\uparrow$ 设计成原电池，并写出该原电池的电池符号。

   已知：$E^{\ominus}(Cu^{2+}/Cu) = 0.3419V$；$E^{\ominus}(H^+/H_2) = 0.0000V$

3. 试写出原子序数为 29 的元素名称、符号、电子层结构式？并指出该元素位于元素周期表中的哪个周期？哪个族？哪个区？

五、计算题（每小题 10 分，本题共 20 分）

1. 如何用 0.1mol/L 的 HAc 与 0.1mol/L 的 NaAc 配制 1L pH 为 5.0 的缓冲溶液？

   （已知醋酸的 $K_a^{\ominus} = 1.75 \times 10^{-5}$，$pK_a^{\ominus} = 4.76$，并假设混合过程中体积只是简单的加和，无其他变化）

2. 计算电池 $(-)Zn(s)\mid Zn^{2+}(0.001mol/L)\parallel Fe^{3+}(0.1mol/L)，Fe^{2+}(0.02mol/L)\mid Pt(s)(+)$ 在 298.15K 时的电动势。已知 $E^{\ominus}(Zn^{2+}/Zn) = -0.7618V$，$E^{\ominus}(Fe^{3+}/Fe^{2+}) = +0.771V$

参考答案

一、填空题

1. 强电解质、弱电解质

2. 盐效应

3. NH_3

4. H_2S、H_2O

5. 溶度积；$Q > K_{sp}^{\ominus}$；$Q < K_{sp}^{\ominus}$

6. 升高；氧化

7. $(-)Cu(s)\mid Cu^{2+}(c_1)\parallel Fe^{2+}(c_2)，Fe^{3+}(c_3)\mid Pt(s)(+)$

8. $[Ar]3d^5 4s^1$

9. 2，3

10. 饱和性；方向性

11. sp^3；三角锥形；V 形

12. 六氟合铁（Ⅱ）酸钾；F

二、选择题

1~5　DCABC　6~10　BABBD　11~15　BADCA　16~20　CCBAD

三、判断题

1. √　2. ×　3. ×　4. √　5. √　6. √　7. √　8. √　9. ×　10. √

四、简答题

1. 答：①sp^2 等性杂化，②正三角形；③sp^3 等性杂化，④正四面体形；⑤sp^3 不等性杂化，⑥三角锥形；⑦sp^3 不等性杂化，⑧V 型；⑨sp 等性杂化，⑩直线形

评分标准：①②③④⑤⑥⑦⑧⑨⑩各 0.5 分

2. 答：原电池电极由 Cu^{2+}/Cu 与 H^+/H_2 组成，$E^{\ominus}(Cu^{2+}/Cu) > E^{\ominus}(H^+/H_2)$

正极反应：$Cu \rightleftharpoons Cu^{2+} + 2e^-$

负极反应：$2H^+ + 2e^- \rightleftharpoons H_2 \uparrow$

电池符号为：

$(-)Pt(s) \mid H_2(p^{\ominus}) \mid H^+(c_1) \parallel Cu^{2+}(c_2) \mid Cu(s)(+)$

3. 答：原子序数为 29 的元素是铜；符号 Cu；电子层结构式 $1s^2 2s^2 2p^6 3s^2 3p^6 3d^{10} 4s^1$；该元素位于第四周期；ⅠB 族元素；位于 ds 区。

五、计算题

1. 解：设需用 0.1mol/L 的 HAc 与 NaAc 的体积分别为 xL 及 $(1-x)$L，在最后所得的缓冲溶液中：

$$c(HAc) = \frac{0.1x}{1} = 0.1x$$

$$c(NaAc) = \frac{0.1(1-x)}{1} = 0.1(1-x)$$

代入缓冲公式可得：

$$5.0 = 4.76 + \lg \frac{c(NaAc)}{c(HAc)} = 4.76 + \frac{0.1(1-x)}{0.1x}$$

$$x = 0.365(L) = 365(ml)$$

配制方法：分别量取 0.1mol/L 的 HAc 与 NaAc 溶液 365ml 和 635ml，混合均匀，最后用 pH 计进行校准即可。

2. **解**：此电池反应可分解为两个半电池反应：

负极：$Zn^{2+}(aq) + 2e \rightleftharpoons Zn(s)$　　　　$E^{\ominus}(Zn^{2+}/Zn) = -0.7618V$

正极：$Fe^{3+}(aq) + e \rightleftharpoons Fe^{2+}(aq)$　　　$E^{\ominus}(Fe^{3+}/Fe^{2+}) = +0.771V$

根据能斯特方程，分别计算出负极和正极的非标准电极电势：

$$E(Zn^{2+}/Zn) = E^{\ominus}(Zn^{2+}/Zn) + \frac{0.0592}{2}\lg[Zn^{2+}]$$

$$= -0.7618 + \frac{0.0592}{2}\lg 0.001 = -0.8506V$$

$$E(Fe^{3+}/Fe^{2+}) = E^{\ominus}(Fe^{3+}/Fe^{2+}) + \frac{0.0592}{1}\lg \frac{[Fe^{3+}]}{[Fe^{2+}]}$$

$$= 0.771 + \frac{0.0592}{1}\lg \frac{0.1}{0.01} = +0.8302V$$

所以，298.15K，

$$E_{MF} = E(Fe^{3+}/Fe^{2+}) - E(Zn^{2+}/Zn) = 0.8302 - (-0.8506) = 1.6808V$$

（贵阳中医学院）